职业教育机械类专业“互联网+”新形态教材

现代制造技术概论

第2版

主　编　汪哲能　谢利英
副主编　徐文庆　刘红燕　叶　飞
参　编　丁　宁　吴　落　宫敏利　何妍佳　彭志强
　　　　刘登发　李渊志
主　审　胡智清

机械工业出版社

先进的制造技术是支撑制造业创造社会财富，使企业在激烈的市场竞争中保持竞争力和领先优势的重要手段。为了更好地适应科技与生产的发展，满足教学与科研的需要，我们着手编写了本书，旨在介绍当前先进的制造技术和理念，使读者了解现代制造技术的有关知识，关注制造技术的发展及前沿，开阔视野，拓宽知识面。

本书共6章，主要内容包括现代制造技术的发展及体系结构、现代设计技术、现代加工技术、制造自动化技术、现代制造管理技术、先进制造技术。

本书适用于高等职业院校装备制造大类专业的教材，也适用于与制造工程领域相关的其他专业。本书还可作为制造工程师、制造行业的工程技术人员、管理人员、决策人员及相关人员的培训和阅读参考书。

为方便教学，本书配有电子教案、电子课件、视频等资源，使用本书作为教材的教师可登录机械工业出版社教育服务网 www. cmpedu. com 注册并免费下载。

图书在版编目（CIP）数据

现代制造技术概论/汪哲能，谢利英主编. —2 版. —北京：机械工业出版社，2023. 1（2024. 8 重印）
职业教育机械类专业“互联网+”新形态教材
ISBN 978-7-111-71977-9

Ⅰ. ①现…　Ⅱ. ①汪…②谢…　Ⅲ. ①机械制造工艺-教材　Ⅳ. ①TH16

中国版本图书馆 CIP 数据核字（2022）第 207920 号

机械工业出版社（北京市百万庄大街 22 号　邮政编码 100037）
策划编辑：王莉娜　　责任编辑：王莉娜
责任校对：贾海霞　王明欣　封面设计：王　旭
责任印制：常天培
北京机工印刷厂有限公司印刷
2024 年 8 月第 2 版第 3 次印刷
184mm×260mm · 16 印张 · 395 千字
标准书号：ISBN 978-7-111-71977-9
定价：49. 00 元

电话服务　　网络服务
客服电话：010-88361066　机工官网：www. cmpbook. com
010-88379833　机工官博：weibo. com/cmp1952
010-68326294　金书网：www. golden-book. com
封底无防伪标均为盗版　机工教育服务网：www. cmpedu. com

第2版前言

制造业是国民经济的主体，是立国之本、兴国之器、强国之基。自18世纪中叶开启工业文明以来，世界强国的兴衰史和中华民族的奋斗史生动地证明，没有强大的制造业，就没有国家和民族的强盛。打造具有国际竞争力的制造业，是我国提升综合国力、保障国家安全、建设世界强国、构建人类命运共同体的必由之路。中华民族几代人一以贯之、接续奋斗，中国制造用短短几十年的时间追上了其他国家历经两百余年的工业化进程，多项技术保持领先优势，树立了民族自信心，坚定地踏上了实现中华民族伟大复兴的新征程。当前，新一轮科技革命和产业变革与我国全面建设社会主义现代化国家、全面推进中华民族伟大复兴形成历史性交汇，国际产业分工格局正在重塑。我国必须紧紧抓住这一重大历史机遇，建设现代化产业体系，推进新型工业化，实施制造强国战略，到本世纪中叶，把我国建设成为综合国力和国际影响力领先的社会主义现代化强国，以中国式现代化全面推进中华民族伟大复兴。

本书第1版自出版以来，得到了读者的认可，受到了读者的欢迎。在日新月异的现代制造领域，现代制造技术也有了很多新的变化。为了与时俱进，在机械工业出版社的大力支持下，编者对原书进行了大幅度的修订，此次修订主要做了以下几方面的改进。

1. 按现代制造技术的分类对原书的体系结构进行了调整，使之更科学、合理。

2. 根据现代制造技术领域的发展，推陈出新，增加了4D打印、数字孪生、生物制造技术等内容，使之更符合知识更新、科学发展的现状。

3. 为使读者更好地了解现代制造技术的发展，增加了各种现代制造技术的发展历程和发展趋势。在介绍各种现代制造技术时，既回顾发展历程，也展望发展趋势，注重技术传承与发展的连续性。

4. 对全书内容进行了进一步的修改润色，使文字更通顺，表述更科学，并更新了一些插图，力求图文并茂，更便于读者阅读和理解。

5. 为使读者更好地掌握相关名词术语的英文，在文末增加了名词术语英文缩写词汇索引。

6. 新增视频资源，并以二维码的形式嵌入书中，方便读者扫码学习。

编者期望通过以上修订，使全书体系更科学、概念更清晰、内容更充实、文字更流畅。

本书由湖南财经工业职业技术学院汪哲能、谢利英任主编，湖南财经工业职业技术学院徐文庆、刘红燕、湖南电子科技职业学院叶飞任副主编，湖南财经工业职业技术学院丁宁、吴落、宫敏利、何妍佳、湖南铁路科技职业技术学院彭志强、衡阳风顺车桥有限公司刘登发、北京精雕科技有限公司李渊志参与编写。全书由胡智清主审。

对于正在迅速发展、综合性强、涉及范围广的现代制造技术领域，要将多学科交叉、多技术融合的繁多内容表述清楚，是一项颇具挑战性的工作，尽管编者在编写过程中广征博引，殚精竭虑，体系力求严谨缜密，内容力求字斟句酌，表述力求流畅通顺，但由于编者水平和视野的限制，书中不足和欠妥之处仍在所难免，衷心希望读者批评指正，同时也对编写本书时所参考的资料和文献的作者表示由衷的谢意。

编　者

第1版前言

制造是人类文明的支柱。制造技术是当代科学发展中最为活跃的领域，是产品更新、生产发展、国际间经济竞争的重要手段。制造业是重要的基础产业，它一方面直接创造价值，成为社会财富的主要创造者和国民经济收入的主要来源；另一方面，为国民经济各部门，包括国防和科学技术的进步提供先进的技术和装备。近半个世纪以来，制造技术的发展日新月异，特别是近30年来，随着科学技术的迅猛发展，尤其是以计算机、信息技术为代表的高新技术的发展，制造技术的内涵和外延发生了革命性的变化。传统制造技术不断吸收信息、材料、能源及管理等领域的最新成果，综合应用于产品的设计、制造、检测、生产管理和售后服务等领域。在加工制造技术和制造管理技术等方面，许多新的思想和概念不断涌现，不同学科之间相互渗透、交叉融合，衍生出新的研究领域，迅速改变着传统制造业的面貌。科学与技术趋向综合化、整体化，传统的制造技术得以不断深入发展。在21世纪，制造业面临新的挑战和机遇，现代制造技术正处在不断变化与完善之中。

为使机械类专业的学生能对现代制造技术的基本情况有所了解，培养良好的专业素质，编者在广泛参阅相关文献的基础上编写了本书。本书系统地介绍了现代制造技术的基本内容、体系结构和最新发展，在力求保持现代制造技术理论的系统性和完整性的基础上，着重介绍了一些实用、先进、相对成熟的制造技术。

本书由衡阳财经工业职业技术学院汪哲能主编，蔡艳参加编写。清华大学、北京殷华激光快速成形与模具技术有限公司张定军博士认真审阅了书稿，并提出了宝贵的修改意见。牛顿曾说过：“我之所以比别人看得更远，是因为站在巨人的肩膀上。”在此，编者对编写本书时所参考的书籍及论文的作者表示由衷的谢意。

本书的特点可归纳为：新、多、杂、变。“新”是指本书的内容大都是新近发展起来的制造技术，相对于传统制造技术而言比较新。“多”和“杂”是指本书内容多而且庞杂。现代制造技术的内容繁多而且学科交叉、技术融合，不断衍生出新的分支学科，很多内容的分类不是特别清晰。“变”是指随着科学和制造技术的发展，本书中的一些内容，甚至概念都有可能发生变化。由于现代制造技术是一个正在迅速发展的、综合性强、涉及范围广的领域，编写本书是一项颇具挑战性的工作，尽管编者在编写过程中付出了很大的努力，力求精益求精，但由于水平和视野的限制，书中的不足和欠妥之处仍在所难免，衷心希望得到有关专家、同行和读者的批评指正。

编　者

二维码索引

序号	名称	二维码	页码	序号	名称	二维码	页码
1	制造业的概念、分类和作用		3	9	电火花加工的工作原理		96
2	制造技术的发展历程		8	10	数控技术的概念和特点		129
3	现代制造技术的特点		17	11	柔性制造系统的概念、组成及功能		149
4	计算机辅助设计的发展历程		27	12	全面质量管理的概念及发展历程		164
5	计算机辅助工艺过程设计的分类		30	13	成组技术的概念和发展历程		169
6	虚拟样机技术		43	14	敏捷制造的概念和特点		196
7	高速加工理论		55	15	数字孪生的概念和作用		215
8	微细加工技术		65				

目录

1

第一章　现代制造技术的发展及体系结构

学习目标

知识目标

1. 掌握制造、制造技术、制造业、制造系统的相关概念。
2. 了解制造技术的发展历程及发展趋势。
3. 了解现代制造技术的分类及特点。

能力目标

1. 能借助信息查询手段查找有关现代制造技术的发展及体系结构的资料。
2. 具备知识拓展能力及适应发展的能力。

素养目标

1. 具有社会责任感，爱党报国、敬业奉献、服务人民。
2. 具有批判质疑的理性思维和勇于探究的科学精神。
3. 拥有信息素养，培养创新思维能力。

第一节　概　　述

在日常生活和工业生产中，人们广泛使用着各种工业产品，大到飞机和汽车，小到钟表和手机。尽管这些产品的结构、性能和用途各不相同，但是其中都包含了各种机械零部件和电子元器件，其诞生都离不开制造这一环节。

一、制造的相关概念

1. 制造

(1) 制造的概念

所谓制造，是一种将有关资源（如物料、能源、资金、人力、信息等）按照社会的需求转变为新的、有更高应用价值的资源（如有形的物质产品和无形的软件、服务等产品）的行为和过程。

制造过程是人们按照市场需求，运用主观掌握的知识和技能，借助手工或可以利用的客观物质工具，利用有效的方法，将原材料转化为最终产品并投放市场的全过程。制造过程可以从不同的角度来理解，如图 1-1 所示。

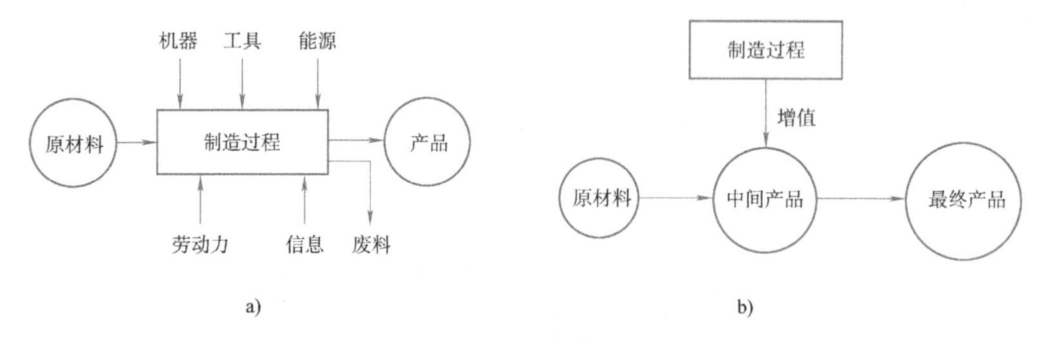

图 1-1　制造过程

a) 从技术角度理解制造过程　b) 从经济角度理解制造过程

(2) 狭义制造与广义制造

目前对于“制造”有两种理解：一种是狭义的制造概念，指产品的制作过程，即生产车间内与物流有关的加工和装配过程，可称为“小制造”概念，如机械加工过程；另一种是广义的制造概念，指产品整个生命周期过程，可称为“大制造”概念，包含整个产品生命周期内的一系列相互联系的生产活动。本书所述的制造概念主要指“大制造”概念，涉及国民经济的多个行业，如机械、电子、化工、食品、军工等。

(3) 制造的特点

现代制造主要有以下三个特点。

1）大制造。大制造包括光机电产品的制造（离散制造）、工业流程制造（连续制造）、材料制备等，是一种广义的制造概念。按不同行业，大制造可分为机械制造、食品加工、轻工制造、化工制造、信息技术（Information Technology，IT）产品生产、工程机械制造等；从制造方法来看，大制造不仅包括机械加工方法，还包括高能束加工方法、微机械加工方法、电化学加工方法、快速成形技术等。

2）全过程。现代制造不再仅仅指产品从毛坯到成品的加工和制造过程，而是指相关工作人员进行的产品的规划、设计、制造、销售、使用、维修直至报废、回收处理，即产品全生命周期的设计、制造和管理，是指产品生命循环周期内一系列相互联系的活动。

3）多学科。现代制造的多学科性，指其是微电子、计算机、自动化、网络通信等信息科学、管理科学、生命科学、材料科学与工程、制造科学的交叉和融合。

（4）“三域”活动

在制造过程中，总会有三个方面的行为活动，即加工行为活动、物流行为活动和信息行为活动，即“三域”活动。加工域活动指直接改变被制造对象的形状、尺寸、性能的行为活动，是制造行为的基础域活动；物流域活动指被制造对象在制造过程中的传输、储存、装夹等活动；信息域活动指被制造对象在制造过程中的信息获取、分析处理、监控等活动。无论被制造对象多复杂，其制造过程的行为活动都可由“三域”涵盖。每一个域内的活动有其自身的特点与规律，但为了完成整个制造过程，“三域”活动是相互渗透与联系的。

2. 制造技术

（1）制造技术的概念

制造技术是使原材料成为人们所需产品而使用的一系列技术和装备的总称，是涵盖整个生产制造过程的各种技术和装备的集成。

（2）制造技术的内容

从广义来讲，制造技术包括设计技术、加工制造技术、管理技术三大类。设计技术是指开发、设计产品的方法。加工制造技术是指将原材料加工成设计产品而采用的生产设备及方法。管理技术是指将产品生产制造所需的物料、人力、资金、能源、信息等资源有效地组织起来，以达到生产目的的方法。

3. 制造业

（1）制造业的概念

制造业的概念、分类和作用

制造业是指对采掘的自然物质资源和工农业生产原材料进行加工和再加工，以及对零部件进行装配，为国民经济其他部门提供生产资料，为全社会提供生活资料的社会生产部门。我国是全世界唯一拥有联合国产业分类中全部工业门类的国家，是世界唯一的全产业链国家。

（2）制造业的分类

国家统计局2011年对三个产业的划分进行了修订：第一产业是指农、林、牧、渔业（不含农、林、牧、渔服务业）；第二产业是指采矿业（不含开采辅助活动），制造业（不含金属制品、机械和设备修理业），电力、热力、燃气及水生产和供应业，建筑业；第三产业即服务业，是指除第一产业、第二产业以外的其他行业。第三产业包括：批发和零售业，交通运输、仓储和邮政业，住宿和餐饮业，信息传输、软件和信息技术服务业，金融业，房地产业，租赁和商务服务业，科学研究和技术服务业，水利、环境和公共设施管理业，居民服务、修理和其他服务业，教育、卫生和社会工作，文化、体育和娱乐业，公共管理、社会保障和社会组织，国际组织，以及农、林、牧、渔业中的农、林、牧、渔服务业，采矿业中的开采辅助活动，制造业中的金属制品、机械和设备修理业。

制造业是第二产业中最重要的组成部分。制造业涉及国民经济的许多部门，如机械制造（航空航天、汽车、机车、船舶、工程机械和装备制造等）、流程工业（冶金、化工、石油、水泥等）、电子制造（微电子、光电子、家电、计算机等）、轻工纺织、制药、农产品加工和食品等。目前我国的制造业有30个行业，见表1-1。

表1-1　我国制造业的30个行业（GB/T 4754—2017，国民经济行业分类）

序号	大类序号	行业名称	序号	大类序号	行业名称
1	13	农副食品加工业	16	28	化学纤维制造业
2	14	食品制造业	17	29	橡胶和塑料制品业
3	15	酒、饮料和精制茶制造业	18	30	非金属矿物制品业
4	16	烟草制品业	19	31	黑色金属冶炼和压延加工业
5	17	纺织业	20	32	有色金属冶炼和压延加工业
6	18	纺织服装、服饰业	21	33	金属制品业
7	19	皮革、毛皮、羽毛及其制品和制鞋业	22	34	通用设备制造业
8	20	木材加工及木、竹、藤、棕、草制品业	23	35	专用设备制造业
9	21	家具制造业	24	36	汽车制造业
10	22	造纸及纸制品业	25	37	铁路、船舶、航空航天和其他运输设备制造业
11	23	印刷和记录媒介复制业	26	38	电气机械和器材制造业
12	24	文教、工美、体育和娱乐用品制造业	27	39	计算机、通信和其他电子设备制造业
13	25	石油、煤炭及其他燃料加工业	28	40	仪器仪表制造业
14	26	化学原料和化学制品制造业	29	41	其他制造业
15	27	医药制造业	30	42	废弃资源综合利用业

其中制造生产资料的行业称为重工业，制造生活资料的行业称为轻工业。重工业与轻工业生产的产品并非以物理意义上的重与轻来区分，而是以生产资料与生活资料来区分。例如纸张用于企业的包装材料，属生产资料，是重工业产品；如果是被个人用户消耗、使用，则属生活资料，是轻工业产品。

（3）制造业的作用

制造业在现代文明中起着重要的作用。它既占有基础地位，又处于前沿和关键位置；既古老又年轻。它是工业的主体，是国民经济持续发展的基础。它是生产工具、生活资料、科技设备、国防装备等的依托，是现代化的动力源之一。制造业是人类创新发明和新技术的最大载体，在最能体现人类创造性的发明专利中，绝大部分都与制造业的需求有关，并应用于制造业。

从全球范围来看，制造业无疑是支撑现代社会经济最为重要的产业之一，其生产总值一般占一个国家国内生产总值（GDP）的20%～55%，是创造社会财富的支柱产业，各种产业的发展均有赖于制造业的支持。机械制造业，尤其是装备制造业对一个国家、一个民族而言，具有十分重要的地位。

制造业的发展水平反映了一个国家和地区的经济实力、科技水平和生活水准，而制造技术水平对制造业的发展有着举足轻重的影响。换言之，制造业发展水平和制造技术水平的高低是判断一个国家综合国力的重要依据。

（4）制造业的发展历程

18 世纪 60 年代从英国发起的工业革命，使手工作坊式的生产迅速向工场式生产转变，现代意义上的制造业得以诞生。

进入 20 世纪后，制造业成了一个重要的产业，产品制造由手工单件制作发展到由机器进行批量生产。

到 20 世纪 50 年代，制造业的大批量生产方式逐渐形成并不断得到完善，刚性自动化生产线即为这一阶段的典型制造系统。

20 世纪 60 年代以后，随着市场竞争的加剧，大批量生产方式开始向多品种、中小批量生产方式转变，数控技术、柔性制造系统应运而生，成为多品种、中小批量生产方式的标志性技术。

20 世纪 90 年代以来，伴随高新技术的飞速发展以及经济全球化进程的加速，以计算机集成制造、敏捷制造、虚拟制造、智能制造、绿色制造等为代表的先进制造模式不断涌现，其目标可以概括为研发设计数字化、生产制造智能化、生产过程绿色化、生产要素协同化、制造产品定制化，制造业迎来了新的发展时期。

（5）制造业的理念

按制造理念的不同，可将制造业的发展划分为三个阶段。

1）传统制造阶段——以“产”为本的理念。这一阶段从第一次工业革命开始一直持续到 20 世纪 50 年代数控技术的出现。20 世纪 20 年代，制造业提出了“互换性”概念，开始了“大批大量生产”方式。刚性生产线大大提高了生产率，从而降低了产品的成本，但这是以损失产品的多样性为代价的。在这一阶段，自然资源丰富，市场需求旺盛，而生产力比较落后，生产力的每一次改进（即使是较小的改进）都会引起制造业的较大变革，进而激发市场需求。这种互动关系形成了传统制造阶段以“产”为本的生产理念，制造生产的一切出发点均围绕着产品、产量，形成以产定销的供求格局。

2）现代制造阶段——以“人”为本的理念。20 世纪 50—90 年代为现代制造阶段。在这段时间里，制造的制约因素发生了变化，自然资源的使用空间缩小，市场需求出现了个性化。在这种狭小的市场空间里，制造观念转变为以人为本，以顾客为中心。尤其是到了 20 世纪 80 年代中后期，那种“生产什么就卖什么”的时代已经一去不复返了，产品需求朝多样化、个性化方向发展，全面满足用户要求已成为市场竞争的核心。计算机技术的飞速进步，提供了从设计到制造的柔性手段，体现出以人为本的特色。

图 1-2 反映了这一时期制造业经营战略的变迁过程。20 世纪 50—60 年代的制造企业大多崇尚“规模效益第一”，追求生产规模的扩大；20 世纪 70 年代主要追求“价格竞争第一”，注重生产成本的控制；20 世纪 80 年代重点关注“产品质量第一”；20 世纪 90 年代则更多地把“市场响应速度第一”视作企业生存与获益的关键因素。

3）后现代制造阶段——以“环境”为本的理念。近代世界人类遇到了三大难题：人口激增、资源的使用空间趋于饱和、环境污染加剧和自然环境恶化。这就迫使人们寻求可持续制造策略，制造理念强调以环境为本，从资源的获取、使用到处置，整个过程都力求与外部环境达到最优协调。世界环境与发展委员会（WCED）于 1987 年向联合国 42 届大会递交的报告《我们共同的未来》提出了“可持续发展”的思路，其定义是：既满足当

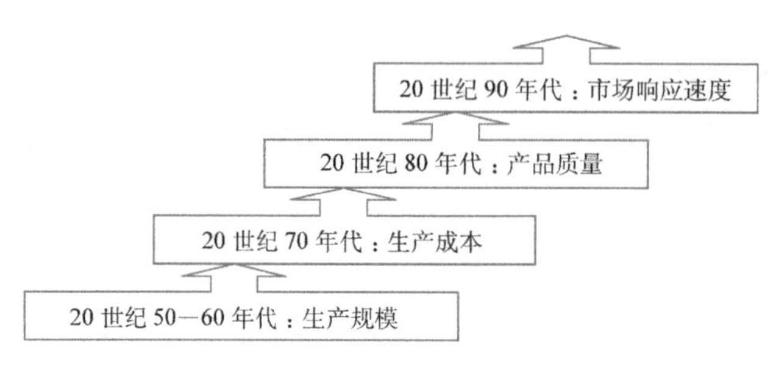

图 1-2 制造业经营战略的变迁

代人的需求，又不对子孙后代满足其需要之生存环境构成危害的发展。世界资源研究所（WRI）于 1992 年对可持续发展给出了更简洁明确的定义，即建立极少产生废料和污染物的工艺或技术系统。可持续发展的理念强调当代人在创造和追求今世发展和消费的时候，不能以牺牲今后几代人的利益为代价。社会经济发展模式应由粗放经营、掠夺式开发向集约型、可持续发展转变。可持续发展的制造业，应力求对环境的负面影响最小，资源利用效率最高。

随着世界范围内可持续发展策略的确立与推进，后现代制造阶段在 20 世纪 90 年代揭开了序幕。与之相适应，原材料选用、产品设计、工艺流程设计、加工技术和系统的构成与运作等方面都要寻求突破，并进一步模拟自然生态模式，使制造趋向仿生智能化，制造活动生态化。

4. 制造系统

（1）制造系统的概念

制造系统是制造过程及其所涉及的硬件（物料、设备、工具和能源等）、软件（制造理论、制造工艺和制造信息等）和人员，共同组成的一个将制造资源转变为产品（含半成品）的有机整体，是制造业的基本组成实体。

（2）制造系统的组成

制造系统由若干个具有独立功能的子系统构成（图 1-3），各子系统及其功能如下。

1）经营管理子系统：确定企业的经营方针和发展方向，进行战略规划、决策。

2）财务子系统：制订财务计划，进行企业预算和成本核算，负责财务会计工作。

3）市场与销售子系统：进行市场调研与预测，制订销售计划，开展销售与售后服务。

4）研究与开发子系统：制订开发计划，进行基础研究、应用研究与产品开发。

5）工程设计子系统：进行产品设计、工艺设计、工程分析、样机试制、试验与评价，制订质量保证计划。

6）生产管理子系统：制订生产计划、作业计划，进行库存管理、成本管理、资源管理（设备管理、工具管理、能源管理、环境管理等）、生产过程控制。

7）采购供应子系统：负责原材料及外购件的采购、验收、存储。

8）质量控制子系统：收集用户需求与反馈信息，进行质量监控和统计过程控制。

9）资源管理子系统：负责各类制造资源的管理。

10）车间制造子系统：进行零件加工，部件及产品装配、检验，物料存储与输送，废料存放与处理。

11）人事子系统：负责人事安排、招工与裁员。

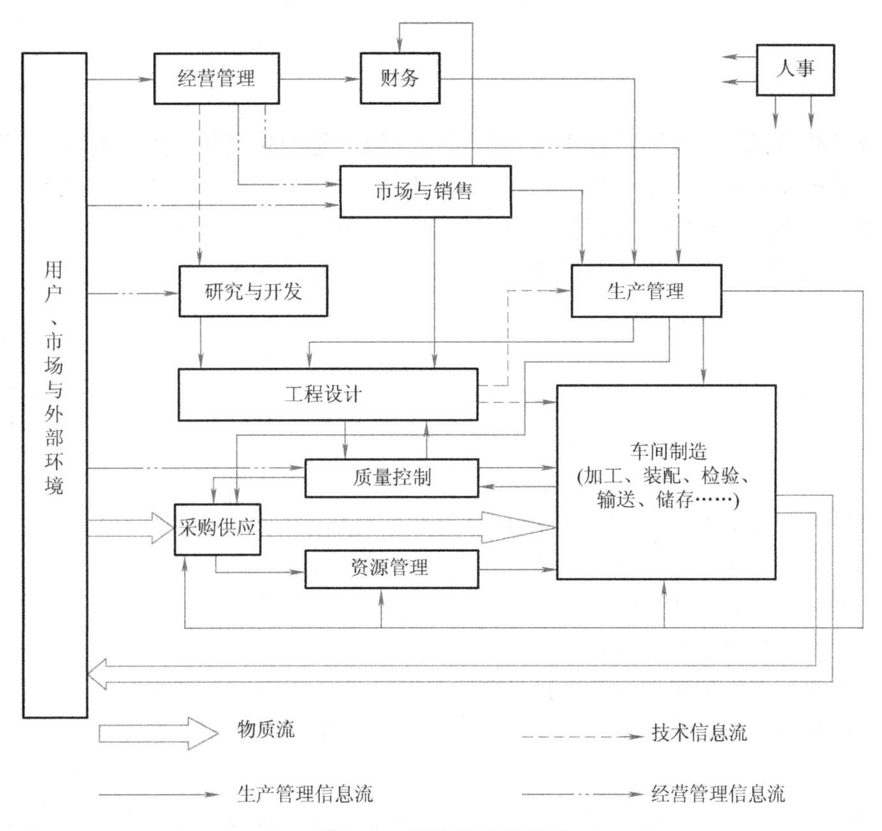

图 1-3 制造系统的组成

上述各功能子系统既相互联系又相互制约，形成一个有机的整体，从而实现产品全生命周期的整个过程。从功能上看，制造系统是一个输入制造资源（原材料、能源等），通过制造过程输出产品或半成品以及服务的输入输出系统。

二、制造是人类文明的支柱

以前，人们将材料、能源、信息称为人类文明的三大物质支柱。随着制造业在社会发展和国民经济中起到越来越重要的作用，现在人们普遍认为人类文明应该有四大支柱，即在前述三个支柱的基础上再加上制造。就哲学意义而言，制造创造了人类本身，人是从制造第一把石刀开始的。在阐述人类起源与制造的关系时，恩格斯曾说过："直立和劳动创造了人类，而劳动是从制造工具开始的。"毛泽东在《贺新郎·读史》中写道："人猿相揖别。只几个石头磨过，小儿时节。"在分析人类现代文明时，马克思说："大工业必须掌握这特有的生产资料，即机器的本身，必须用机器生产机器。这样，大工业才建立起与自己相应的技术基础，才得以自立。"从这些伟人的论述中不难得出这样的结论：没有制造，就没有人类；没有制造，就没有人类文明。

制造业在今后相当长一段时期内仍是经济增长的主要支柱，我们要依靠制造业为人们提供各种生活用品、工农业所需要的生产资料、服务业所需要的各种设施、基础设施所需要的各种装备、国防所需要的各种武器、科技发展所需要的各种仪器设备、保障人民健康所需要的各种医疗器械和药品，以及精神文明建设所需要的物质条件等。

第二节　现代制造技术的发展

制造技术是当代科学发展过程中最为活跃的领域，是产品更新、生产发展、国际间经济竞争所依赖的重要手段。在20世纪，制造业发生了根本性变化，科技进步对制造业发展产生了前所未有的强大推动力。知识作为财富的最重要源泉比历史上任何时候都表现得更为突出。在工业发达国家，技术进步对经济增长的贡献率已超过60%。

一、制造技术的发展历程

制造技术的发展历程

人类的活动离不开制造，人类活动的水平受到制造水平的极大制约，人类的发展过程就是一个不断的制造过程。

1. 制造的初始阶段

人类最早的制造活动可以追溯到新石器时代。在这一时期，人们利用石器作为劳动工具，制作生活和生产用品，制造处于萌芽阶段。

到了青铜器和铁器时代，为了满足以农业为主的自然经济的需要，出现了诸如纺织、冶炼和锻造等较为原始的制造活动。

在这一时期，先后出现了两个阶段的以作坊式生产为特征的单件生产方式。第一阶段是操作者按照每个用户的要求，单独制作每件产品，产品的零部件不存在互换性，产品制作依靠的是操作者娴熟的技艺；第二阶段是第二次社会大分工，即手工业与农业相分离，特点是专职工匠的形成，手工业者完全依靠制造谋生，制造产品的目的不是为了自己使用而是为了同他人进行交换。

2. 近代制造技术的发展历程

单件生产方式的第三阶段是以18世纪中叶蒸汽机的发明为标志，形成了近代制造体系。从业者在产品设计、机械加工和装配方面都有较高的技艺，大多数从学徒开始，最后成为制作整台机器的技师或作坊业主。

（1）蒸汽机的发明

18世纪60年代，以蒸汽机的发明为标志的英国工业革命，揭开了工业经济时代的序幕，开创了机器占主导地位的制造业新纪元，造就了制造业企业雏形——工场式生产。在工场式生产中，机器开始代替人从事各种工作，把人类从繁重的重复性劳动中解放出来。随着蒸汽机的大量使用，机械技术开始与蒸汽动力技术相结合，出现了以动力驱动为特征的制造方式，这造就了第一次工业大革命。从此，制造技术步入了一个崭新的发展阶段。

（2）内燃机的发明

19世纪末20世纪初，交通与运载工具对轻小、高效发动机的要求，是内燃机得以发明的社会动因。内燃机的发明及其宏大的市场需求，引发了制造业的又一次革命。内燃机制造技术的出现和发展，促成了现代汽车、火车和船舶的诞生。

（3）刚性自动化生产方式的出现

产业革命中诞生的能源机器（蒸汽机和内燃机）、作业机器（纺织机）和工具机器（机床），为制造活动提供了能源和技术，并开拓了新的产品市场。

人类社会对以汽车、武器弹药为代表的产品的大批量需求，促使制造向标准化、自动化的方向发展。福特（Henry Ford）、斯隆（Alfred P. Sloan）开创的零件可互换的标准化技术和大批量流水线生产模式，以及泰勒（Frederick Winslow Taylor）创立的以劳动分工和计件工资制为基础的科学管理理论，导致了制造技术的分工和制造系统的功能分解，从而大幅度降低了生产成本。

在推动单件生产方式向大批量生产方式的转化中，两个美国人起了重要的作用。

泰勒首先研究了刀具寿命和切削速度的关系，继而在工厂进行实践研究，制定出了工序标准，提出了科学管理方法，从而成为制造工程学科的奠基人。

福特创造性地建立了大量生产廉价T型汽车的专用流水线（图1-4），标志着“大批量生产”制造模式的诞生。“大批量生产”制造模式又被称为“底特律式自动化”，具有明显的降低成本、提高劳动生产率的优势。在当时的社会背景下，成功地实施这种模式，就意味着极大地提高了企业的竞争力，这使其迅速成为当时各国纷纷学习的先进制造模式。这一学习过程的完成，标志着人类实现了制造模式的第一次大转变，即由单件小批量生产模式转变为以标准化、通用化、集中化为主要特征的大批量生产模式，形成了社会化的大生产。这种模式推动了世界工业化进程，使世界经济得到高速发展，并为社会提供了大量的物质产品，促进了市场经济的形成，使人类的物质文明水平有了很大提高。

a)

b)

图1-4　世界上第一条流水生产线及福特T型车

a）1913年的福特T型车生产线　b）亨利·福特与T型车

以大批量生产方式为主要特征的制造技术，在20世纪50年代逐渐进入鼎盛时期。制造业通过降低生产成本（主要是降低劳动力成本）和提高生产率，形成了“规模效益”的工业化生产理念。大批量生产方式作为现代工业生产的一个重要特征，对人类社会的经济发展、社会结构、文化教育以及生活方式等，产生了深刻的影响。以大批量生产为主的机械制造业逐渐成为制造活动的主体。

传统的大批量生产模式的核心思想在于提高生产率，因而围绕着制造的方方面面形成了配置企业内部资源和社会资源的刚性系统。

3. 现代制造技术的发展历程

随着世界经济的高速发展和人们生活水平的不断提高，世界市场环境发生了巨大变化。一方面表现为消费者的价值观念发生了根本变化，消费需求日趋主体化、个性化和多样化；

另一方面，随着交通、通信技术的发展和各国对贸易限制的减少，世界市场开始沿地域合并，生产竞争出现全球化趋势。在这种情况下，制造业面临着一个被消费者偏好分化、变化迅速且无法预测的买方市场。而传统的刚性制造系统很难重新配置，大批量生产方式难以适应市场的迅速变化和发展，不能实现制造资源的动态优化整合，已经成为阻碍进行快速产品创新的主要矛盾。

为保证快速产品创新，实现制造业生产方式的历史性变革已刻不容缓，于是，制造业开始了新的生产模式的研究和尝试。

现代制造技术是在传统机械制造技术的基础上发展起来的，两者的分界时间大体是在20世纪50—60年代，主要标志是当时先后诞生的计算机、数控机床、工业机器人等科学技术。20世纪60年代，制造企业的生产方式开始向多品种、中小批量生产方式转变。与此同时，以大规模集成电路为代表的微电子技术以及以微机为代表的计算机技术的迅速发展，极大地促进了制造业的工艺与装备技术的进步，为制造企业实现多品种、中小批量生产方式创造了有利条件。

随着科学技术的飞速发展，尤其是以计算机、信息技术为代表的高新技术的发展，使制造技术的内涵和外延发生了革命性的变化，从科学发现到技术发明，所需要的孕育时间越来越短，见表1-2。在加工制造技术和制造管理技术等方面，许多新的思想和概念不断涌现，不同学科之间相互渗透、交叉融合，衍生出新的研究领域，制造技术日新月异，迅速改变着传统制造业的面貌。

表1-2　从科学发现到技术发明的孕育时间

科学发现		技术发明		孕育时间/年
内容	年份	内容	年份	
电磁感应原理	1831	发电机	1872	41
内燃机原理	1862	汽油内燃机	1883	21
电磁波通信原理	1895	公众广播电台	1921	26
喷气推进原理	1906	喷气发动机	1935	29
雷达原理	1925	雷达	1935	10
青霉素原理	1928	青霉素	1943	15
铀核裂变	1938	原子弹	1945	7
发现半导体	1948	半导体收音机	1954	6
集成电路设计思想	1952	单片集成电路	1959	7
光纤通信原理	1966	光纤电缆	1970	4
无线移动通信设想	1974	蜂窝移动电话	1978	4
多媒体设想	1987	多媒体计算机	1991	4
新一代设计芯片	20世纪90年代	新一代芯片	20世纪90年代	1.5

现代制造技术有如下几项标志性技术。

（1）柔性生产方式的产生

第二次世界大战后，市场需求多样化、个性化、高品质的趋势推动了微电子技术、计算机技术、自动化技术的快速发展，导致了制造技术向程序控制的方向发展，柔性制造系统、计算机集成制造及精益生产等相继问世，制造技术由此进入了面向市场多样需求的柔性生产阶段，继而引发了生产模式和管理技术的革命。

（2）微型机械、微电子技术和激光的出现

1959 年提出的微型机械设想，在信息技术、生物医学工程、航空航天、国防及诸多民用产品的市场需求推动下，得以成为现实，并仍将拥有广阔的发展前景。

以集成电路为代表的微电子技术的广泛应用，有力地推动了微电子制造工艺水平的提高和微电子制造装备业的快速发展。

激光的发明，促成了巨大的光通信产业及激光测量、激光加工和激光表面处理工艺的发展。

（3）现代制造技术的产生

20 世纪后半叶，制造技术两大突破性创新分别是数控技术和快速成形技术。

20 世纪末，信息技术的发展促成了传统制造技术与以计算机为核心的信息技术和现代管理技术的有机结合，形成了当代先进制造技术和现代制造业，从而为当今世界丰富多彩的物质文明奠定了可靠的基础。由此可见，创新的动力既来自于市场需求，也源于科学发明与技术进步。技术创新不仅被动地满足市场的需求，还能主动地创造新的市场、新的战略性需求。

21 世纪的制造技术是在传统制造技术基础上融合了计算机技术、信息技术、自动控制技术、人工智能技术、新材料技术、新能源技术及现代管理理念，并将其综合应用于产品全生命周期，以实现优质、高效、低耗、柔性、洁净的生产。

二、工业发展阶段

1. 工业 1.0——机械化：第一次工业革命（1765—1840 年）

以蒸汽机的发明为标志，揭开了工业经济时代的序幕，开创了机器占主导地位的制造业新纪元（图 1-5）。用蒸汽动力驱动机器取代人力，机械生产代替了手工劳动，把人类从繁重的重复性劳动中解放出来，手工业正式进化为工业。经济社会从以农业、手工业为基础转型为以工业、机械制造带动经济发展的新模式，产生了第一次工业革命。从此，制造技术步入了一个崭新的发展阶段。1840 年英国成为世界上第一个工业国家。

a)

b)

图 1-5 第一次工业革命

a）蒸汽机 b）蒸汽机通过天轴驱动机器

2. 工业 2.0——电气化：第二次工业革命（1866—1900 年）

以电力的广泛应用为标志，用电力驱动机器取代蒸汽动力，由此进入了电器、电气自动化控制机械设备生产的年代（图 1-6）。从此零部件生产与产品装配实现分工，工业进入大规模生产时代，开创了产品批量生产的高效模式。1866 年，德国发明家、企业家、物理学家西门子（Ernst Werner von Siemens）制成了发电机。1870 年，最早具有商品价值的直流电动机问世。19 世纪七八十年代，以煤气和汽油为燃料的内燃机相继诞生。1886 年，被称为“汽车之父”“汽车鼻祖”的本茨（Karl Friedrich Benz）造出了一台由单缸四冲程汽油发动机提供动力的汽车。19 世纪 90 年代，柴油机研制成功。

a)

b)

图 1-6　第二次工业革命
a）电力驱动的机器　b）内燃机汽车

3. 工业 3.0——自动化：第三次工业革命（1945 年至今）

制造业大量采用由可编程控制器（Programmable Logic Controller，PLC）/单片机、个人计算机（Personal Computer，PC）等电子、信息技术自动化控制的机械设备进行生产（图 1-7）。从此机器不但替代了人的大部分体力劳动，同时还替代了一部分脑力劳动，制造过程自动化控制程度大幅度提升，生产率得到了前所未有的提高，工业生产能力自此超越了人类的消费能力，人类进入了产能过剩时代。

a)

b)

图 1-7　第三次工业革命
a）流水生产线　b）电子计算机

4. 工业 4.0——智能化：第四次工业革命（从 2013 年开始）

以人工智能技术等为代表，实施智能生产和智能物流，将工业 3.0 模式下的集中式控制模式向分散式增强型控制模式转变（图 1-8）。其发展目标是建立一个高度灵活的、个性化的和提供数字化产品与服务的生产模式。传统行业间泾渭分明的界限正在消失，各种新的活动领域和合作形式正在不断产生，创造新价值的过程正在发生改变，产业链分工将被重组。

a)

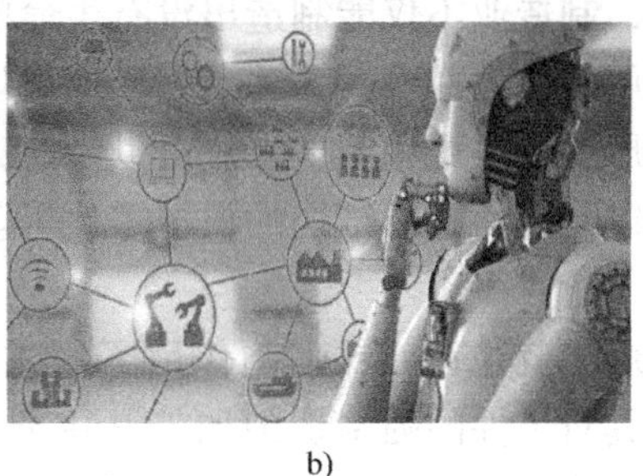

b)

图 1-8 第四次工业革命

a）柔性生产线 b）人工智能

三、制造技术发展的特点

1. 从传统加工到特种加工

19 世纪实现了制造机械化，形成了一整套传统加工技术，即机械加工技术。随着机械寿命和材料强度的提高，难切削材料越来越多，零件形状越来越复杂，尺寸越来越小型化，加工自动化要求越来越高，传统加工难以满足社会进步对机械制造业的要求，这促使人们寻找新的制造技术。

20 世纪 30—80 年代，随着制造技术与电力技术和电子技术的结合，一系列发明相继问世，出现了许多被统称为特种加工（非传统加工）的方法，其中包括物理和化学加工、电物理和电化学加工等。

2. 从减材制造到增材制造

减材制造（Material Removel Manufacturing，MRM）是从有余量的原材料或零件毛坯上逐渐去除多余的材料，从而得到所需形状、尺寸和性能的零件的工艺方法。在传统加工中，减材制造主要是利用机械力的作用去除原材料或零件毛坯的多余部分，即用高硬度的刀具切削原材料或零件毛坯，使之成为零件，例如车、铣、刨、磨、钻等加工方法。特种加工中减材制造方法有电火花加工、电化学加工、激光加工、电子束加工、离子束加工、超声加工等。

进入 20 世纪 90 年代后，面临动态多变市场的机械制造业，产品周期缩短，产品更新加快，多品种中小批量生产模式逐渐成为主导模式。产品的质量、价格和交货期已成为企业竞争力的三个决定性因素。可持续发展策略成为 21 世纪的基本生产策略，减材制造所造成的资源浪费与环境污染，已不符合可持续发展的要求，一种被称为增材制造（Material Additive Manufacturing，MAM）的方法应运而生，它是制造技术、能源技术、材料技术、微电子技术和信息技术的综合集成技术。增材制造是用类似生长的方法逐渐增加材料，直到生成所需形状、尺寸与性能的样件或零件。其制造原理是用二维平面层逐渐堆叠成三维实体，使资源得到了充分利用，符合自然界物质的生长规律，是制造理念的重大突破，具有强大的生命力。目前已有近百种增材制造方法，各自在不同的应用领域发挥作用。随着纳米技术的发展，增材制造将以崭新的面貌迅猛发展。

3. 从制造死物到制造活物

自古以来，制造业一直是制造死物，无法制造活物。在制造业日趋信息化和生命科学走向工程化的今天，将制造工程、生命科学、计算机技术、信息技术、材料工程各领域的最新成果集成起来，制造业不仅能制造出没有生命的复杂机器，还能制造出有生命、可供移植的器官和可供利用的仿生部件。除此之外，还可以在生命体内由基因控制，通过细胞并行分裂进行自生长成形加工。这种制造方法可以生产人类所需要的各种产品，如人和动物的骨骼、器官、肢体，以及生物材料结构的机械零件等。

4. 从他成形到自成形

所谓他成形，就是在外界强制作用下的成形。这种外界的强制作用有：金属切削过程中，机床、刀具对工件的强制切削加工（主要是机械力）而成形；热熔金属或塑料在模具中的强制成型；依靠热和机械力作用的锻造；轮廓控制下的生长（增材制造）等。到目前为止，制造业广泛使用的制造技术几乎都是他成形的。

随着技术的发展，将可通过生物制造技术、基因工程控制生物生长、发育而进行自成形（自组织成形、自生长成形），进而对非常精巧、复杂的结构在微尺度上进行制造。

四、现代制造技术的发展趋势

进入21世纪，制造业面临着新的挑战和机遇，现代制造技术正处在不断变化与完善之中。为了适应经济全球化的需要、高新技术发展的需求、愈加激烈的市场竞争的要求，现代制造技术的发展趋势必然会体现在以下几个方面。

1. 设计技术不断现代化

产品设计是制造业的灵魂。目前，产品设计技术正在不断向现代化方向发展，以实现数字化、集成化、智能化、并行化、网络化、协同化、虚拟化、微型化和绿色化（生态化），并且正逐步成为相对独立、平台共享的智力产业，为现代制造技术的发展提供新的基础和支撑。

2. 加工制造技术不断发展

成形制造技术正向精密成形和净成形的方向发展，主要技术包括精密铸造技术、精密塑性成型技术和精密连接技术等。在超精密加工方面，目前的尺寸精度、几何精度和表面粗糙度均可达纳米级，进入了纳米时代。在超高速加工方面，主轴转速、进给速度不断刷新纪录。在加工对象方面，已拓展到一些难加工的材料上。

随着激光、电子束、离子束、等离子体、微波、超声波、电磁等新能源及能源载体的引入，形成了多种崭新的特种加工及高能束切割、焊接、熔炼、锻压、热处理、表面处理等加工工艺。

随着超硬材料、超塑材料、高分子材料、复合材料、工程陶瓷、非晶微晶合金、功能材料等新型材料在现代加工制造中的应用，扩展了加工对象，促成了某些新型加工技术的产生，如超塑成型、等温锻造、扩散焊接、超硬材料的高能束加工、陶瓷材料的粉浆浇注、注射成型等。

3. 柔性化程度不断提高

柔性化是制造企业对市场需求多样化的快速响应能力，即制造系统能够根据用户的需求，快速生产多样化的产品。制造系统的柔性化，正在从数控技术和柔性制造系统等底层加工系统的柔性化向上层柔性化转变。随着并行工程和大量定制生产（Mass Customization, MC）的出现，为制造系统柔性化提供了新的发展空间。特别是大量定制生产模式，可以根据每个用户的特殊需求，以大批量生产方式进行加工，实现了产品个性化与生产规模化的有机结合。随着协作产品商务（Collaborative Product Commerce，CPC）的出现，用户可以非常方便地通过互联网（Internet）参与产品的开发设计、加工制造、营销服务等产品全生命周期活动，柔性化生产模式正在引发制造业的一场变革。

4. 制造系统集成化

自20世纪70年代微处理器诞生以来，集成化问题一直是制造技术的研究重点。目前，制造系统集成化正在向深度和广度两个方向发展。

（1）从企业内部的信息集成、功能集成，发展为产品全生命周期的过程集成

信息集成可实现自动化孤岛（制造系统没有进行统一规划，系统中的设备只是局部自动化并各自独立运行，不同系统之间、制造系统与管理信息系统之间不能及时、顺畅地配合，称为自动化孤岛）的连接，实现制造系统中的信息交换与共享；功能集成可实现企业要素诸如人员、技术及管理的集成；过程集成通过并行工程等技术，可实现产品开发过程、企业经营过程的集成和优化。

（2）从传统的“工厂集成”转向“虚拟工厂”，进一步发展到企业间的动态集成

企业间的动态集成通过敏捷制造模式，建立虚拟企业（动态联盟），以达到提升市场竞争力的目的。

（3）系统集成是制造业创新的重要形式

在市场需求的驱动下，人们将已获取的新知识、新技术创造性地集成起来，以系统集成的方式创造出新产品、新工艺和新技术，从而满足不断发展变化的市场需求。从运载火箭到家用电器，从普通机床到加工中心、激光加工设备，从打印机到超级计算机等，大都是集成创新的产物。以波音787飞机为例，它把空气动力学、喷气发动机、航空材料、导航、通信等科学技术加以集成创新，适应了航空市场对运力大且较经济的洲际交通工具的需求，实现了民用客机的技术跨越。

未来的制造业是可持续发展的制造业，而实现制造业的可持续发展，必须依靠关键技术创新和综合集成创新，包括依靠技术、体制和管理的集成创新。

5. 制造管理模式不断变革

随着制造技术从传统的福特生产模式向精益生产、并行工程、敏捷制造、虚拟制造等新型生产模式转变，制造管理模式也在不断发生变革。制造管理技术的发展，其根本点将从以技术为中心向以人为中心转变。管理的价值观从注重资金、生产设备、能源和原材料等物力资本向注重教育、培训等人力资本建设转变；企业的组织架构从“金字塔式”的科层结构向“扁平式”的网络结构转变，从分工严密的固定组织形式向动态的、自主管理的小组工作组织形式转变；管理的权限从传统的中央集权模式向分权管理模式转变；管理活动的时空从传统的顺序工作方式向并行工作方式转变，以强化快速响应的市场竞争策略。

6. 绿色制造成为必然

20世纪70年代以来，制造业等行业造成的污染，对环境的破坏达到了前所未有的程度，使得世界面临资源匮乏、生态系统失衡、环境恶化的全球性危机。绿色制造是人类社会可持续发展战略在现代制造业的具体体现，是21世纪制造技术的必然选择和发展趋势。

7. 制造全球化加速发展

随着经济全球化的迅速发展，制造全球化的趋势也日益显现。制造全球化除了跨国生产，还包括产品设计与开发的国际化、制造企业在全球范围内的重组与整合、制造资源的跨

国采购与利用、制造技术及信息和知识的全球共享、产品制造地与销售市场的分布及协调、市场营销的国际化等。制造全球化有利于生产要素在全球范围内的快速流动，使制造企业最大规模地合理配置资源，追求最佳经济效益，已经成为21世纪制造技术发展的必然趋势。

制造技术未来的发展可用“云、物、移、大、智”五个字来概括，即云计算、物联网、移动互联网、大数据、智能制造。

第三节 现代制造技术的体系结构

一、现代制造技术的分类

现代制造技术是一个涉及范围非常广泛、技术领域非常繁多的复杂系统。从制造技术的功能性角度，现代制造技术可分为现代设计技术、现代加工技术、制造自动化技术、现代制造管理技术、先进制造技术五大类型。随着科学技术及现代制造技术的发展，以上各类型间的界限渐趋模糊，呈现出交叉融合的趋势。

1. 现代设计技术

现代设计技术是以产品的质量、性能、时间、成本/价格综合效益最优为目的，以计算机辅助设计技术为主体，以知识为依托，以多种科学方法及技术为手段，研究、改进、创造产品活动过程中所用到的技术群体的总称。

2. 现代加工技术

广义的现代加工技术是对各种加工方法和制造工艺规程的总称。现代制造技术的发展包含了机械制造工艺的变革与发展，因为制造工艺与加工方法是制造技术的核心和基础。随着机械制造工艺水平的提高，加工制造精度也在不断地提高。超高速加工技术的应用和不同工序的集成，大大地提高了机械加工的效率。新型材料的不断推陈出新，既扩展了加工对象，又促进了新型加工技术的出现。新的制造工艺理念的突破，诞生了快速成形等新型加工模式。

3. 制造自动化技术

制造自动化是在制造过程的所有环节采用自动化技术后，所实现的制造全过程的自动化。制造自动化的任务是研究制造过程中规划、管理、组织、控制与协调优化等环节的自动化，以实现产品制造过程的优质、高效、低耗、柔性和洁净。

4. 现代制造管理技术

从广义上讲，制造系统是由加工对象、制造装备以及人员组织等构成的一个有机整体。其中，企业的战略决策、组织架构、人力资源、信息流、物流等的管理与控制，是一个非常重要的方面。要使制造系统高效地运作，离不开有效的管理，也就离不开制造管理技术。

5. 先进制造技术

所谓先进制造技术，是指集机械工程技术、电子技术、自动化技术、信息技术等多种技术为一体的，用于制造产品的技术、设备和系统的总称。

二、现代制造技术的特点

现代制造技术的最大特点是计算机技术、信息技术、管理等科学技术与制造科学技术的交叉融合。与传统制造技术相比，现代制造技术具有以下特点。

现代制造技术的特点

1. 研究范围更加广泛

传统制造技术一般是指加工制造过程中所使用的工艺方法，而现代制造技术则覆盖了产品的市场分析、决策、设计、加工制造、装配、测试、销售、使用、售后服务、维修和报废回收的产品全生命周期。

2. 呈多学科、多技术交叉及系统优化集成的发展态势

传统制造技术的学科单一，学科间界限分明，而现代制造技术的学科相互交叉、技术相互融合，形成了集成化的新技术。

3. 注重环境效益

现代制造技术的基础是优质、高效、低耗、无污染或少污染的加工工艺，在此基础上形成了新的先进加工工艺与技术，在制造过程中注重环境保护问题，以实现经济效益和社会效益的协调共赢。

4. 从单一目标向多元目标转变

制造系统从原来的单纯注重产品质量，发展到强调和优化多方面的目标，通常可用TQCSE功能目标来描述。

1）T（time）：提高市场响应能力，缩短产品生产周期。

2）Q（quality）：提高产品质量。

3）C（cost）：有效地降低制造成本。

4）S（service）：做好客户服务工作，或减轻制造人员的体力和脑力劳动，直接为制造人员服务。

5）E（environment）：充分利用资源，减少废弃物的排放，以消除环境污染，实现绿色制造及可持续发展战略。

以上五个功能目标即以最短的时间、最好的质量、最低的成本、最优的服务和最小的生态环境代价来满足客户的需求，满足日益激烈的市场竞争要求，这种转变已成为制造企业赢得竞争的主要手段。

5. 强调信息流的重要性

在工业化社会，制造过程被视为对生产设备输入原料或毛坯，在能量驱动作用下，使原料或毛坯的几何形状或物理化学性能发生变化，最终成为满足各种用途的产品的过程。这是一种传统的制造观。现代制造技术正在从以物质流和能源流为要素的传统制造观，向以信息流、物质流及能源流为要素的现代制造观转变，信息流在制造系统中的地位已经超过了物质流和能源流。制造系统主要环节的信息流如图1-9所示，其中双点画线框内表示制造自动化。

新技术革命使人类从工业社会进入信息社会，同时形成了一种新的制造观——信息制造观。这种观点是将制造过程看成一个对制造系统注入生产信息，从而使产品获得增值的过程。

6. 特别强调以人为本，强调人员、技术与管理的集成

现代制造技术特别强调人的主体作用，强调人员、技术与管理三者的有机结合。制造技术与生产管理相互融合、相互促进，制造技术的改进带动了管理模式的进步，而先进的管理模式又推动了制造技术的应用。

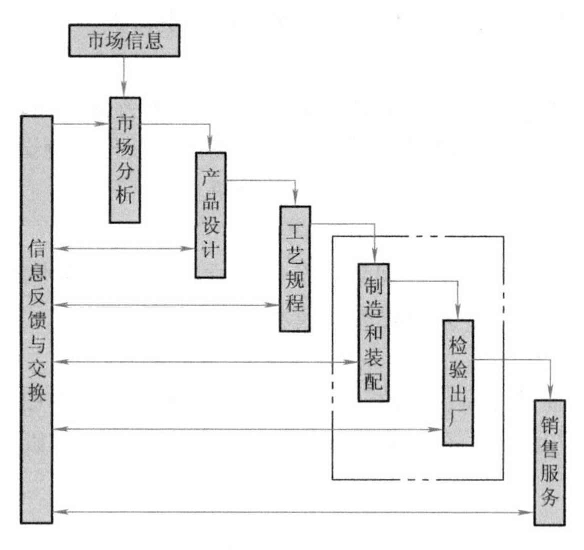

图 1-9　制造系统主要环节的信息流

7. 具有鲜明的时代特征

现代制造技术是动态的技术，是针对一定的应用目标，不断吸收各种高新技术逐渐形成和发展起来的新技术，因而其内涵不是绝对的、一成不变的。在不同的时期、不同的国家和地区，现代制造技术有其自身不同的特点、重点、目标和内容。

思考与练习

1. 什么叫制造？如何理解制造过程？
2. 现代社会的制造有何特点？
3. 什么叫“三域”活动？在不同的制造时期，“三域”活动有无区别？
4. 轻工业与重工业有何区别和联系？通过查找资料，了解轻工业与重工业的作用。
5. 我国对三个产业是如何划分的？
6. 制造业的不同发展阶段，制造理念有何不同？
7. 制造系统包含了哪些子系统？各有何功能？
8. 如何理解“制造是人类文明的支柱”这一说法？
9. 你是如何理解“人类活动的水平受到制造水平的极大制约”这一说法的？
10. 利用已有知识，结合查找资料，谈谈你对从科学发现到技术发明孕育周期的认识。
11. 通过查找资料，了解福特、斯隆、泰勒的基本信息和他们对制造业的影响和贡献。
12. 简要说明现代制造技术的发展历程。
13. 现代制造技术的发展趋势体现在哪几个方面？结合自己的认识，谈谈你对制造业发展的展望。
14. 现代制造技术包含了哪些内容？
15. 现代制造技术有哪些特点？
16. 通过查找资料，了解现代制造技术的发展现状。

2

第二章　现代设计技术

学习目标

知识目标

1. 掌握现代设计技术的概念，了解常用现代设计方法，了解现代设计技术的特点和作用，了解现代设计技术的发展历程及发展趋势。

2. 掌握计算机辅助设计的概念，了解计算机辅助设计的功能，了解计算机辅助设计的发展历程及发展趋势。

3. 掌握计算机辅助工艺过程设计的概念，了解计算机辅助工艺过程设计的分类，了解计算机辅助工艺过程设计的发展历程及发展趋势。

4. 掌握全生命周期设计的概念，了解全生命周期设计的特点及意义。

5. 掌握逆向工程的概念，了解逆向工程的工作内容及过程，了解逆向工程的应用。

6. 掌握虚拟设计的概念，了解虚拟设计的特点，了解虚拟现实技术、虚拟样机技术的相关内容。

7. 掌握绿色设计的概念，了解绿色设计的产生背景，了解绿色设计的原则及关键技术。

能力目标

1. 能借助信息查询手段查找有关现代设计技术的资料。

2. 具备知识拓展能力及适应发展的能力。

素养目标

1. 具有社会责任感，爱党报国、敬业奉献、服务人民。

2. 具有批判质疑的理性思维和勇于探究的科学精神。

3. 拥有信息素养，培养创新思维能力。

4. 具备将现代设计技术应用于具体制造领域的能力。

第一节　概　　述

现代设计技术的主要内容是产品设计技术，而产品设计技术是现代制造技术中的核心技术。随着科学技术的迅猛发展，以及计算机技术的广泛应用，设计领域正在进行一场深刻的变革，各种现代设计理论与方法不断涌现，设计方法更为科学、系统、完善和先进。

一、现代设计技术的概念

现代设计技术是根据产品功能要求及市场竞争要素如质量、成本、服务等方面的要求，综合运用现代科学技术和科学知识，通过设计人员科学、规范以及创造性的工作，制定出可以用于制造的方案，并使方案付诸实施的技术。

现代设计技术是现代制造技术的基础，是现代科技发展和全球市场竞争的产物，涉及的学科领域很多，是一门涉及多专业、多学科而且所涉及的专业和学科相互交叉融合的综合性很强的基础技术科学，是传统设计技术的继承、延伸和发展。现代设计技术的体系由基础技术、支撑技术、主体技术和应用技术四个层次组成，如图 2-1 所示。随着以微电子技术、信息技术、材料科学、系统科学、设计与制造科学、优化理论、人机工程等为代表的新一代科学技术的高速发展，现代设计技术可谓是日新月异，新的设计理念不断涌现，新的设计方法不断诞生，现代设计技术的深度和广度都得到了空前的拓展。

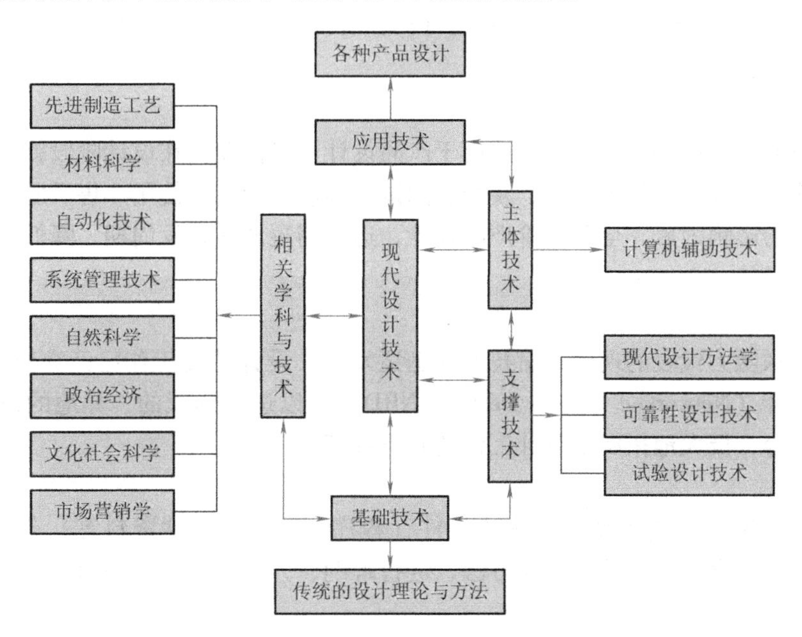

图 2-1　现代设计技术的体系

二、现代设计方法

现代设计技术涉及的范围非常广泛，先后出现了优化设计、有限元分析方法、计算机辅助设计、计算机辅助工艺过程设计、计算机辅助装配工艺设计（Computer Aided Assembly Process Design，CAAPD）、计算机辅助夹具设计（Computer Aided Fixture Design，CAFD）、逆向工程、全生命周期设计、基于网络技术的异地设计、智能设计（Intelligent Design，ID）、虚拟设计、绿色设计等设计技术。目前发展较快、应用比较广泛的现代设计方法有以下几种。

1. 创新设计方法

创新设计方法（Innovative Design Method，IDM）是人们根据创新原理解决创新问题的创意，是促使创新活动完成的具体方法和实施技巧，是对创新原理融会贯通并具体运用的结果。创新设计方法是创新方法、创新经验、创新技巧的总和，是完成创新活动的强大武器和必要手段。

2. 优化设计方法

优化设计方法（Optimal Design Method，ODM）是一种运用数学方法和系统工程方法对产品的结构和性能进行分析、决策，以获取最优解的设计方法。近年来，优化设计与可靠性设计、模糊设计等设计方法相结合，形成了许多新的优化设计方法。

3. 有限元法

有限元法（Finite Element Method，FEM）也称有限单元法或有限元素法，是将物体（即连续求解域）离散成有限个且按一定方式相互连接在一起的单元组合，来模拟或逼近原来的物体，从而将一个连续的、无限自由度问题简化为离散的、有限自由度问题求解的数值分析法。有限元法广泛应用于零件和结构的分析与计算。

4. 计算机辅助设计

这种设计方法运用计算机强大的数据计算及信息处理功能来完成设计工作。经过数十年的发展，计算机辅助设计的内涵不断拓展，成为现代设计技术领域最为重要、应用最为广泛的设计方法。

5. 全生命周期设计

全生命周期设计将并行工程思想运用于产品设计开发活动，在设计阶段就综合考虑产品整个生命周期中的设计、加工制造、装配、测试、维修、销售、使用、售后服务、维修和报废回收等环节的影响因素，全面评价产品设计，达到缩短产品开发周期、降低产品成本、提高产品质量的目的。

6. 网络化异地设计

随着以互联网为代表的现代通信技术的迅猛发展，设计开发工作已经突破了地域限制，网络化异地设计（Networked Remote Design，NRD）可以进行远程的、异地的设计，实现资源的共享与整合，极大地拓展了设计工作的时空维度。

7. 逆向工程

这种设计方法以先进产品的实物或软件（程序、图样、文件资料等）作为研究对象，综合运用现代工程设计的相关理论与方法，进行解剖、分析和研究，进而开发出同类的先进产品。

8. 虚拟设计

虚拟设计在产品设计或制造系统的物理实现之前，就能通过模型来模拟和预估未来产品的形态、功能、性能及可加工性等各方面可能存在的问题，以做出前瞻性的决策和优化实施方案，从而实现制造技术走出仅仅依赖经验的狭小天地，发展到全方位预报阶段。

9. 绿色设计

绿色设计将产品与环境看作一个系统，充分考虑产品及其制造系统的环境相融性，做到对环境的总体影响最小。绿色设计是可持续发展战略在设计领域的具体应用。

三、现代设计技术的特点和作用

1. 现代设计技术的特点

进入现代设计阶段，在设计工作中要将自然科学、社会科学、人类工程学，以及各种艺术、实际经验和人的聪明才智融合在一起，应用于设计中。现代设计技术主要有以下几个方面的特点。

1）现代设计是基于知识的设计。

2）现代设计不仅要考虑产品本身，还要考虑对系统、环境和人机工效的影响。

3）现代设计不仅要考虑技术领域，还要考虑经济效益和社会效益。

4）现代设计不仅要考虑当前，还要考虑长久发展。

例如，汽车设计不仅要考虑汽车本身的技术问题，还要考虑使用者的安全、舒适、操作方便等因素。此外，还需考虑汽车的燃料供应和污染、车辆存放、道路发展等问题。

2. 现代设计技术的作用

现代设计技术是现代制造技术的重要组成部分，是制造过程的第一个重要环节。有关统计资料显示，产品设计成本约占产品成本的 20% 左右，却对产品成本产生 70% ~80% 的影响（图 2-2），甚至影响着产品的运行、维修费用等诸多方面。产品设计中潜在的问题越早得到解决，设计成本的降低与产品生产周期的缩短效果越明显。产品的质量、性能、价格、成本、寿命等指标主要是在设计阶段确定的。在产品质量问题中，约有一半是由于不良设计所造成的。由此可见，设计技术在制造技术中的地位是举足轻重的。

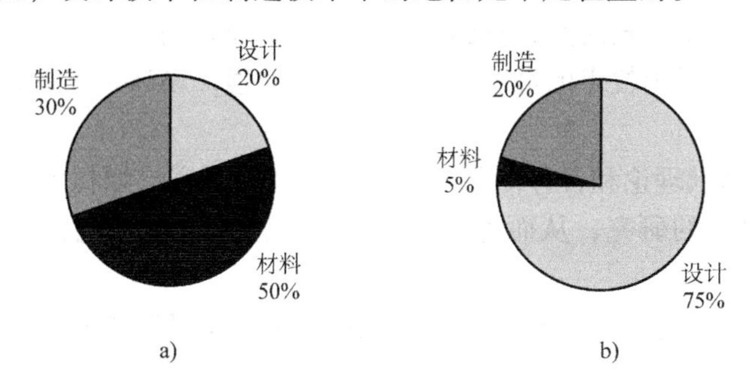

图 2-2　产品设计对产品成本的影响

a）产品成本的比重　b）对产品成本的影响

现代设计是人们运用工程技术和科学方法，有目标地创造工程产品的构思和计划过程，其运用几乎涉及人类活动的全部领域。现代设计是现代社会工业文明的重要支柱，是工业创新的核心环节。现代设计水平的高低，已然成为衡量一个国家和地区创新能力和竞争能力的主要因素。

四、现代设计技术的发展历程

从人类发展的历史来看，设计的发展大致经历了四个阶段。

1. 直觉设计阶段

17 世纪以前，设计活动完全是靠人的直觉来进行的，这种设计称为直觉设计，也称自发设计。当时人们或是从自然现象中得到启发，或是全凭人的直观感觉来设计。设计者多为具有丰富经验的手工艺人，产品的制造是根据制造者本人的经验或其头脑中的构思完成的，设计与制造无法分开。设计方案存在于手工艺人头脑之中，无法记录表达，同行之间也没有信息交流。产品比较简单，问世周期很长，且一般没有经验可以借鉴。

2. 经验设计阶段

随着生产的发展，产品逐渐复杂起来，对产品的需求量也开始增大，单个手工艺人的经验或其头脑中自己的构思已难以满足这些要求，因而促使手工艺人必须联合起来，互相协作，逐渐出现了图样，并开始利用图样进行设计。一部分经验丰富的手工艺人将自己的经验或构思用图样表达出来，然后根据图样组织生产。到 17 世纪初，数学与力学结合后，人们开始运用经验公式来解决设计中的一些问题，并开始按图样进行制造，如早在 1670 年就已经出现了有关大型海船的图样。图样的出现，既可使具有丰富经验的手工艺人通过图样将其经验或构思记录下来，传于他人，便于用图样对产品进行分析、改进和提高，推动设计工作向前发展；还可满足更多的人同时参加同一产品的生产活动，满足社会对产品的需求及生产率的要求。因此，利用图样进行设计，使人类设计活动由直觉设计阶段进步到了经验设计阶段。经验设计是建立在经验与技巧能力的积累之上的，其质量也不易保证。

3. 半理论半经验设计阶段

20 世纪初以来，由于试验技术与测试手段的迅速发展和应用，人们把对产品进行局部试验、模拟试验等作为设计辅助手段，通过中间试验取得较可靠的数据，选择较合适的结构，从而缩短了试制周期，提高了设计可靠性，这个阶段称为半理论半经验设计阶段（也称中间试验阶段）。依据这套方法进行产品的设计，称为传统设计，也称常规设计。传统是指这套设计方法已沿用了很长时间，直到现在仍被广泛地采用。

在这个阶段，随着科学技术的进步、试验手段的加强，设计水平得到进一步提高，并取得了如下进展。

1）加强了设计基础理论和各种专业产品设计机理的研究，如材料应力应变、摩擦磨损理论、零件失效与寿命的研究，从而为设计提供了大量信息，如包含大量设计数据的图表（图册）和设计手册等。

2）加强了关键零件的设计研究，特别是加强了关键零部件的模拟试验，大大提高了设计速度和成功率。

3）加强了产品“三化”（即零件标准化、部件通用化、产品系列化）的研究，后来又提出设计组合化，进一步提高了设计的速度、质量，降低了产品的成本。

在这个阶段由于加强了设计理论和方法的研究，与经验设计相比大大减少了设计的盲目性，有效地提高了设计效率和质量，并降低了设计成本。至今，这种设计方法仍被广泛使用。

4. 现代设计阶段

20 世纪 60 年代以来，科学和技术迅速发展，对客观世界的认识不断深入，设计工作所需的理论基础和手段有了很大进步，特别是计算机技术的发展及应用，使设计工作产生了革命性的变革，为设计工作提供了实现设计自动化的条件。如 CAD 技术能得出所需要的设计计算结果资料和生产图样，一体化的 CAD/CAM 技术使数控机床可直接加工出所需要的零件，从而使设计工作步入现代设计阶段。

随着科技发展，新工艺、新材料的出现，微电子技术、信息处理技术及控制技术等新技术对产品的渗透和有机结合，以及与设计相关的基础理论的深化和设计新方法的涌现，都给产品设计开辟了新途径，使产品设计达到了更高的水平。在这一时期，国际上在设计领域相继出现了一系列有关设计学的新兴理论与方法，统称为现代设计。当然，现代设计不仅指设计方法的更新，也包含了新技术的引入和产品的创新。

五、现代设计技术的发展趋势

1. 设计目标由单一目标规划向多目标规划转变

设计内容由单纯考虑技术因素转向综合考虑技术、经济和社会因素。现代设计不是单纯追求某项性能指标的高低，而要综合考虑产品的市场、价格、安全、美学以及与产品相关的资源、环境等因素。

设计环节由简单的、具体的、细节的设计拓展为复杂的总体设计和决策，全面考虑包括产品的设计、加工制造、装配、测试、销售、使用、售后服务、维修和报废回收等阶段的产品全生命周期。

设计功能由强调产品的物质功能，忽视或不能全面考虑产品的精神功能发展为考虑宜人化设计。传统设计凭经验或自发地考虑“人-机-环境”等因素之间的关系，强调训练用户来适应机器的要求。现代设计则强调产品内在质量的实用性，外观质量的美观性、艺术性、时代性。在保证产品物质功能的前提下，为用户提供新颖、舒畅、愉快、兴奋等精神功能。并从人的生理和心理特点出发，通过功能分析、界面安排和系统综合，考虑满足“人-机-环境”等的协调关系，以提高产品的使用效率。

设计思想由传统的产品功能设计转向积极探求可持续发展的绿色设计之路。设计绿色产品以保证产品生产过程以及使用过程中的污染尽可能减少，对人体的危害达到最低。

2. 设计手段由手工设计向计算机辅助设计转变，并且向智能化设计方向发展

设计过程中，计算机不仅用于计算和绘图，而且广泛应用于优化设计、并行设计、三维建模、设计过程管理、设计制造一体化、仿真和虚拟制造等环节，特别是应用于网络和数据库技术中。在现代设计中，借助于人工智能和专家系统技术，可由计算机模仿人的智能活动，设计出高度智能化的产品。

3. 组织方式由传统的顺序设计向并行设计发展

现代设计力求实现设计和制造过程的一体化和并行化，强调从设计信息到制造信息的顺畅传递和快速“短”反馈，要求设计和制造采用统一的数据模型。随着产品复杂性的不断提高，在产品开发周期的前期做出的设计决策对制造质量、性能等都会产生重大影响，所以在产品开发过程中，应当依照并行工程的思想对产品开发过程进行规划和管理，尽可能减少修改和反复，使企业赢得生产时间，进而赢得市场。

4. 设计过程实现动态化与最优化

传统设计以静态分析和少变量为主，将载荷、应力等因素做集中处理，由此考虑的安全系数与实际工作情况相差较远。现代设计在静态分析的基础上，考虑载荷谱、负载率等随机变量，通过计算机进行动态多变量最优化处理，寻求最优解决方案和设计参数。同时，还考虑载荷和应力的分布特性，利用有限元等功能强大的分析工具，准确模拟系统的真实工作情况，以得到符合实际情况的最优解。现代设计还经常根据概率论和统计学的方法，针对载

荷、应力等因素的离散性，用多种设计方法进行可靠性设计。

5. 设计方法考虑系统性与综合性

传统设计采用经验、类比的设计方法，而现代设计采用的是逻辑的、系统的设计方法。比如用从抽象到具体的发散思维方式，以“功能-原理-结构”框架为模型的横向变异和纵向综合，使用计算机构造多种方案，评价出最优方案。现代设计建立在系统工程、创造工程的基础之上，综合运用信息论、优化论、相似论、模糊论、可靠性理论等自然科学理论和价值工程、决策论、预测论等社会科学理论，同时采用集合、矩阵、图论等数学工具和计算机技术，总结设计规律，提供多种解决设计问题的科学途径。

6. 由传统的本地设计向异地网络化设计转变

由于产品高科技含量的日益增大，使得单靠一家工厂在一个地点进行产品设计开发的模式已越来越不能满足现代产品开发的要求。异地设计可突破时空的限制，集中不同地点不同行业的专家，在并行化思想的支持下参与同一产品的设计开发，强强联合，优势互补，从而产生巨大的效益。

第二节 计算机辅助设计

一、计算机辅助设计的概念

在设计过程中，以计算机及其外围设备作为工具，帮助工程技术人员进行工程和产品设计的一切实用技术的总和，称为计算机辅助设计（Computer Aided Design，CAD）。

计算机辅助设计包含的内容很多，如概念设计、优化设计、有限元分析、计算机仿真、计算机辅助绘图、计算机辅助设计过程管理、几何建模等。其中，计算机辅助绘图是 CAD 中应用最成熟的领域，而几何建模技术是 CAD 系统的核心技术。

几何建模是从人们的想象出发，根据现实世界中的物体，利用交互的方式将物体的想象模型输入计算机后，以一定的方式将模型存储起来的过程。几何建模是分析计算的基础，也是实现计算机辅助制造的基本手段。几何建模过程如图 2-3 所示。

二、计算机辅助设计的功能

1. 工程与产品设计

借助于计算机辅助技术 CAX（Computer Aided X，计算机辅助技术，是 CAD、CAM、CAE、CAPP 等各项技术的综合叫法，所有缩写都是以 CA 开头，X 表示所有），工程技术人员可以方便地完成某一工程或产品的方案选型、评估、详细设计、分析优化等工作，实现从零件图、零件剖面图到装配图、总装图、平面布置图、管道布置图等图样的自动绘制，或首先通过计算机进行产品实体造型或建模，由计算机自动生成一系列加工图样和工程计算分析文档。

2. 仿真模拟

应用高性能的 CAD 系统，可以真实地模拟一个产品系统的实际运动及变化过程，如机构的运动、机械零件的加工、柔性制造系统的运行、汽车或飞机的行驶过程等，从而帮助设计人员正确地进行方案论证、产品选型、性能评估和产品优化。

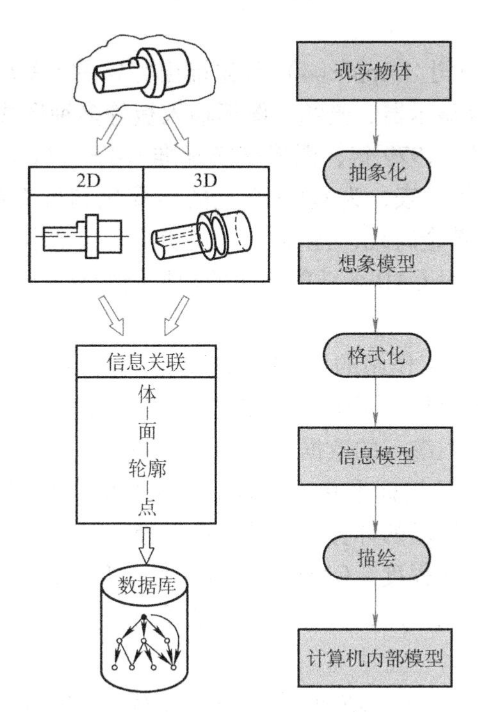

图 2-3 几何建模过程

3. 事务管理

采用 CAD 技术，可以实现设计文档的计算机管理，有利于产品设计的标准化、系列化和成组化，减少设计人员的重复工作，同时可绘制各种形式的统计管理图表，有助于后期产品的工艺、生产计划和控制等工作的开展。

三、计算机辅助设计的发展历程

计算机辅助设计的发展历程

1. 萌芽期（20 世纪 50 年代）

1950 年，美国麻省理工学院（MIT）研制出了类似于示波器的图形输出设备 Whirlwind Ⅰ，可以用来显示简单的图形。1958 年美国卡尔康普公司（Calcomp）研制出滚筒式绘图仪，美国格柏公司（Gerber）研制出平板绘图仪。这些图形设备的问世，标志着 CAD 技术已处于交互式计算机图形系统的初期萌芽阶段。

2. 成长期（20 世纪 60 年代）

1962 年，麻省理工学院（MIT）林肯实验室的萨瑟兰（E. Sutherland）博士提出了计算机图形学、交互技术、分层存储符号的数据结构等新思想，为 CAD 技术的发展和应用打下了理论基础，成为 CAD 技术发展史上重要的里程碑，此后许多商品化的 CAD 设备应运而生。20 世纪 60 年代中期，CAD 概念开始为人们所接受，它超越了计算机绘图的范畴而强调利用计算机进行设计的思想。1965 年美国洛克希德公司（Lockheed）推出第一套基于大型机的商用 CAD/CAM 软件系统——CADAM。1966 年美国贝尔公司（Bell）开发了价格低廉的实用型交互式图形显示系统 GRAPHIC-1。许多与 CAD 技术相关的软硬件系统走出了实验室而逐渐趋于实用化，大大促进了计算机图形学和 CAD 技术的发展。

3. 发展期（20 世纪 70 年代）

1970 年美国阿普利康公司（Applicon）首先推出完整的 CAD 系统。此后，相继出现了可产生逼真图形的光栅扫描显示器、光笔、图形输入板等多种形式的图形输入输出设备，以及商品化的 CAD/CAM 系统。1979 年，图形交换标准 IGES（Initial Graphics Exchange Standard，初始图形交换标准）的发表，为 CAD 系统的标准化和可交换性创造了条件。20 世纪 70 年代是 CAD 技术发展的黄金时代，各种 CAD 功能模块已基本形成，各种建模方法及理论得到了深入研究。但是，此时 CAD 各功能模块的数据结构尚不统一，集成性较差。

4. 普及期（20 世纪 80 年代）

在这个时期，基于 PC 和工作站的 CAD 系统得到广泛使用，CAD 的新算法、新理论不断出现并迅速商品化。它不仅提供了统一的和确定性的几何形体描述方法，并成为 CAD 软件系统的核心功能模块，采用统一的数据结构和工程数据库已成为 CAD 软件开发的趋势和现实。图形接口、图形功能日趋标准化，出现了由 CAD/CAM/CAE（Computer Aided Engineering，计算机辅助工程）构成的计算机集成制造系统，并大量采用了人工智能和专家系统技术，用于提高设计的自动化程度。CAD 系统的应用已开始从大型骨干企业向中小企业扩展，从发达国家向发展中国家扩展，从产品设计发展到工程设计。

5. 集成化期（20 世纪 90 年代）

PC 加 Windows 操作系统、工作站加 UNIX 操作系统、Ethernet（以太网）为主体的网络环境构成了 CAD 系统的主流平台。CAD 系统的图形功能日益增强，图形接口趋于标准化。GKS（Graphics Kernel System，图形核心系统）、IGES、CGI（Computer Graphical Interface，计算机图形界面）、STEP（Standard for the Exchange of Product model data，产品模型数据交换标准）等标准及规范得到广泛的应用，实现了 CAD 系统之间、CAD 与 CAM 之间以及 CAD 与其他 CAX 系统的信息兼容和数据共享。CAD 软件系统由单一功能向集成功能转变，软结构和软总线技术得到普遍应用，并与企业其他计算机辅助技术有机结合，构成了计算机集成制造系统。

随着计算机技术的飞速发展，如今 CAD 系统的性能与功能得到了大幅度提高。通过几何建模、结构强度分析、动态仿真、结构分析、系统优化、科学计算可视化和虚拟现实等环节，CAD 系统极大地支持了设计人员的设计工作，在各行各业得到了越来越广泛的应用。

四、计算机辅助设计的发展趋势

当前，CAD 技术已在几乎所有工程领域得到了广泛的应用。随着 CAD 自身及相关学科与技术不断取得进展，CAD 技术的发展呈现如下趋势。

1. 标准化

在制造业中，标准通常分为两种：一种是正式标准，又称为公用标准，是在政府的标准管理机构的授权和支持下，由相应的专家组制定的，这种标准可以是国家标准或国际标准，注重标准的开放性和所采用技术的先进性；另一种是非正式标准，也称为市场标准、事实标准，这种标准以市场为导向，注重考虑有效性和经济利益。谁的产品的技术思想领先，性能最好，用户最多，主导了市场，谁就是事实上的工业标准、行业标准。

除了 CAD 支撑软件逐步实现 ISO（国际标准化组织）标准和工业标准外，面向应用的标准构件（零部件库）、标准化方法也成为 CAD 系统中的必备内容。为实现 CAD 二进制数据标准化，从20世纪80年代中期开始，国际标准化组织就着手制定这类标准，称为ISO10303《产品数据的表达与交换》，涵盖所有人工设计的产品，采用统一的数字化定义方法。

2. 集成化

CAD技术已经成为计算机集成制造系统的核心技术。计算机集成制造系统把设计、制造、生产和管理连成了一个整体。在生产过程中，不仅设计和制造使用计算机，而且在库存管理、生产计划、财务管理、销售等方面都使用计算机来完成。通过计算机通信、计算机控制实现信息共享和交换，各个部门协调一致，成为一个整体。

计算机集成制造系统正在成为全球制造业的研究热点和发展趋势。制造企业期望通过在这一领域的投资，实现产品设计、工程分析、加工、装配、测试、管理集成于一体的制造环境，从而降低成本，缩短设计和生产周期，提高劳动生产率和产品质量，提高企业的经济效益。

3. 网络化

随着Internet/Intranet（互联网/内部企业网，又称内域网、专用网、内联网）的发展，基于网络技术的CAD系统也随之持续发展。开放式系统、分布式计算环境等，使得远程资源共享成为可能，网络型CAD系统具有越来越强大的生命力。

网络型CAD系统可以全面统一地考虑各个工作站的具体配置，从而实现用最低的开销获得最好的效果。例如，企业可以只在个别工作站上配备某些昂贵的软、硬件资源，而其他工作站通过网络调用该资源，无须给每个工作站都配齐全部的资源。总之，根据资源需要的程度，企业合理配备软、硬件资源，可以使建网费用和系统的功能达到最佳配比。

4. 可视化

可视化是20世纪90年代发展起来的应用技术。它将科学计算过程中以及结束后的数据和结果，借助计算机图形学和图像处理等技术，以图形图像的形式表达出来，并进行交互处理。可视化技术的诞生反映了信息时代人类处理大量复杂数据的需要，反映了研究人员和工程技术人员控制、干涉计算分析过程和设计过程的需要。可视化技术与多媒体技术的结合，为有效地处理信息提供了全新的、便捷的、高效的手段。

5. 智能化

传统的CAD系统缺乏综合和选择能力，用户在使用系统时，需要具备较高的专业水平和较丰富的实践经验。为此，人们提出了人工智能专家系统的设想，在进行计算机辅助设计时，专家系统可以把知识信息处理与一般的数值信息处理结合起来。在求解专门的问题时，专家系统通过知识的积累、存储、联想、类比、分析、计算、论证、比较、优选等信息处理过程，求得问题的解答。CAD的这个发展趋势，将对信息科学的发展产生深刻的影响。

第三节 计算机辅助工艺过程设计

一、计算机辅助工艺过程设计的概念

计算机辅助工艺过程设计（Computer Aided Process Planning，CAPP）是指借助于计算机软硬件技术和支撑环境，利用计算机的数值计算、逻辑判断和推理等功能来制订零件的机械

加工工艺。人们向计算机输入被加工零件的几何信息（形状、尺寸等）和工艺信息（材料、热处理、批量等）后，由计算机自动输出零件的工艺路线和工序内容等工艺文件，即利用计算机来完成零件从毛坯到成品的设计和制造过程。CAPP 的系统构成如图 2-4 所示。

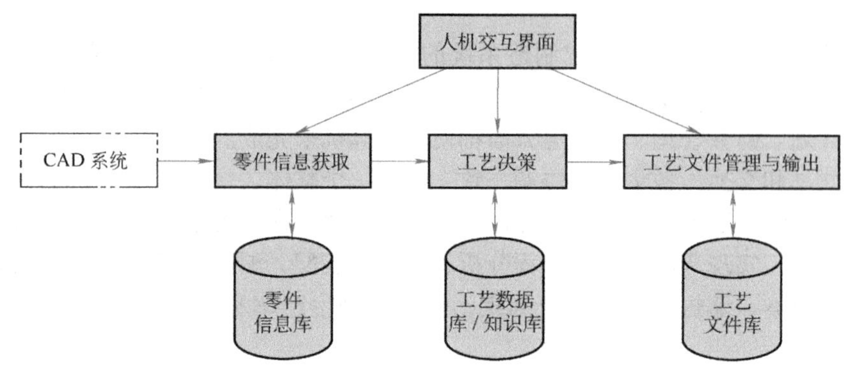

图 2-4　CAPP 的系统构成

工艺规程是机械制造过程中一项重要的技术准备工作，是产品从设计到制造的中间环节。在常规生产中，工艺的设计是由工艺人员通过编制工艺文件来实现的。在工艺文件中，不仅要根据采用的加工方法确定零件的加工顺序和工序内容，还须包含机床、刀具、夹具的选择、切削用量的选择和工时定额的计算等。因此，这种传统的工艺设计方法需要大量的时间和丰富的生产实践经验，工艺设计的质量在很大程度上取决于工艺人员的专业水平，这就使得工艺设计很难做到标准化和最优化。随着计算机在产品设计和制造过程中的普及和应用，使用计算机进行工艺的辅助设计已成为可能，于是 CAPP 应运而生，并且受到越来越广泛的重视。

CAPP 是将产品设计信息转换为加工制造信息的关键环节，是企业信息化建设中联系设计和生产的纽带，同时也可以为企业的管理部门提供相关的数据，是企业信息交换的中间环节。计算机集成制造系统的出现，使 CAPP 上与 CAD 相接，下与 CAM 相连，成为连接设计与制造的桥梁。设计信息只有通过工艺设计才能生成制造信息，设计只有通过工艺设计才能与制造实现功能和信息的集成。由此可见，CAPP 在实现生产自动化中占有重要的地位。借助于 CAPP 系统，可以有效地解决手工工艺设计效率低、一致性差、质量不稳定、不易达到最优化等问题。

二、计算机辅助工艺过程设计的分类

计算机辅助工艺过程设计的分类

CAPP 系统按其工作原理可以分为五大类：交互式 CAPP 系统、派生式 CAPP 系统、创成式 CAPP 系统、综合式 CAPP 系统和智能型 CAPP 系统。

1. 交互式 CAPP 系统

交互式 CAPP 系统采用人机对话的方式，基于标准工步、典型工序进行工艺设计，如图 2-5 所示。它将一些经验性强、模糊难定的问题留给设计人员去完成，这就简化了系统的开发难度，同时使系统更灵活、更方便。这种系统能充分体现人的主观能动性，可变性与可扩展性好。其缺点是自动化程度不高，运行效率低，工艺规程的设计质量与人的关联性很大。

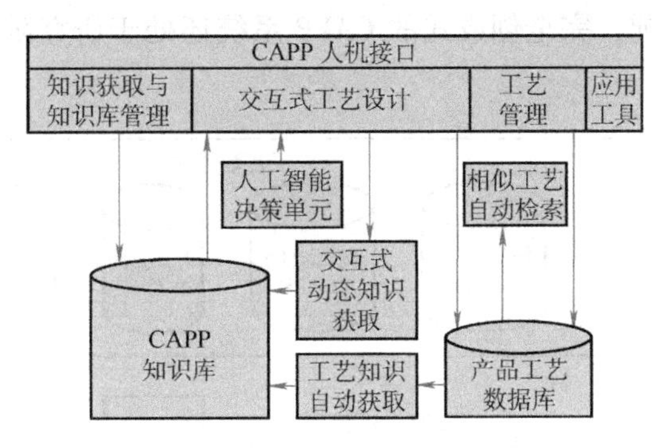

图2-5　交互式CAPP系统

2. 派生式CAPP系统

派生式CAPP系统又称变异型CAPP系统，是利用成组技术，将工艺设计对象按其相似性（例如，零件按其几何形状及工艺过程的相似性；部件按其结构功能和装配工艺的相似性等）分类成组（族），为每一组（族）对象设计典型工艺，并建立典型工艺库。设计工艺时，CAPP系统按零件（部件或产品）信息和分类编码（即GT编码）检索相应的典型工艺，并根据具体对象的结构和工艺要求，修改典型工艺，直至满足实际生产需要为止，如图2-6所示。

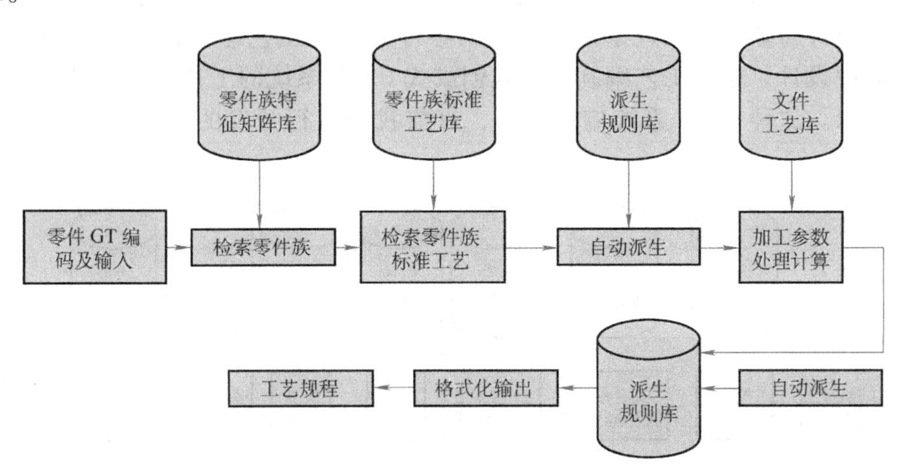

图2-6　派生式CAPP系统

派生式CAPP系统是目前比较成熟的CAPP系统，在自动化程度与可变性方面均有所实现。但它是以已有的工艺为依据，需要做大量系统开发前的准备工作，如成组（族）编码系统的设计和零件族典型工艺库的建立等，生成工艺规程的决策能力还必须依赖于工艺人员的经验。由于对新的工艺和新的零件类型适应性差，派生式CAPP系统尚不能适应多品种小批量的生产环境。

3. 创成式CAPP系统

创成式CAPP系统是根据工艺决策与逻辑算法进行工艺过程设计的，从无到有自动生成具体对象的工艺规程，如图2-7所示。创成式CAPP系统进行工艺决策时不需要人工干预，因此易于保证工艺规程的一致性，理论上是一种比较理想的CAPP系统。但是，由于工艺决策具有随制造环境变化的多变性及复杂性等特点，对于结构复杂、多样的零件，实现创成式

CAPP 系统非常困难。目前，完全创成式的 CAPP 系统还处于研究阶段，在生产中使用的尚不多见。

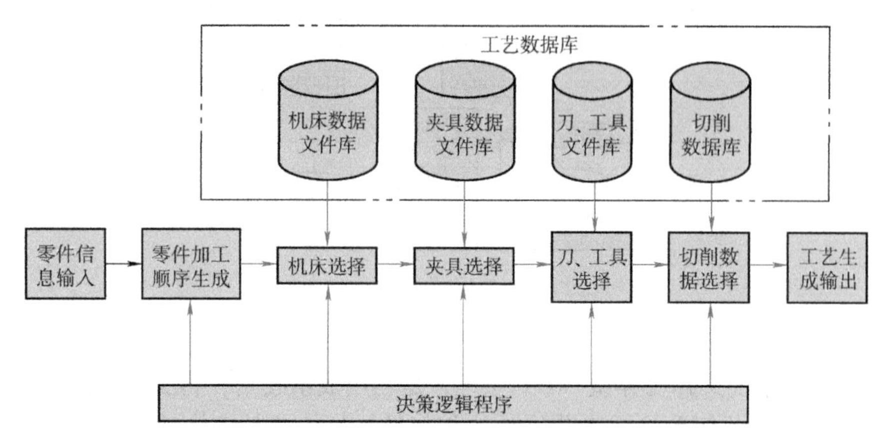

图 2-7　创成式 CAPP 系统

4. 综合式 CAPP 系统

综合式 CAPP 系统又称半创成式 CAPP 系统，是将派生式、创成式和交互式 CAPP 系统的优点集为一体的系统。这种系统沿用以派生式 CAPP 系统为主的“检索-编辑”原理，当工艺设计对象不能归入系统已存在的零件族标准工艺库时，则转向创成式 CAPP 系统工艺规程设计，或在工艺编制时引入创成式 CAPP 系统的工艺决策与逻辑算法原理，如图 2-8 所示。这种 CAPP 系统应用广泛，目前我国自行开发的 CAPP 系统多采用这种模式。

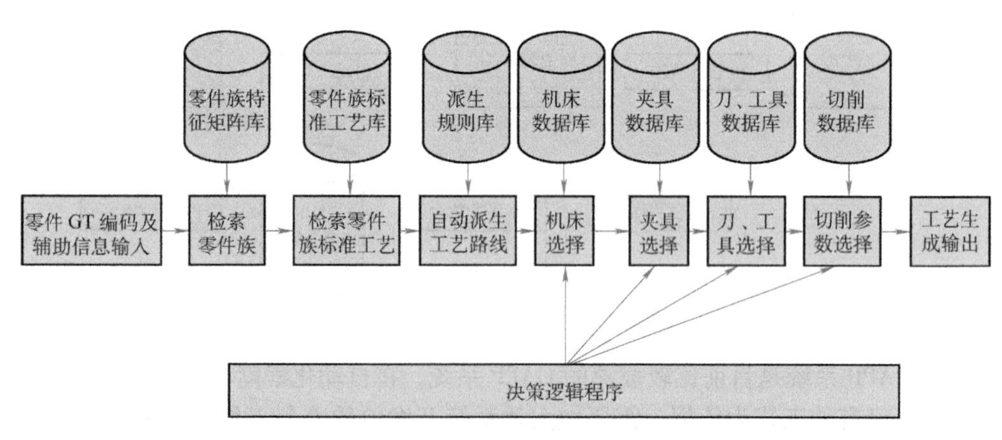

图 2-8　综合式 CAPP 系统

5. 智能型 CAPP 系统

智能型 CAPP 系统是将人工智能技术应用于 CAPP 系统而形成的 CAPP 专家系统，如图 2-9所示。智能型 CAPP 系统和创成式 CAPP 系统都是自动生成工艺规程，两者的区别在于创成式 CAPP 系统是以工艺决策加逻辑算法为特征的，而智能型 CAPP 系统则以知识库加推理机为特征，以推理加知识的专家系统来解决工艺设计中经验性强、模糊和不确定的若干问题。其原理更加完善，应用更加方便，是 CAPP 系统的发展方向，也是当今国内外研究的热点之一。

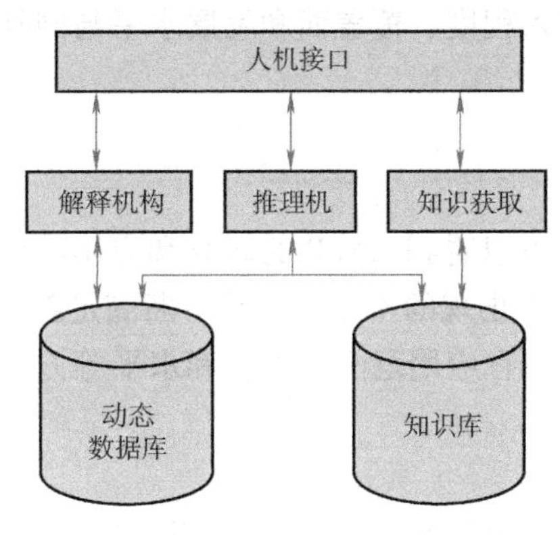

图 2-9 智能型 CAPP 系统

三、计算机辅助工艺过程设计的发展历程

1. 国外发展状况

CAPP 的开发、研制是从 20 世纪 60 年代末开始的，在制造自动化领域，CAPP 是最迟发展的部分。自挪威科学家尼贝尔（Niebel）在 1965 年首次提出 CAPP 思想以来，各应用软件公司、研究所以及高校在 CAPP 领域的研究得到了极大的发展，期间经历了交互式、派生式、创成式、综合式、智能型等不同的发展阶段，并涌现出了一大批 CAPP 原型系统和商品化的 CAPP 系统。但是相对于其他信息管理系统的发展，CAPP 的应用水平仍然比较滞后，主要问题是其智能化程度不高。

1969 年挪威开发了世界上第一个 CAPP 系统 AUTOPROS，1973 年正式推出商品化的 AUTOPROS 系统。

在 CAPP 发展史上，具有里程碑意义的是美国计算机辅助制造国际组织（CAM-I）于 1976 年推出的 CAM-I'S Automated Process Planning 系统，简称 CAPP 系统。

目前，虽然人们对 CAPP 这个缩写还有不同的解释，但把 CAPP 称为计算机辅助工艺过程设计已经成为公认的释义。

2. 我国 CAPP 发展状况

我国对 CAPP 的理论研究和系统开发虽然起步较晚，但发展很快，出现了大量的学术性和实用性的各类 CAPP 系统。我国高校例如同济大学、清华大学、北京航空航天大学、南京航空航天大学、华中科技大学、西安交通大学、上海交通大学、西北工业大学等在 CAPP 的研究和开发方面起步较早，并取得了很多成果，对我国 CAPP 的研究、普及和推广应用起到了很好的推动作用。比较有代表性的 CAPP 系统有 TOJICAP、THCAPP、BHCAPP、BITC-APP、NHCAPP、XJDCAPP、HUST_ RCAP 等。

进入 20 世纪 90 年代后，随着计算机辅助生产国际学术会议的召开和中华人民共和国机械行业标准计算机辅助工艺设计导则的颁布，我国 CAPP 的技术水平开启了更进一步的发展并与国际接轨。在 20 世纪 90 年代中后期，我国几家从事制造业软件开发与系统集成服务的公司在消化吸收 CAPP 研究成果的基础上，结合我国企业的实际需求，陆续推出了不少商品化的 CAPP 系统，主要有开目 CAPP、天河 CAPP、思普 CAPP、金叶 CAPP、大天 CAPP、艾克斯特 CAPP、天喻 CAPP 等，并分别在企业得到了不同程度的应用。

目前我国 CAPP 研究的深入程度、覆盖面和发展水平与国外相比，基本处于并驾齐驱的态势。

四、计算机辅助工艺过程设计的发展趋势

纵观 CAPP 发展的历程，可以看到 CAPP 的研究和应用始终是围绕着两方面的需要而展开：一是不断完善自身在应用中出现的不足；二是不断满足新的技术、制造模式提出的新要求。因此，未来 CAPP 的发展将在应用范围、深度和水平等方面进行拓展，具体表现为以下的发展趋势。

1. 面向产品全生命周期的 CAPP 系统

CAPP 的数据是产品数据的重要组成部分，CAPP 与产品数据管理（Product Data Management，PDM）/产品全生命周期管理（Product Lifecycle Management，PLM）的集成是关键。基于 PDM/PLM，支持产品全生命周期的 CAPP 系统将是重要的发展方向。

2. 基于知识的 CAPP 系统

目前，CAPP 已经很好地解决了工艺设计效率和标准化的问题，系统开发人员下一步的工作是有效地总结、提炼企业的工艺设计知识，以提高 CAPP 的知识水平，这将会是 CAPP 应用和发展的重要方向。

3. 基于三维 CAD 的 CAPP 系统

随着三维 CAD 的应用和普及，基于三维 CAD 的工艺设计，特别是基于三维 CAD 的装配工艺设计，正成为企业需求的热点。可以预见，基于三维 CAD 的 CAPP 系统将会成为研究的热点。

4. 具有开放性的 CAPP 系统

早期开发的 CAPP 系统，几乎都是作为专用系统出现的。面对多样的工艺设计对象和企业环境，以及同一工厂也可能出现制造环境改变的情况，专用系统就显得缺乏必要的灵活性，而每开发一个专用型 CAPP 系统都要耗费大量的人力与资源。因此，CAPP 工具系统（又称开发平台）就成为该领域的热点话题。图 2-10 所示为一个开发平台型的 CAPP 系统开发模式简图，CAPP 系统的构造平台应提供数据知识的存储机制、表达形式或方法、通用的功能工具及模块化的系统结构。

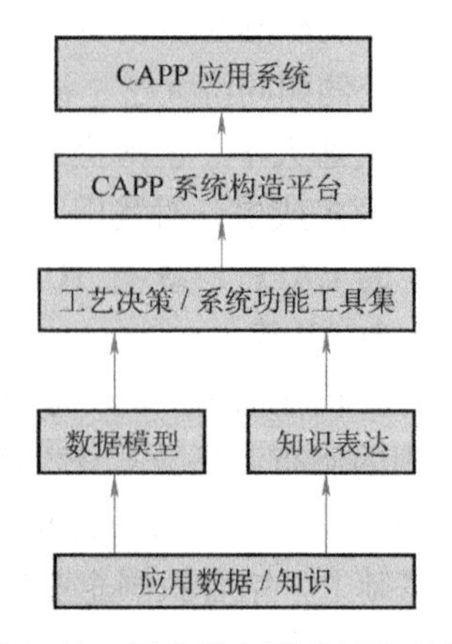

图 2-10 开发平台型 CAPP 系统

开放性是衡量 CAPP 系统的一个重要的因素。工艺的个性化很强，同时企业的工艺需求可能也会发生变化，CAPP 必须能够持续满足客户的个性化和不断变化的需求。基于平台技术、具有二次开发功能、可重构的 CAPP 系统将是 CAPP 系统未来重要的发展方向。

第四节　全生命周期设计

一、全生命周期设计的概念

全生命周期设计（Life Cycle Design，LCD）强调产品设计不仅仅是进行产品的功能与结构设计，更应该是产品的全生命周期，也就是产品的市场信息分析、产品决策（市场调研和预测）、产品设计、选材和工艺设计、生产准备、加工和制造过程（生产加工、质量管理、生产过程管理）、市场营销、产品售前和售后服务、报废产品处理和回收全过程的系统设计，如图 2-11 所示。全生命周期设计意味着在设计阶段就要考虑产品生命历程的所有环节，力求产品全生命周期设计的综合优化，以在时间、质量、成本、服务和环保等方面提高企业的竞争力。

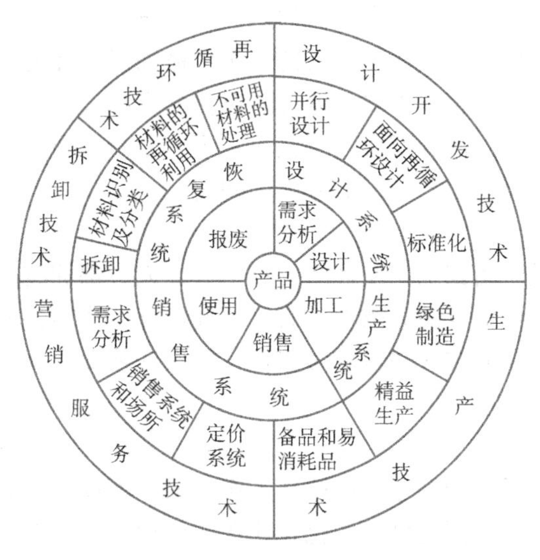

图 2-11　产品全生命周期设计

二、全生命周期设计的特点

全生命周期设计是现代设计技术的重要内容，是制订高质量、低成本设计方案的有效方法之一。全生命周期设计并不是设计和生产的简单交叉，它要求在进行产品设计的每一个阶段都要全面考虑或同时进行其后的过程设计，即设计的全部阶段都必须要在生产前完成。总体上，全生命周期设计有如下特点。

1. 集成性

集成性是全生命周期设计最重要的特点。全生命周期设计依赖于各环节、各部门设计人员的分工协作。在产品设计活动中，各部门人员相互信任、共享信息、有效沟通，可以及早发现和解决产品全生命周期设计中遇到的各种问题。进行全生命周期设计的设计人员，不仅要熟悉与自己工作相关的领域，还要了解其他设计人员的工作领域，要彼此清楚对方的设计意图。

2. 开放性

由于全生命周期设计涉及的人员结构和工作领域十分复杂，对同一设计课题，由不同的设计人员进行设计，或在不同的工作领域内进行设计，会产生不同的设计结果。因此，若要实现设计最优化，设计方案应对全部工作人员和工作领域开放，即设计方案应当建立在开放性基础之上。

3. 标准化

全生命周期设计要求保证数据的一致性和共享性。由于是对同一种产品对象进行设计，所以产品各环节的设计人员必须运用统一的设计模型，必须在产品模型数据交换标准的支持下，实现集成的、并行的开发工作。同时，为保证对设计模型具有统一的理解，要求设计人员在表达产品制造、生产设备和管理等方面的信息时，必须采用统一的知识表达方式，实现标准数据管理。

4. 前瞻性

全生命周期设计是一个集成的过程，它以并行的方式设计产品及其相关过程，力求使设计人员从一开始就自觉地考虑产品整个生命周期，即从概念设计到报废处理的各个环节和所有因素，以达到全生命周期设计最优化的目的。全生命周期设计的一切活动，都是为了使制造的产品能够一次性成功，避免不必要的返工。以往的产品设计包括可加工性设计、可靠性设计和可维护性设计，而全生命周期设计不仅仅要考虑这些问题，还应考虑产品的美观性、可装配性、寿命乃至产品报废后的处理等方面的问题。

5. 分布式

当今，计算机已广泛应用到工业设计中，每个设计人员都拥有自己的工作站或终端，这种情况加剧了设计人员工作地点的分散性。为了保证设计工作能快速、协作完成，设计人员必须要有完善的网络环境和分布式知识库做依托，以保证彼此之间的信息传递和资源共享。

三、全生命周期设计的意义

全生命周期设计改变了制造企业的结构和工作方式，不仅可以对企业的生产周期、产品质量和成本进行有效的控制，而且可以优化企业业务流程，增强企业的市场竞争力。全生命周期设计的意义主要表现在以下几个方面。

1. 缩短产品投放市场的时间

全生命周期设计本身就是一个并行的、优化的工作过程，因此能够缩短产品设计周期，减少再设计工作量。此外，由于在设计阶段就已经考虑了加工制造等其他环节的各项工作，制造准备工作可以同步进行，能极大地缩短产品的开发时间，尽快地将产品投放市场。

2. 提高产品的质量

质量不仅是产品本身的度量标准，也是产品设计、制造、营销、服务等工作系统的度量标准。全生命周期设计要求同时考虑产品的各项性能和与产品有关的各工艺过程的质量，以达到优化生产，减少产品缺陷，降低不合格品率及便于制造维修的目的。

3. 降低生产成本

全生命周期设计不同于传统的“反复做直到满意”的设计思想，而是强调“一次就达到目的”。全生命周期设计强调各环节的整体优化，也就是说，其强调的并不是单纯降低产品生产周期中某一部分的消耗，而是要降低产品在整个生命周期中的消耗。

全生命周期设计虽然会提高产品设计阶段的成本比例，但是在后续生产、维修过程中可大大降低产品成本，产品整体成本也将会降低。当前，全生命周期设计采用的是计算机仿真技术，这种技术可以动态模拟产品及其生产过程，省却了以往的“设计-样机-设计”的反复过程，大大减少了生产消耗，降低了生产成本。

4. 增强市场竞争力

由于全生命周期设计在产品生产前就已经注意到产品制造等方面的问题，所以产品易制造性提高、生产成本降低、产品质量较好，并能迅速推出新产品投放市场，提高了产品的市场竞争力。

目前，全生命周期设计应用已经相当广泛，不仅用于军工产品，也被民用产品生产所采用。就行业而言，全生命周期设计已经应用于电子、计算机、飞机和机械等行业；就产品而言，全生命周期设计的应用对象已经从简单零件发展为复杂系统；就生产批量而言，全生命周期设计的应用已从单件和小批量生产的产品发展为大批生产的产品。

第五节　逆向工程

一、逆向工程的概念

逆向工程（Inverse Engineering，IE）又称反求工程（Reverse Engineering，RE），是以社会方法学为指导，以现代设计理论、方法、技术为基础，运用各种专业人员的工程设计经验、知识和创新思维，对已有的产品进行解剖、分析、重构和再创造的过程。

逆向工程是一个将逆向思维和移植创造原理应用于工程实践的创新过程，是为消化、吸收先进技术而使用的一系列分析方法和应用技术的组合。在工程设计领域，它具有独特的内涵，可以说是对设计的设计。逆向工程强调剖析原产品时在“求”上狠下功夫，吃透原设计；而再设计时在“改”和“创”上做文章，力图在较高起点上设计出竞争力更强的创新产品。

二、逆向工程的工作内容及过程

1. 逆向工程的工作内容

（1）确定引进样机的指导思想

在选择引进的样机时首先要确定指导思想，是选择功能齐全的还是造价便宜的；是注重高科技含量还是可持续发展性（如节约资源、面向环境和模块化设计等）。根据这个指导思想去分析样机的特点，判断其是否与指导思想相吻合，这样才能为反求以后的产品发展打下良好的基础，避免引进错误。

（2）功能剖析

每种产品都有其特定功能，这是引进样机和发展产品的核心问题。因此，必须对样机的功能进行深入的研究和剖析，特别是对关键性的功能，必须掌握其基本原理，才能在此基础上设计自己的产品。

(3) 性能测试

对样机的性能必须进行全面的测定和试验，反复验算，深入分析，掌握其运动特性和动态、静态力学特性，找出可能存在的薄弱环节，以便于在自行设计开发时加以改进，使逆向设计产品优于样机。

(4) 结构分析

零部件的结构、功能原理和力学性能直接相关，同时与生产成本和使用性能关系密切，还会影响产品的可制造性和可维护性。因此，必须充分了解功能零部件的结构特点及其作用，精确反求，否则会影响产品的稳定性和可靠性，达不到样机的使用性能。

(5) 形体尺寸及精度分析

对于关键零件，必须采用先进而精确的逆向手段和仪器，精确测定样件的形体和相关精度（尺寸精度、几何精度），并分析其作用。否则，反求设计的产品将达不到样机的质量要求。数据采集（图2-12）是逆向工程最重要的环节，一般是通过测量设备获取被测对象表面或结构几何信息的过程。逆向工程数据采集所获得的数据通常是离散的点数据，即点云（Point Cloud）数据。

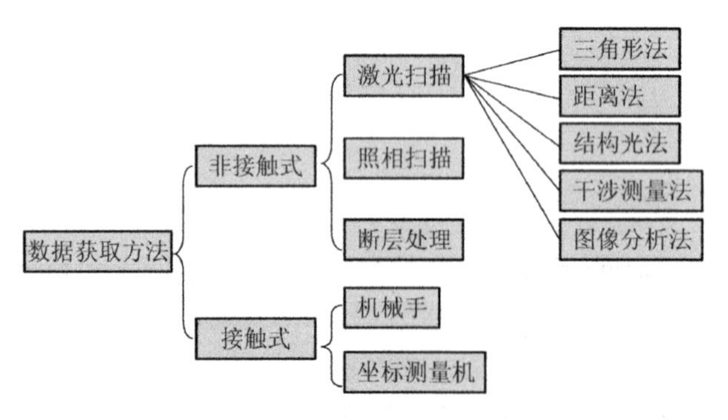

图2-12　逆向工程的数据采集

(6) 工艺反求

这是逆向工程中至关重要的一步。逆向设计产品往往可以做到与样机“形似”，但由于工艺问题没有解决而达不到“神似”，即产品性能达不到或不能超过样机。因此，在工艺问题上必须特别重视分析，掌握其工艺诀窍，这样才能真正达到逆向工程的目标。

(7) 材料反求

零件的材料及其处理方法是决定零件的功能和使用性能的关键因素之一。一般情况下，可通过外观对比、密度确定、理化分析、硬度测定和光谱分析等方法来测定材料的物理性能、化学成分，分析对零件的热处理和表面处理方法及工艺方法。

(8) 使用和维修分析

以客户的目光审视样机的使用方便性和易维修性，充分理解和掌握样机在这方面的设计思想。

(9) 相关辅料分析

样机中使用的冷却液、润滑剂、密封件等会影响产品的使用性能，在逆向工程中同样不能轻视。

(10) 其他工作

除上述内容外，样机的造型设计、色彩配置、包装技术等也不能忽视，这将影响客户对产品的直观印象和市场效应。

2. 逆向工程的过程

基于引进技术的逆向工程，一般包含以下过程。

（1）应用过程

设计人员要在生产实践中逐步熟悉引进产品或设备的操作、使用与维修方法，使其在生产中发挥作用。然后，设计人员再结合相关资料，进一步了解其结构、技术性能、技术特点，尤其要发现产品、设备的不足之处，做到“知其然”。

（2）消化过程

对引进产品或设备的设计原理、结构、材料、制造工艺、生产管理方法等，设计人员要进行深入研究，应用现代的设计理论、设计方法及测试手段对其性能进行计算测定，了解其材料配方、工艺流程、技术标准、质量控制、安全保护等技术条件，特别要找出其关键技术及不足之处产生的根源，做到“知其所以然”。

（3）创新设计过程

在消化的基础上，设计人员再进行原理方案设计、技术设计等，但要结合本国国情，博采众家之长，有所创新，开发设计出具有本国特色的新产品，并力争达到国际先进水平，实现技术从输入到输出的转化。

从这个过程来看，基于引进技术的逆向工程，主要是一个与传统设计方法相结合的创新设计过程。从这个意义上看，逆向工程也可以被称为反求设计。

三、逆向工程的应用

随着科学技术的高度发展，一个国家充分利用现有科技成果，引进国外先进技术进行消化、吸收，在此基础上进行创新，这是发展新技术的捷径和重要途径。技术引进在促进世界各国科技与社会的进步，生产力与经济的高速发展方面起到了很大的作用。但光引进还不行，还要对引进技术进行深入的研究、消化、吸收和创新，并在此基础上开发出新的产品，形成新的技术体系。

第二次世界大战结束后，日本在经济上落后欧美国家二三十年。为恢复和振兴经济，日本在20世纪60年代初提出了科技立国方针：一代引进，二代国产化，三代改进出口，四代占领国际市场。日本在消化、吸收引进技术的基础上，采用移植、组合、改造等方法开发出许多创新产品，其中在汽车、电子、光学设备和家电等行业最为突出。

美国人发明的晶体管技术原来仅用于军事领域，日本索尼公司（Sony）买回晶体管专利技术后，进行逆向工程研究，将其移植于民用领域，开发出晶体管半导体收音机，并占领了国际市场。

日本本田公司（Honda）对世界各国500多种型号的摩托车进行逆向工程研究，对不同技术条件下的技术特点加以分析解剖，综合其优点，研制出耗油少、噪声低、成本低、造型美的新型本田摩托车，风靡世界。

日本战后的“吸收性战略”获得了巨大的成功。1945—1970年间日本用60亿美元引进先进技术，并投资150亿美元进行消化、吸收，取得了约2600项技术成果。成功的技术引进使日本节省了约9/10的研究费用和约2/3的研究时间。逆向工程的大量采用为日本创造和开发各种新产品，进而实现经济的振兴，奠定了良好的基础。

目前逆向工程主要应用在以下几个方面。

1）工业产品开发。

2）产品改型设计、产品仿制。

3）文物、艺术品的修复、副本制作。

4）3D 数字模型展示，3D 电商、数字博物馆等。

5）医学及相关领域定制化设计。

四、反求设计与传统设计、仿制技术

1. 传统设计与反求设计

传统设计是通过工程技术人员的创造性劳动，将一个事先并不知道的事物变为能满足人们需求的产品（图 2-13a）。为此，工程技术人员首先要根据市场需求，提出目标和技术要求，再进行功能设计，创造新方案，在一系列的设计活动之后，得到预期的新产品。概括地说，传统设计是由未知到已知、由想象到现实的过程，回答的是“怎么做”的问题。

反求设计是工程技术人员从已知事物的有关信息（包括实物、技术资料、照片、广告、情报等）出发，去寻求这些信息的科学性、技术性、先进性、经济性、合理性等，回溯这些信息的科学依据，并进行充分消化和吸收（图 2-13b）。反求设计必须掌握原产品的设计思想，在此基础上得出自己的产品发展概念并有所创新，以便于在反求的基础上自行开发新产品，避免侵权纠纷。反求设计更重要的是在现有基础上对已知事物进行改进、挖潜等再创造工作，回答的是“为什么要这样做”的问题。

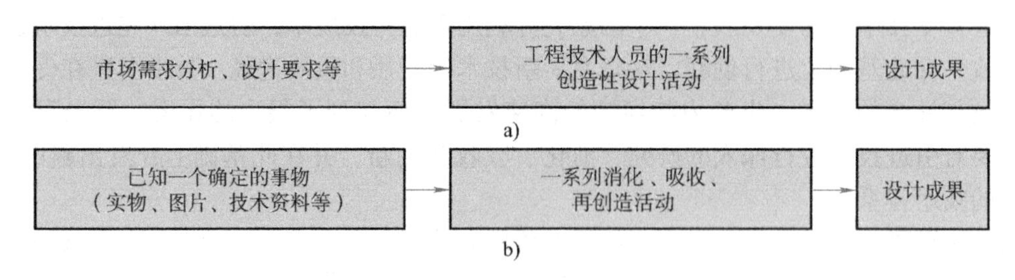

图 2-13 传统设计与反求设计的比较

a）传统设计过程 b）反求设计过程

2. 反求设计与传统设计、仿制技术的区别

传统设计是一种主动的创造性活动，是将工程概念和模型转变为真实产品的过程。而反求设计则是一种高起点的、先被动后主动的创造性活动，是将真实的产品转变为工程模型和概念的过程。一个先进成熟的产品，凝结着设计者的智慧和技术，工程技术人员要在吃透、消化原设计的基础上，设计出具有更强竞争力的创新产品，别有一番难度，故反求设计并非传统设计的简单逆过程。

反求设计的发展基础是仿制技术，但近年来反求设计的内涵已有了很大的发展，因此反求设计并不等同于仿制技术。仿制技术的着眼点主要放在制造出和原有实物相同的产品上，而反求设计的着眼点主要放在对原有实物进行修改和再设计后制造出新的产品上。反求设计强调工程技术人员在剖析先进产品时，要吃透原设计，找出原设计中的“绝招”“诀窍”和关键技术，尤其要找出原设计中的缺陷，然后在再设计中突破原设计的局限，在较高的起点上，以较短的时间设计出竞争力更强的创新产品。因此反求设计避免了侵权的法律问题，而且满足了现代社会的实际需求。

第六节　虚拟设计

一、虚拟设计的概念

虚拟设计（Virtual Design，VD）是工程技术人员应用计算机技术构造一种特定的人工环境，为人们创造出一种时域和空域可变的、与现实世界相似的假想世界，使人们能够在这样一个世界里完成所需要的设计、制造和模拟试验过程，最终实现实际系统优化、节约制造成本、缩短设计和制造周期的目标。

虚拟设计是一种多学科交叉技术，涉及许多学科与专业技术。它是以虚拟现实技术为基础，以机械产品为对象的设计手段。这里的“虚拟”不是虚幻或者虚无，而是指物质世界的数字化，也就是对真实世界的动态模拟和再现，即虚拟现实。

二、虚拟设计的特点

1. 虚拟设计是一种绿色设计

虚拟设计的产品设计、开发与加工过程，即产品的数字化过程是在计算机上实现的，消耗的资源和能量比较少，也不生产实际产品，所以说虚拟设计是一种绿色设计。

2. 虚拟设计大大缩短了设计时间

在传统的产品设计与制造模式下，工程技术人员首先要进行概念设计和方案论证，然后再进行产品设计。设计完成后，为了验证设计，工程技术人员通常要制造样机进行试验，有时这些试验甚至是破坏性的。当通过试验发现产品缺陷时，工程技术人员需要回头修改设计并再进行样机试验以验证设计成果。只有通过反复的“设计-试验-设计”过程，产品才能达到要求的性能。这一过程是冗长的，样机的单机制造成本也较高，对于结构复杂的产品尤其如此，产品的设计周期无法缩短，更不用谈对市场的灵活反应了。在大多数情况下，工程技术人员为了保证产品按时投放市场，往往被迫中断这一过程，这样产品在上市时便可能存在质量隐患。在产品的市场竞争中，基于样机设计验证的传统的产品设计与制造模式严重制约了产品质量的提高、成本的降低和产品的市场占有率。

虚拟设计在产品的设计开发过程中，将分散的零部件设计和分析技术融合在一起，将物理样机进行功能、性能、外观等方面的映射，在计算机上建造出产品的整体模型——虚拟样机，并针对该产品在投入使用后的各种工况进行仿真分析，预测产品的整体性能，进而改进产品设计，提高产品性能（图 2-14）。

3. 有助于解决 TQCSE 难题

与传统的设计相比较，虚拟设计具有高度集成、快速成形、分布合作等特征。具备这些特征的虚拟设计，能够很好地解决 TQCSE 即时间、质量、成本、服务和环保难题。

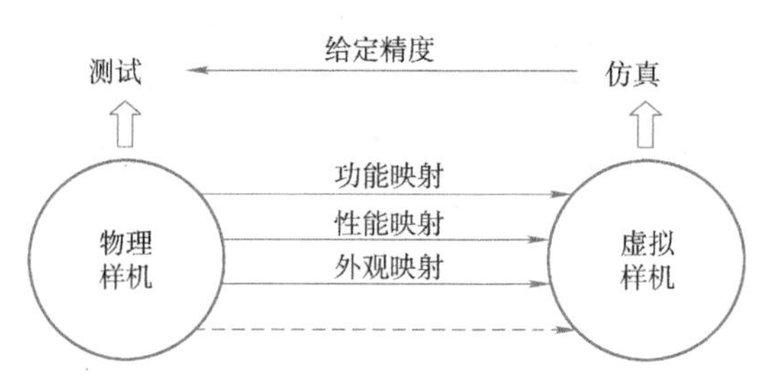

图 2-14 虚拟样机与物理样机的关系

三、虚拟现实技术

1. 虚拟现实技术的概念

虚拟现实技术（Virtual Reality Technology，VRT）是由计算机将视觉、听觉和触觉等多种信息合成，并提示给人的感觉器官，在人的周围生成一个三维的虚拟环境，从而把人、现实世界和虚拟空间融为一体，相互间进行信息的交流与反馈。

2. 虚拟现实技术的发展

虚拟现实技术诞生于20世纪80年代末，是21世纪的关键技术之一。它以检测技术、控制理论、电子通信、信息处理以及机械工程等多学科理论为基础，综合了计算机科学、多媒体技术、图像处理、人工智能和神经网络、生理学、心理物理学，以及认知科学等最新研究成果，创造性地把人类引向了一个全新的四维世界。虚拟现实技术来源于三维交互式图形学，目前已发展成为一门相对独立的学科。

3. 虚拟现实技术的特征

虚拟现实技术或由它构筑的系统，重要的特征是沉浸性、交互性和想象力，这是虚拟现实技术的三要素（图2-15）。

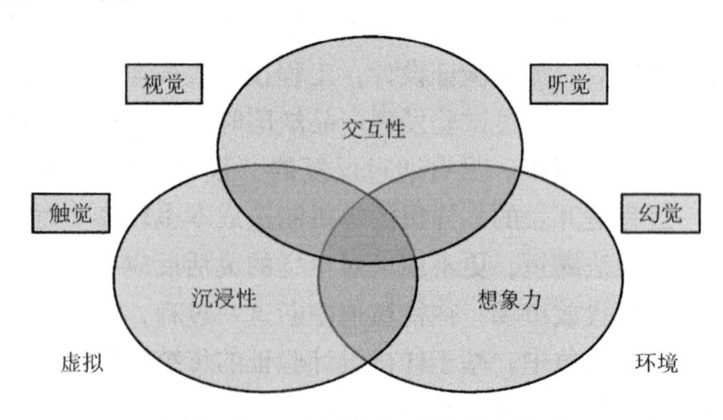

图 2-15 虚拟现实技术的三个特征

（1）沉浸性

沉浸性又称临境感，即身临其境的感觉。

（2）交互性

交互性即人和虚拟世界的信息交流，人和现实之间具有超过单纯沉浸性的动态关系。

（3）想象力

想象力又称构想性，即能使人在身临其境的环境中产生新的灵感和构想。

4. 虚拟现实技术的应用

虚拟现实技术早期只应用于军事领域中，随着计算机硬件、软件的迅猛发展，以及传感器和显示器技术的飞速发展，虚拟现实系统和设备开始走向成熟，其应用领域已经扩展到工程领域和娱乐领域。

四、虚拟样机技术

虚拟样机技术

1. 虚拟样机技术的概念

虚拟样机技术（Virtual Prototyping Technology，VPT）也称虚拟模型技术，其基本思想是在物理样机实现之前，通过在虚拟样机上的全面仿真，对产品功能、性能外观等进行预测、评估和优化，以达到提高产品质量、降低开发成本、缩短开发周期的目的。虚拟样机技术是20世纪90年代中后期兴起的一种现代设计方法和手段，是一项综合了多学科的工程技术，是CAX/DFX、建模/仿真、虚拟现实等技术相互结合的产物。

在制造第一个实际产品之前，虚拟样机技术以机械系统运动学、多体动力学、有限元分析和控制理论为理论核心，运用成熟的计算机图形技术，将产品各零部件的设计和分析集成在一起，建立机械系统的数字模型，从而为产品的设计、研究、优化提供基于计算机虚拟现实技术的研究平台。因此，虚拟样机又被称为数字化功能样机。虚拟样机技术的发展，可以使产品设计摆脱对物理样机的依赖，体现了一种全新的研发模式。借助于这项技术，设计人员可以在计算机上建立和处理机械系统的三维可视化模型和多体力学模型，模拟现实环境下的系统运动和动力特性，并根据仿真结果细化和优化系统设计，从而为真实产品的设计和制造提供参数依据。

2. 虚拟样机技术的作用

虚拟样机技术是许多技术的综合，作为应用数学分支的数值算法为其提供了有效的快速算法，计算机可视化技术及动画技术的发展为其提供了友好的用户界面，CAD/CAE等技术的发展为其应用提供了技术环境。

虚拟样机技术在设计的初级阶段——概念设计阶段，就可以对整个系统进行完整的分析，可以观察并试验各组成部件的运动情况；在设计方案论证阶段，可使用系统仿真软件在各种虚拟环境中模拟系统的运动，仿真试验不同的设计方案，可以在计算机上方便地修改设计缺陷，对整个系统不断改进，直至获得最优设计方案。

3. 虚拟样机技术的应用

目前，虚拟样机技术已被广泛应用在航空航天、船舶、汽车制造、工程机械、铁道、军事装备、机械电子以及娱乐设备等各个领域。如图2-16所示，数据手套（图2-16a）可以帮助计算机测试人手的位置与指向，从而可以实时地生成手与物体接近或远离的图像；立体眼镜（图2-16b）是一副特殊的眼镜，可以使左右眼看到的图像不相同，从而产生立体感觉；借助模拟作战训练装备（图2-16c），利用模拟作战训练系统（图2-16d）可在室内模拟各种作战环境，对士兵进行模拟实战训练。

1997年7月4日，美国国家航空航天局（NASA）的喷气推进实验室成功实现了火星探测器“探路号”（图2-17）在火星上软着陆的设想。但人们并不知道，如果不是采用了一项新技术，这个计划可能就会失败。在探测器发射之前，工程师们运用这项技术预测到，由于

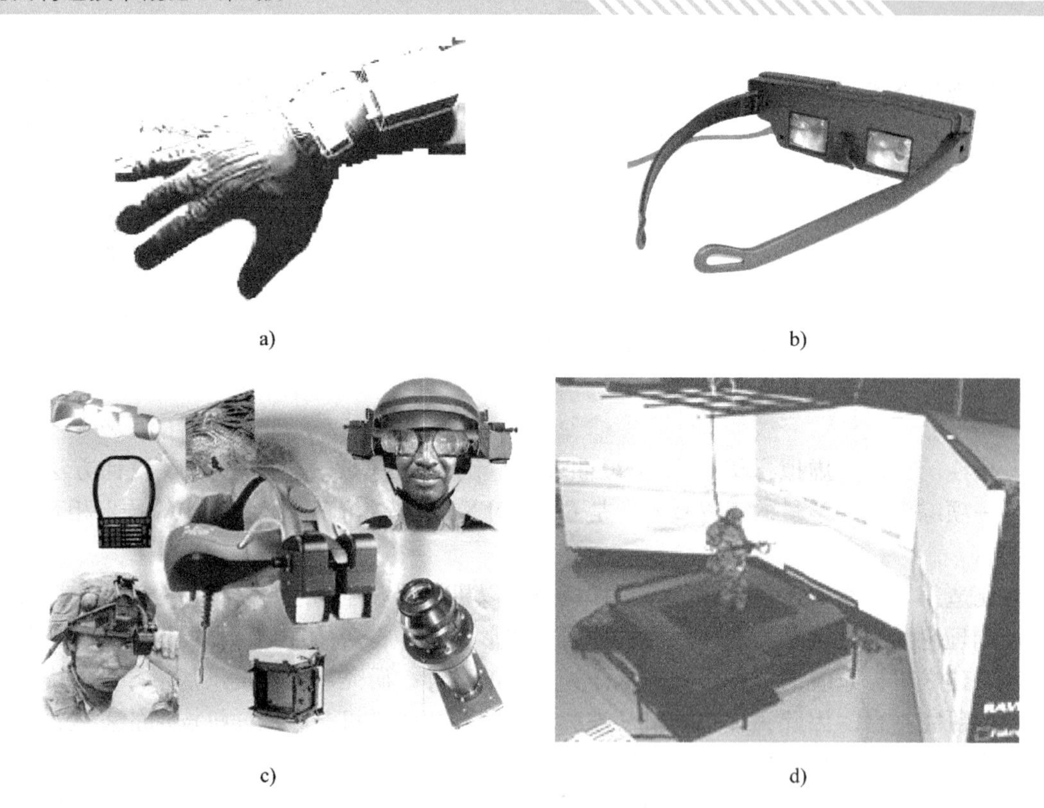
a)　　b)　　c)　　d)

图 2-16　虚拟样机技术的应用

a）数据手套　b）立体眼镜　c）模拟作战训练装备　d）模拟作战训练系统

制动火箭与火星风的相互作用，探测器很可能在着陆时滚翻并最后六轮朝上。针对这个问题，工程师们修改了技术方案，保证了火星登陆计划的成功。

图 2-17　火星探测器

世界上最大的工程机械制造商卡特皮勒公司（Caterpillar）的工程师们应用同样的技术进行装载机和挖掘机（图 2-18）的工作装置优化设计及分析，仅用一天时间，就对工作装置进行了上万个工位的运动及受力分析，快速地实现了理想的设计。如果采用传统方法，工程师们每天算三个工位都已经很不容易了。

图 2-18　挖掘机的数字模型

第七节　绿色设计

一、绿色设计的概念

绿色设计（Green Design，GD）也称生态设计（Ecological Design，ED）、环境设计（Environmental Design，ED）等，指在产品全生命周期设计中，工程技术人员要充分考虑产品对资源和环境的影响，从构思开始，到设计、制造、销售、使用与维修，直至回收、再制造等各阶段，在考虑产品的功能、质量、开发周期和成本的同时，还必须充分顾及环境保护与改善，优化各种相关因素，使产品及其制造过程对环境的总体负面影响减到最小，不仅要保护与改善自然环境，还要保护与改善社会环境、生产环境以及生产者的身心健康，使产品的各项指标符合绿色环保要求。绿色设计的主要内容如图 2-19 所示。

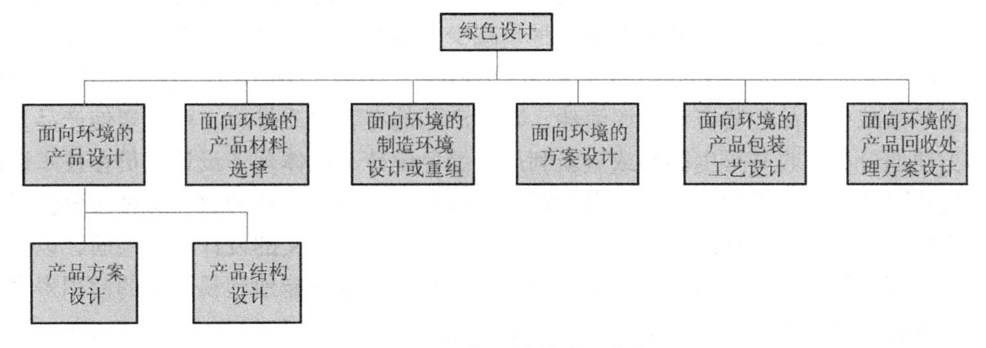

图 2-19　绿色设计的主要内容

传统的产品设计理论与方法以人为中心，以满足人的需求和解决问题为出发点，而忽视了产品生产及使用过程中对资源和能源的消耗，以及对生态环境产生的不良影响。绿色设计就是针对传统设计的这种不足而提出的一种全新的设计理念，其体系结构如图 2-20 所示。

二、绿色设计的产生背景

在漫长的人类设计史中，工业设计在为人类创造了现代生活方式和生活环境的同时，也加速了资源和能源的消耗，并对地球的生态平衡造成了极大的破坏。特别是工业设计的过度

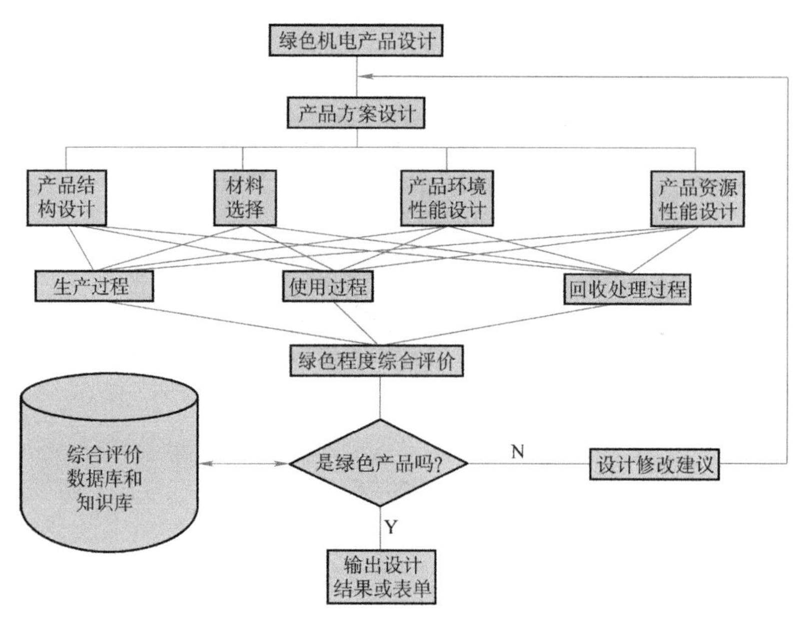

图 2-20 绿色设计的体系结构

商业化，使设计成了鼓励人们无节制消费的重要手段。在产品开发过程中，工程技术人员如果不提高环境意识，不考虑产品是否会对环境造成危害，而只是一味关心它们的造型是否具有十足的创意，成本能否十足低廉等，从长远的角度看，只会给企业带来损失，更会给人类赖以生存的自然环境带来灾难。

绿色设计是 20 世纪 80 年代末出现的一股国际设计潮流，它的出现反映了人们对现代科技文化引发的环境及生态问题的反思，同时也体现了设计师社会责任心的回归。绿色设计着眼于人与自然的生态平衡关系，设计师在设计过程的每一个环节都要充分考虑环境效益，将环境性能作为产品的设计目标和出发点，尽量减少产品对环境的破坏。对工业设计而言，绿色设计的核心是“3R”，即 Reduce（简约）、Recycle（回收）和 Reuse（再利用）。设计方案不仅要尽量减少产品的物资和能源消耗、减少产品的有害物质排放，而且要使产品及零部件能够方便地分类回收并再生循环或重新利用。绿色设计不仅体现了设计人员在技术层面的考量，更重要的是反映了设计人员在设计观念上的变革，要求设计师放弃那种过分强调产品在外观上标新立异的设计理念，而将设计重点放在具有真正意义的设计创新层面，以一种更为负责的态度去创造产品的形态，用更简洁、长久的造型尽可能地延长产品的使用寿命。

对于绿色设计产生直接影响的，是美国设计理论家巴巴纳克（Victor Papanek）。早在 20 世纪 60 年代末，巴巴纳克就出版了一本引起极大争议的专著《为真实世界而设计》。他认为，设计的最大作用并不是创造商业价值，也不是取得包装和风格方面的竞争优势，而是一种适当的社会变革过程中的元素。他强调设计应该认真考虑有限地球资源的使用问题，并为保护地球的环境服务。巴巴纳克的观点，当时能理解的人并不多。但是，自从 20 世纪 70 年代“能源危机”爆发后，他的“有限资源论”得到了人们的普遍认可，绿色设计也得到了越来越多人的关注和认同。

人口、资源和环境，是当今人类社会面临的三大主要问题。特别是环境问题，正对人类社会生存与发展造成严重威胁。随着全球环境问题的日益恶化，人们越来越重视环境问题的研究。通过研究和实践使人们认识到：环境问题绝非是孤立存在的，它和人口、资源两大问题有着内在联系，特别是资源问题，它不仅涉及世界有限资源的合理利用，同时也是环境问题产生的主要根源。

为了寻求制造业污染环境问题的根本性解决方法，20 世纪 90 年代，随着全球性产业结构的调整和人类对世界认识的日益深化，在全球范围掀起了一股“绿色消费浪潮”。在这股浪潮中，设计师们更多地以冷静、理性的思辨来回顾最近一个世纪工业设计的发展进程，并展望新世纪工业设计的发展方向，即不再只追求设计形式上的创新。于是，不少设计师开始从深层次上探索工业设计与人类社会可持续发展的关系，力图通过设计活动，在“人—社会—环境”之间建立一种协调发展的机制。按社会可持续发展的要求，贯彻绿色设计理念，在设计时就考虑产品的生态平衡性，是一种从源头上控制污染的有效策略。这标志着工业设计的一次重大转变，绿色设计应运而生，成为当今工业设计的主要发展趋势之一。

三、绿色设计的原则

1. 生态环境友善

产品在制造和使用过程中应对人体无危害，对生态环境无影响。

2. 节约资源

产品在制造和使用过程中节料、节能、节约人力资源，尽可能利用可再生能源（如太阳能）、可再生生物资源和信息资源等。

3. 延长产品使用寿命

设计师在进行产品设计时，要尽量延长产品的使用寿命，设计可更新部件，对易损零部件采用可更换结构。

4. 可回收性

设计师在进行产品设计时，要尽可能减少用材种类；尽可能选用可回收、可分解材料，以利于报废和分类回收；尽可能提高产品部件的可更新率；尽可能提高材料的可回收率、可重用率等。

四、绿色设计的关键技术

绿色产品的开发，应该从产品的绿色设计开始。绿色设计以节约资源和保护环境为宗旨，强调保护自然生态，充分利用资源，善待环境。绿色设计不应仅仅是一个倡议或提议，它应成为设计技术发展的方向。

绿色设计包括绿色材料选择设计、绿色制造过程设计、产品可回收性设计、产品可拆卸性设计、绿色包装设计、绿色物流设计、绿色服务设计、绿色回收利用设计等。在绿色设计中，设计师要全面考虑产品材料的选择、生产和加工流程的确定、产品包装材料的选定、产品运输等环节对资源的消耗和对环境的影响，寻找和采用最优的产品设计方案，使产品对资源的消耗和对环境的负面影响降到最低。绿色设计的关键技术如下。

1. 面向材料的设计技术

传统的产品设计中，在材料选用上设计师较少考虑对环境的影响，主要表现为所用材料种类繁多，较少考虑材料加工过程对环境的影响，较少考虑所用材料报废后的回收处理问题，较少考虑所用材料本身的环保问题等。

面向材料的设计技术是以材料为对象，在设计方案满足产品功能要求和全生命周期设计要求的基础上，以材料对环境的影响程度和有效利用程度作为衡量指标，使选用的产品材料对环境污染最小和资源消耗最少的绿色设计技术。为此，可改善产品的功能，简化结构，减少所用材料的种类，选用易加工的材料、低耗能及少污染的材料、可回收再利用的材料。如汽车车身改用轻型铝材制造，重量可减少 40%，且节约了燃油消耗量；采用天然可再生材料，如柳条、竹类、麻类等用于产品的外包装。

2. 面向能源的设计技术

面向能源的设计技术是指采用对环境影响最小和能源消耗最少的能源供给方式，来支持产品的整个生命周期运转，并以最小的代价实现能源的可靠回收和重新利用的设计技术。该技术可以全面指导、优化产品设计过程，主要从以下几个方面着手。

（1）技术节能

加强技术改造，提高能源利用率，如采用节能型电机、风扇，淘汰能耗大的老式设备。

（2）工艺节能

改变原来能耗大的加工工艺，采用先进的节能新工艺和绿色新工装。

（3）管理节能

加强能源管理，及时调整设备负荷，消除滴、漏、跑、冒等浪费现象，避免设备空车运转和机电设备长期处于待机状态。

（4）利用新能源

可再生利用、无污染的新能源是能源发展的一个重要方向，比如太阳能、风能等。

（5）绿色设备

使用绿色设备可减少机床材料的用量，优化机床结构，提高机床性能，不使用对人和生产环境有害的工作介质，比如采用干式切削加工机床、强冷风磨削机床等。

3. 面向拆卸的设计技术

面向拆卸的设计技术就是在设计过程中，将可拆卸性作为产品的设计目标之一，使产品的结构不仅便于制造，而且便于装配、拆卸、维修及回收。可拆卸性是产品的固有属性，单靠计算和分析是设计不出好的可拆卸性产品的，必须根据工程设计人员在产品设计、使用、回收等过程中积累的经验来制定设计准则，从而对设计进行指导。

4. 面向回收的设计技术

面向回收的设计技术也称为回收设计，是在进行产品设计时，充分考虑产品零部件及材料的可回收性、回收价值的大小、回收处理的方法、回收处理的工艺等一系列与回收有关的问题，以使零部件及材料和能源得到充分利用，使产品对环境污染最小的一种设计技术。

面向回收设计技术的主要内容包括产品零部件的回收性能分析、可回收材料的编码、可回收工艺及方法、回收的经济性分析、可回收产品结构工艺性规划等。

思考与练习

1. 什么是现代设计技术？其体系结构如何？
2. 现代设计方法主要有哪些？
3. 现代设计技术在现代制造技术中有何作用？
4. 通过查找资料，了解设计发展历程。
5. 什么叫计算机辅助设计？就你所知，AutoCAD 作为一种常用的计算机辅助设计软件，有哪些辅助设计功能？
6. 简述计算机辅助设计的发展历程。
7. 通过查找资料，了解计算机辅助设计的发展趋势。
8. 什么叫计算机辅助工艺过程设计？
9. 通过查找资料，了解计算机辅助工艺过程设计的发展趋势。
10. 试比较说明各类 CAPP 系统的异同。
11. 什么叫全生命周期设计？全生命周期设计有何意义？
12. 什么叫逆向工程？逆向工程包含了哪几个过程？
13. 试述你对逆向工程工作内容的理解。
14. 逆向工程与仿制有何区别？
15. 什么叫虚拟设计？虚拟设计与传统的设计方法相比有何优点？
16. 通过查找资料，了解虚拟现实技术的最新内容。
17. 通过查找资料，了解虚拟样机技术的最新内容。
18. 什么叫绿色设计？绿色设计有哪些关键技术？
19. 绿色设计是在什么背景下产生的？对现代设计有何影响？
20. 通过查找资料，说明绿色设计原则在现代设计中的具体应用。

3

第三章　现代加工技术

学习目标

知识目标

1. 掌握现代加工技术的种类，了解现代加工技术的特点，了解现代加工技术的发展历程及发展趋势。

2. 了解高速加工理论，掌握超高速加工技术的概念，了解超高速加工的特点和关键技术，了解高速加工的发展历程。

3. 掌握超精密加工技术的概念，了解超精密加工技术的研究领域及应用，了解超精密加工技术的发展历程及发展趋势。

4. 掌握微细加工技术、微型机械加工技术的概念，了解微细加工技术的特点及分类，了解常用微细加工技术，了解微细加工技术的发展趋势。

5. 掌握快速成形的概念，了解快速成形技术的原理、特点及应用，了解快速成形技术的发展历程。

6. 掌握各种快速成形技术的概念，了解各种快速成形技术的工作原理，了解各种快速成形技术的特点及应用。

7. 掌握特种加工技术的概念，了解特种加工技术的特点及应用，了解特种加工技术的发展历程及发展趋势。

8. 掌握各种特种加工技术的概念，了解各种特种加工技术的发展历程，了解各种特种加工技术的工作原理、特点及应用。

9. 掌握再制造工程的概念，了解再制造工程的特点，了解再制造工程的发展历程。

能力目标

1. 能借助信息查询手段查找有关现代加工技术的资料。
2. 具备知识拓展能力及适应发展的能力。

素养目标

1. 具有社会责任感，爱党报国、敬业奉献、服务人民。
2. 具有批判质疑的理性思维和勇于探究的科学精神。
3. 拥有信息素养，培养创新思维能力。
4. 具备将现代加工技术应用于具体制造领域的能力。

第一节　概　　述

现代工业和科学技术的发展越来越要求制造出来的产品精度更高、形状更复杂，被加工材料的种类和特性也更加复杂多样，而且加工速度更快、效率更高，具有高柔性，以快速响应市场的需求。同时，现代工业与科学技术的发展又为制造工艺技术提供了进一步发展的技术支持，如新材料技术、计算机技术、微电子技术、控制理论与技术、信息处理技术、测试技术、人工智能理论与技术的发展与应用都促进了现代加工技术的发展。

一、现代加工技术的种类

制造工艺与加工方法是制造技术的核心和基础。在机械制造领域，现代加工技术主要涉及先进的切削加工技术、成形加工技术、变形加工技术、连接加工技术、材料性能调整技术以及特种加工技术等（图 3-1）。

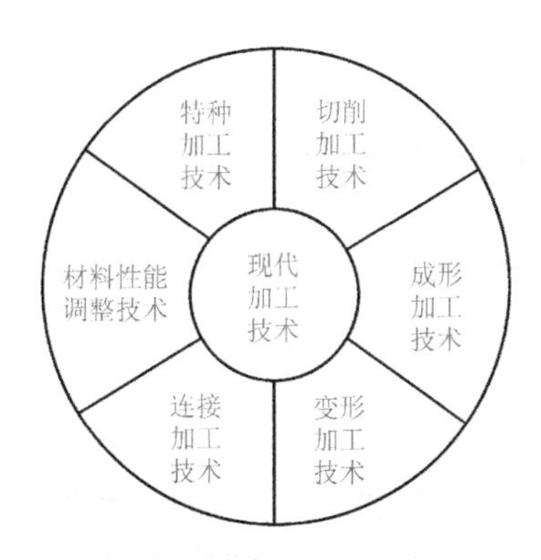

图 3-1　现代加工技术的种类

1. 切削加工技术

切削加工技术是利用切削工具从工件上切除多余材料，使其成为具有一定的形状、尺寸精度和表面质量要求的合格零件的加工技术。由于具有生产率高、加工成本低、能量消耗少、便于加工各种形状等优点，切削加工一直是工件精加工和最后成形加工的最重要的手段。

2. 成形加工技术

成形加工技术主要指将不定形的（块状、颗粒状、液态等）原材料转化为所需形状的加工技术，如铸造、粉末冶金、塑料成型等。

3. 变形加工技术

变形加工技术是使工件从一种几何形状转变为另一种几何形状的加工技术，如锻造、钣金、轧制、挤压、拉拔等。

4. 连接加工技术

连接加工技术是指将两个或多个工件连接成组件或最终产品的加工技术，如机械连接、焊接、粘接和装配等。

5. 材料性能调整技术

材料性能调整技术是指在不改变工件几何形状的前提下，仅改变材料性能的加工技术，如热处理技术和表面处理技术等。

6. 特种加工技术

特种加工技术主要利用化学、电化学以及物理（声、光、热、磁）等方法对材料进行加工，一般用于具有特殊物理、力学性能的材料和精密细小、形状复杂工件的加工，或者用于难以采用传统加工方法进行加工的场合。

二、现代加工技术的特点

1. 加工精度高

随着机械制造工艺技术水平的提高，加工精度也在不断地提高。目前，机械加工的尺寸精度、几何精度和表面粗糙度均已达到纳米级。

2. 加工效率高

超高速加工技术的应用，以及工序、粗精加工的综合与集成，极大地提高了加工效率。

3. 可加工的材料范围广

新型加工技术对传统加工技术的突破，以及超硬材料、超塑材料、高分子材料、复合材料、工程陶瓷、非晶微晶合金、功能材料等新型材料在制造过程中的广泛应用，使得现代加工技术拓展加工对象成为可能和必需。利用现代加工技术，可加工的材料范围变得日益广泛。

4. 加工设备先进

现代加工设备普遍采用计算机控制技术，自动化程度高。同时，现代加工过程普遍采用CAD/CAM，有利于制造出形状复杂的零部件。与传统加工设备相比，现代加工设备还具有柔性好的优点。

5. 切削加工的低能耗及干式切削

随着切削速度的提高，在进行切削加工时，切削力可减小到原来的1/3左右，大大降低了能量损耗。同时，由于切削时95%以上的切削热被切屑带走，所以在进行一般切削加工时，可不用切削液，直接使用干式切削方式进行加工。

三、现代加工技术的发展历程

1. 国外发展状况

随着机械制造工艺技术水平的提高，加工制造精度不断提高。20世纪初，超精密加工的误差是10μm，20世纪七八十年代为0.01μm，现在可达纳米级，并向原子级加工精度发展。由于超高速切削、超高速磨削技术的实际应用，以及车、铣、刨、磨、钻、镗等不同工序以及粗、精加工工序的集成，极大地提高了机械加工的效率。制造材料不断推陈出新，在扩展加工对象的同时，还促进了新的加工技术的出现。新的制造工艺理念的突破，诞生了快速成形等新型加工模式。

制造业从20世纪初开始逐步走上科学发展的道路，制造技术已由技艺发展为集机械、材料、电子及信息等多门学科的交叉科学——制造工程学。科学技术和生产发展在推动制造技术进步的同时，以其高新技术成果，尤其是计算机、微电子、信息、自动化等技术的渗透、衍生和应用，极大地促进了制造技术在宏观（制造系统的建立）和微观（精密、超精密加工）两个方向上的蓬勃发展，急剧地改变了现代制造业的产品结构、生产方式、生产工艺和设备及生产组织体系，使现代制造业成为发展速度快、技术创新能力强、技术密集甚至知识密集型产业。信息逐渐成为主宰制造业的决定性因素，计算机网络技术已经对制造业产生了重大影响，并将产生更加深远的影响。

2. 国内发展状况

在社会经济和科学技术不断发展的同时，经济全球化的程度正在不断提高，拥有先进的加工制造技术是提高我国企业国际市场竞争力最基本、最重要的条件之一，因此必须重视现代加工技术的研究和应用，全面提升我国机械制造业的制造工艺技术水平。

20 世纪 70 年代末，从铸造行业开始，我国已开始进行热成形过程计算机模拟技术的研究，目前已扩展到热成形的各个领域。

在精密成形技术方面，我国已取得了较大进展，重点发展了熔模精密铸造、陶瓷型精密铸造、消失模铸造等精密铸造技术。采用消失模铸造生产的铸件质量好，铸件壁厚公差达到了 0.3mm，表面粗糙度值可达 Ra 25μm。

精密塑性成形技术方面，重点发展了热锻技术、冷挤压技术、成形轧制技术、精冲技术和超塑成形技术。依靠我国科技力量建设的汽车前梁、转向节和轿车连杆生产线已达到国际先进水平。

我国半导体产业在黄昆、谢希德、王守武、高鼎三、吴锡九、林兰英、黄敞等半导体前辈大师的带领下，从中华人民共和国成立之初就开始起步了。中国科学院在北京成立了计算技术研究所，组建了国营东光电工厂；上海成立了华东计算技术研究所，组建了无线电十九厂，形成了一北一南我国最早的半导体产业基地。1965 年，中国科学院研制出 65 型接触式光刻机，而这时美国也才开始研究光刻技术。1980 年，清华大学推出了 3μm 制程的投影光刻机。在光刻领域，我国当时是紧跟世界前沿的，领先韩国 10～15 年。这些技术是无数满腔热血的科研人员，在一穷二白的情况下取得的突破，有力保障了“两弹一星”等一批重大军事项目的电子电路和计算配套。而目前全球领先的半导体行业光刻系统供应商阿斯麦（ASML）1984 年才成立于荷兰，曾独占行业 50% 以上份额的光刻巨头日本尼康公司（Nikon）20 世纪八九十年代才进入光刻机领域。

根据摩尔定律，集成电路上可容纳的元器件的数目，每隔 18～24 个月便会增加一倍，性能也将提升一倍。军用芯片对成本、质量、运行速度不太关注，只需要解决“有”的问题即可，但成本、质量、运行速度却是民用芯片的命脉。20 世纪六七十年代我国尚处于工业化发展初期，对民用芯片的需求量不大，而军用芯片有限的需求量，无法支持芯片的大规模生产，无法通过市场检验和利润反哺进行技术迭代，加上发达国家对先进技术的限制和封锁，使我国芯片领域慢慢落后于世界先进水平。

1996 年上海华虹微电子有限公司正式成立，试产当年就取得了 5.16 亿元的利润。原来我国 SIM（Subscriber Identity Module，客户识别模块）卡芯片全部依赖进口，平均价格 82 元。华虹出现后，SIM 卡平均价格降到 8.1 元。

2000 年 7 月，张汝京创建了中芯国际集成电路制造有限公司（简称中芯国际，SMIC），在三年时间内建设了六座工厂，跻身全球第三大代工厂。2003 年，中芯国际突破了 90nm 制程，第一次将我国芯片推进至纳米级，这是当时世界上主流的芯片技术。2005 年年底美国微软公司（Microsoft）发布的 XBOX360 游戏机，用的就是 90nm 芯片。

2021 年，上海微电子装备有限公司（简称上海微电子，SMEE）开发了第一台全国产 28nm 工艺的浸润式光刻机。北京华卓精科科技股份有限公司的双工作台、长春光机所的

14nm 光源技术也完成了突破，中芯国际在 7nm 和 5nm 的芯片制程上也有重大突破。随着接近物理极限，芯片的进步速度在减缓。我国芯片产业站上世界之巅，只是时间问题。

四、现代加工技术的发展趋势

在 21 世纪，先进的超高速加工技术、超精密加工技术、微细加工技术、快速成形技术、特种加工技术及虚拟制造技术等，将成为现代加工技术的主要发展方向和重要领域。现代加工技术的发展趋势主要体现在以下几个方面。

1. 向超精密超高速方向发展

微型机械、纳米测量、微米/纳米加工技术的发展，使加工的精度越来越高，需要用更新、更广的知识来解决这一领域的新课题。为充分利用超高速加工的优点，主轴转速、进给速度越来越高，因此对加工设备、加工工艺提出了更高的要求。

2. 制造过程的集成化

制造过程的集成化使产品的加工、检测、物流、装配走向一体化。CAD、CAE、CAM 的出现，使加工与设计之间的界限逐渐淡化，并趋向集成及一体化。“增材制造”颠覆了传统制造，“去除型”方式可以快速、直接地制造出任何复杂形状的物体。精密成形技术向近无余量方向发展，使热加工可直接提供接近最终形状、尺寸的零件。它与磨削加工相结合，有可能覆盖大部分零件的加工模式，淡化了冷、热加工的界限。机器人加工工作站及柔性制造系统的出现，使加工过程、检测过程、物流过程融为一体。现代制造系统使得自动化技术与传统工艺密不可分。很多新型材料的配制与成形同时完成，很难划清材料应用与制造技术的界限。这种趋势表现在生产上使专业车间的概念逐渐淡化，多种不同专业的技术集成在一台设备、一条生产线、一个工段或车间里的生产方式逐渐增多。

3. 制造技术与管理技术融合

制造技术与管理技术是制造系统的两个有机组成部分，通过生产模式结合在一起，推动制造系统向前发展。工艺技术与信息技术、管理技术紧密结合，先进制造生产模式获得不断发展。

4. 绿色制造成为制造业的重要特征

环境与资源的约束，使绿色制造显得越来越重要，主要体现在采用清洁能源及原材料，广泛应用绿色产品设计技术、绿色制造技术、产品的回收和循环再制造技术。在制造过程中，达到对环境负面影响小、废弃物和有害物质的排放少等要求。

5. 虚拟现实技术在制造业中获得越来越多的应用

虚拟制造技术从根本上改变了“设计-试制-修改设计-组织生产”的传统制造模式。虚拟现实技术在虚拟环境中可以用虚拟的产品原型代替真实样品进行试验，对其性能和可制造性进行预测和评价，优化工艺设计，从而缩短产品的设计与制造周期，降低产品的开发成本，提高系统快速响应市场变化的能力。

6. 制造全球化

目前世界经济已步入全球化时代，全球化制造的研究和应用发展迅速，主要包括以下内容：市场的国际化，产品销售的全球网络正在形成；产品设计和开发的国际合作及产品制造的跨国化；制造企业在世界范围内的重组与集成，如动态联盟公司；制造资源跨地区、跨国家的协调、共享和优化利用等。随着国际竞争与协作氛围的形成，全球制造的体系结构将会形成，制造全球化是必然趋势。

第二节 超高速加工技术

用提高切削速度的办法来提高生产率，是机械加工行业一直努力的方向，同时也是超高速加工技术得以诞生并不断发展的原因。当前，机械制造业为实现高生产率，追求最大利润，已将现代加工制造技术应用得越来越广泛和深入。超高速加工技术作为现代加工制造技术的重要组成部分，也已被积极地推广使用。工业发达国家对超高速加工的研究起步早，超高速加工技术的水平也较高。目前，超高速加工技术水平处于领先地位的国家主要是德国、日本、美国和意大利。

一、高速加工理论

高速加工理论

1931 年 4 月，德国切削物理学家萨洛蒙（Carl. J. Salomon）提出了著名的高速加工（High Speed Machining，HSM）理论。高速加工理论的内容可用 Salomon 曲线来描述（图 3-2）。在 A 区（常规切削区），切削温度 t 随切削速度 v 的增大而升高。在 B 区（不可用切削区），在切削速度 v 没有达到 v_0 时，切削温度 t 随切削速度 v 的增大而升高；当切削速度 v 增大到某一数值 v_0（v_0 的大小与工件材料的种类有关）后再继续增大时，切削温度 t 反而下降了。由于 B 区的切削温度太高，在当时条件下的任何刀具材料都无法承受，切削加工不可能进行，因此这个区域又被称为“死谷”。在 C 区（高速切削区），随着切削速度 v 的提高，切削温度 t 继续下降。虽然当时由于实验条件的限制，萨洛蒙无法对这一理论进行实验验证，但这个思想给后人一个非常重要的启示，如能越过“死谷”，在高速切削区工作，由于高速切削时的切削温度与常规切削基本相同，有可能只用常规刀具就可以进行高速切削，从而可大幅度提高生产率，降低加工成本。近年来，高强度、高熔点刀具材料（如陶瓷、立方氮化硼和金刚石）的开发应用，使刀具切削速度提高到了原来的 100 倍以上，高速切削已经成为现实。

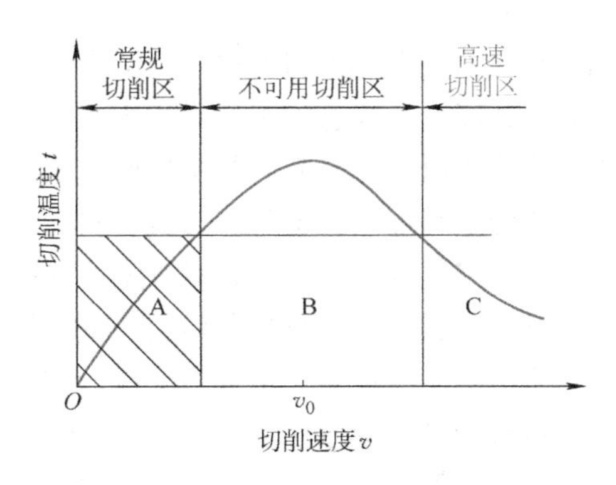

图 3-2 Salomon 曲线

二、高速加工的发展历程

自高速加工的概念被提出来后，经过数十年的探索和研究，高速加工技术才逐步用于生产。其研究和应用经历了以下几个阶段。

1. 高速加工理论研究和探索阶段（1931—1971 年）

自 20 世纪 30 年代高速加工理论提出后，20 多年中一直没有什么重要进展。直到 20 世纪 50 年代后期，人们才开始展开对高速加工基础理论的研究。美国、日本、法国、苏联、英国和澳大利亚等国参与了这个阶段的基础理论研究。

由于当时世界上还没有高速加工机床，所以人们无法进行高速度的切削加工实验，但是当时的人们创造性地采用了弹射实验方法来对高速加工理论进行实验研究。这些实验有的是通过弹射快速滑动的刀具来对工件进行切削加工，有的是弹射工件使其经过静止的刀具切削刃从而进行切削。实验结果表明：进行高速加工时，工件的切屑形状与普通切削条件下不同，随着切削速度的提高，切削中会逐渐形成不连续的切屑，这些切屑是由于脆性断裂而形成的。在低速切削时，切削力随切削速度的增大而增大，但当切削速度增大到一定程度后，切削力反而会下降。大量研究结果还表明，高速加工时使用的刀具材料如果能承受工件材料熔点以上的温度，提高切削速度可以改善表面加工质量。实验证明，铸铁的高速切削加工是可行的，但钢件的高速切削加工比较困难，主要是因为当时没有高速切削加工钢件的合适的刀具材料。

2. 高速加工应用的基础研究和探索阶段（1972—1978 年）

美国洛克希德导弹和空间公司（LMSC）曾对铝合金和镍铝青铜合金进行过高速切削加工研究，主要目的是探索高速加工用于实际生产的可行性。研究结果表明，高速加工可以大幅度减少加工时间，而且由于切削力减小，高速加工可以提高加工精度。因此，在实际生产中应用高速加工是经济可行的。

在这一时期，美国、德国、澳大利亚和印度等国家的学者，继续研究用高速钢、硬质合金刀具切削铝合金和碳素钢的切屑形成机理、切削力和切削温度与切削速度的关系等问题。1977 年，美国用切削速度高达 1800m/min 的铣床进行高速切削加工的实验研究，证明了弹射实验结果和理论分析的正确性。

在这期间，人们通过实验研究，还发现高速加工时产生的热量大部分是被切屑带走的。

3. 高速加工应用研究阶段（1979—1989 年）

1979 年，美国国防部高级研究计划局（DARPA）开始了一项为期四年的现代加工技术研究计划。该计划对高速加工基础理论、高速加工刀具技术、高速加工工艺、激光辅助加工以及经济可行性等进行了全面系统的研究。研究人员主要研究了高速车削和铣削，工件材料包括钢、铸铁及铝、铜、铅及其合金和镍基合金等。刀具材料有碳素工具钢、高速钢、硬质合金、立方氮化硼和陶瓷等。在研究过程中，刀具的切削速度在改装机床上达 7600m/min，在弹射装置上达到了 73000m/min。该项研究解决了在此前研究中主要争论的问题。该研究结果明确指出：高速加工中，随切削速度提高，切削力降低；切削温度升高至工件材料熔点后并没有出现降低；高速加工可改善加工表面质量但要注意加工中的振动；除加工铝合金外，高速切削钢、铁、镍基合金等材料时，刀具均发生严重磨损，寿命降低。研究还指出，高速切削加工是经济可行的。

1979—1983 年，在德国政府研究技术部（MRT）的资助下，由达姆施塔特工业大学（TUD）生产工程与机床研究所舒尔茨（Schulz H.）教授领导的研究组，开展了一项合作研究。此项研究旨在研究高速铣削加工的特点。1981 年，该研究组研制出了由磁悬浮轴承支承的高速电主轴系统，并利用该系统进行了高速铣削铝合金实验研究。1984—1988 年间，该研究组全面、深入、系统地研究了高速铣削铁族和非铁族材料的基础理论、高速切削刀具和机床技术、高速切削加工工艺及其效率等许多高速加工技术的实际应用问题，取得了许多有重要价值的研究成果。

该阶段对高速加工理论和技术的研究卓有成效，为高速加工技术的发展和应用奠定了重要基础。

4. 高速切削加工技术发展和应用阶段（1990 年至今）

经过半个多世纪理论和应用的探索与研究，人们清楚地认识到了高速加工技术在市场竞争日益激烈的制造业中的巨大潜力。20 世纪 90 年代以后，各工业发达国家陆续投入到高速加工技术的研究、开发与应用中，尤其是加大了对高速切削机床和刀具技术的研究和开发力度，与之相关的技术也得到了迅速发展。

1993 年，直线电机（图 3-3a）的出现，拉开了高速进给的序幕，新型电主轴（图 3-3b）高速加工中心不断投入市场。高速切削刀具、连接刀具与主轴的刀柄的出现与使用，标志着高速加工技术已从理论研究进入到了工业应用阶段。高速切削加工技术的发展促进了机床的高速化，大大推动了现代数控技术的发展。目前高速加工中心主轴转速可达 200000r/min 以上，一般为 40000～100000r/min。进给速度在分辨率为 0.01μm 时，可达 240m/min 且可获得复杂型面的精确加工。自动换刀速度可达 0.5s，材料的去除率为 30～40kg/h，工作台的加速度可达 1～10g（g 为重力加速度）。车削和铣削的切削速度可达 8000m/min 以上。现在，在工业发达国家，高速加工、超高速加工技术已成为切削加工的主流，被广泛地应用于模具、航空航天、高速机车和汽车工业中。

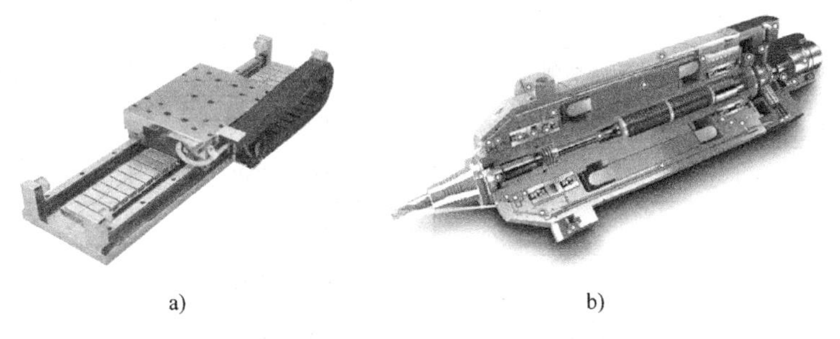

a)　　b)

图 3-3　高速加工设备的关键部件

a）直线电机　b）电主轴

近年来，高速加工理论研究进一步深入，取得了新的进展，主要有锯齿状切屑的形成机理，高速切削加工钛合金时的切屑形成机理，机床结构动态特性及切削颤振的避免，多种刀具材料加工不同工件材料时的刀具前刀面、后刀面和加工表面的温度关系，高速切削时切屑、刀具和工件切削热量的分配等理论成果。研究进一步证实了大部分切削热被切屑带走的结论。切削温度的实验研究表明：利用现有的刀具材料进行高速加工时，不论是连续切削还是断续切削，均未出现萨洛蒙高速加工理论中的“死谷”。

在这个阶段，高速硬切削加工得到了进一步研究、发展和应用。与磨削加工比较，高速硬切削加工有很多优越性，在替代磨削加工方面具有很大潜力。高速干式切削加工日益受到重视，它对保护环境，减少消耗，降低成本具有重要作用。研究表明，人们利用高速干式切削加工技术加工铸铁、钢、铝合金，甚至超级合金和钛都是可能的，但要根据工件材料特性，合理设计切削条件。

三、超高速加工技术的概念

随着制造技术的发展，在加工中能实现的切削速度越来越高。根据切削速度的不同，切削加工可分为传统切削、高速切削和超高速切削。

超高速加工技术是实现高效率加工的核心技术，工序的集约化和设备的通用化为超高速加工技术实现高效加工创造了条件。可以说，超高速加工技术是在不增加设备数量的前提下，大幅度提高加工效率所必不可少的技术。

目前，学术界对超高速加工技术的定义仍然存在争议。有的学者认为超高速加工技术是指采用超硬材料的刀具，通过极大地提高切削速度和进给速度来提高材料切除率、加工精度和加工质量的现代加工技术。超高速加工的切削速度范围因不同的工件材料、不同的切削方式而有所不同。各种加工方法的超高速切削速度见表3-1。

表3-1　各种加工方法的超高速切削速度　（单位：$m \cdot min^{-1}$）

加工方式	车削	铣削	钻削	拉削	铰削	锯削	磨削
切削速度	700～7000	300～6000	200～1100	30～75	20～500	50～500	5000～10000

对于不同的工件材料，超高速切削速度范围也不尽相同，具体见表3-2。

表3-2　各种工件材料的超高速切削速度　（单位：$m \cdot min^{-1}$）

工件材料	切削速度范围		
	传统切削	高速切削	超高速切削
纤维增强塑料	<1000	1000～8000	>8000
铝合金	<1000	1000～7000	>7000
铜合金	<900	900～5000	>5000
灰铸铁	<800	800～3000	>3000
钢	<500	500～2000	>2000
钛合金	<100	100～1000	>1000

也有学者认为尽管目前已形成了超高速切削的实用技术，但对超高速切削机理和基础理论的研究还不成熟。因此，他们提出还应通过切削过程中材料的物理力学性能变化，而不仅仅通过切削速度，来区分常规切削加工和超高速切削加工，他们认为这样的分类方法更为科学合理。持这种观点的学者认为，在Salomon曲线成立的前提下，特定材料切削速度达到极限速度时的切削状态就应称为超高速切削。因此，超高速切削不仅仅通过速度来识别，它的识别更是与材料的物理力学性能和切削状态密切相关。

目前对超高速加工技术比较容易获得大家认同的定义如下：超高速加工（Ultrahigh Speed Machining，USM）技术是指采用超硬材料刀具、磨具和能可靠地实现高速运动的高精度、高自动化、高柔性的制造设备，以极大地提高切削速度来提高材料的切除率、加工精度和加工质量的现代加工技术。

四、超高速加工的特点

1. 切削力小，变形小

研究表明，在进行切削加工时，当切削速度达到一定数值时，切削力可降低30%左右，这对超高速加工技术的应用十分有利，尤其是径向切削力的大幅度减小，特别有利于利用超高速加工技术对刚性差的工件进行加工。基于此原理，工程技术人员可利用超高速加工技术加工如细长轴、薄壁类工件等刚性较差的工件，以减少加工变形，提高加工精度。

2. 加工工件的热变形减小

在超高速加工中，切削热对加工工件的影响减小。这是因为95%以上的切削热来不及传给刀具和工件就被切屑带走，工件上积聚的热量极少，因此不会由于温度的升高而导致弯翘或膨胀变形，这同时有利于延长刀具寿命。超高速加工技术特别适合于那些对温度十分敏感的工件的加工。

3. 加工精度高，表面粗糙度值小

超高速切削加工中较高的主轴转速和进给速度，以及机床结构的改善，都使加工过程中的激振频率得以提高，远远超出了“机床-刀具-工件”工艺系统固有的频率范围。这使得加工过程平稳，振动较小，从而保证了较好的加工状态，可实现高精度、表面粗糙度值小的加工，同时减少了后续加工工序。

4. 可完成高硬度材料的加工

在高速、大进给量和小切削深度的条件下，采用带有特殊涂层的硬质合金刀具可完成硬度高达40～62HRC的淬硬钢的加工，不仅效率高出电火花加工的3～6倍，而且可获得很高的表面质量（表面粗糙度值可达 Ra 0.4μm）。

5. 良好的技术经济效益

在超高速切削中，一台机床能同时完成所有的粗、精加工，可使成本降低50%左右。随着切削速度的大幅提高，进给速度也相应提高5～10倍，单位时间内材料切除率可提高至原来的3～6倍，加工时间可缩减到原来的1/3，这样就大大提高了生产率，有利于延长刀具寿命，通常刀具寿命可延长约70%。进行超高速加工时，单位能量的金属切除率显著增大，能耗明显降低，工件在制时间大大缩短，从而提高了生产中能源和设备的利用率，降低了切削加工所耗能量在制造系统资源总量中的比例。

正是因为与常规切削加工相比，超高速加工在很多方面具有显著的优越性，所以才引起人们越来越广泛的关注。

五、超高速加工的关键技术

在超高速加工技术中，超硬材料刀具（磨具）是实现超高速加工的首要条件；高速数控机床和加工中心是超高速加工得以实现的关键设备；超高速切削、超高速磨削加工技术是超高速加工的工艺方法；超高速加工测试技术是保证超高速加工质量的必要手段。

1. 刀具（磨具）材料

用于超高速加工的刀具，必须与工件材料有较小的化学亲和性，具有优良的力学性能、热稳定性、抗冲击和热疲劳特性。目前，刀具材料已从碳素工具钢和合金工具钢，经高速钢、硬质合金钢、陶瓷材料，发展到人造金刚石及聚晶金刚石（Poly Crystalline Diamond,

PCD)、立方氮化硼及聚晶立方氮化硼(Cubic Boron Nitride,CBN)。

砂轮材料过去主要采用刚玉系、碳化硅系等,美国通用电气公司(GE)于20世纪50年代首先在金刚石人工合成方面取得成功,60年代又率先研制成功CBN。到了20世纪90年代,陶瓷或树脂结合剂CBN砂轮、PCD砂轮线速度可达125m/s,有的甚至可达150m/s,而单层电镀CBN砂轮可达250m/s。

因此有人认为,随着新刀具(磨具)材料的不断发展,每十年切削速度就可提高一倍。

2. 切削机床

20世纪50—60年代初,美国和日本开始涉足高速切削领域。在此期间,针对高速切削加工过程及进行超高速加工的机械结构,德国已进行了许多基础性研究工作。随着高速加工主轴技术的发展,切削速度得到了很大提高。1976年,美国沃特公司(Vought)研制出了当时世界上第一台超高速铣床,最高转速达到了20000r/min,功率为15kW。自20世纪80年代中后期以来,商品化的超高速切削机床不断出现,已从单一的超高速铣床发展出超高速车铣床、钻铣床乃至各种高速加工中心等。比较经典的设备有德国德玛吉公司(DMG)2004年推出的DMC 75V Linear立式精密加工中心,加工的加速度可以达到$2g$,三个直径驱动轴都采用了直线电机技术,快移速度可达90m/min;日本北村机械株式会社(KITAMURA)的SPARKCUT立式加工中心,转速达150000r/min,采用气浮轴承,快速移动速度可达100m/min,加速度可达$2g$;瑞士米克朗(Mikron)高速加工中心主轴转速可达60000r/min。

超高速磨削技术也得到了长足的发展及应用。1983年,德国格林自动化公司(GA)制造出了当时世界上第一台60kW强力CBN砂轮高效深磨磨床,其主轴转速达10000r/min,切削速度达140~160m/s。

20世纪90年代以来,在超高速加工领域出现了一种全新结构的机床——并联机床(Parallel Machine Tool,PMT),又称虚(拟)轴机床(Virtual Axis Machine Tool,VAMT)或并联运动学机器(Parallel Kinematic Machine,PKM),其外形和工作原理如图3-4所示。并联机床是一种将并联机构作为传动机构的数控机床,其原型是并联机器人操作机,是现代机器人技术和现代数控机床技术结合的产物。这种新型制造装备在构思上体现了现代系统集成的思想,在功能上是加工、测量、装配与物料搬运等多种工艺过程的集成,在性能上是高刚度、高精度、高速度、高柔性、轻重量、低成本的集成。总之,并联机床是一种知识密集型设备,代表着机床制造业的发展方向。从机床运动学的观点看,并联机床与传统机床的本质区别在于动平台在操作空间的运动是关节空间伺服运动的非线性映射(也称虚实映射)。这种机床完全打破了传统机床结构的概念,抛弃了固定导轨的刀具导向方式,克服了传统机床刀具作业自由度偏低、设备加工灵活性和机动性不够等固有缺陷。并联机床的主轴由六条伸缩杆支承,通过调整各伸缩杆的长度,使机床主轴在工作范围内既可做直线运动,也可转动。

与传统机床相比,并联机床的优点是:能够实现六个自由度的运动;每条伸缩杆可采用滚珠丝杠驱动或直线电动机驱动,结构简单;由于每条伸缩杆只是轴向受力,结构刚度高,可以减轻其质量以实现快速进给、高速切削;机床无导轨,主轴头的运动、定位精度不受其他部件的影响,运动和定位精度高。其主要缺点是测量控制的计算量大,即使是简单的直线运动或绕某一轴线的转动,也必须六轴联动;与同样结构尺寸的普通机床相比,其工作空间

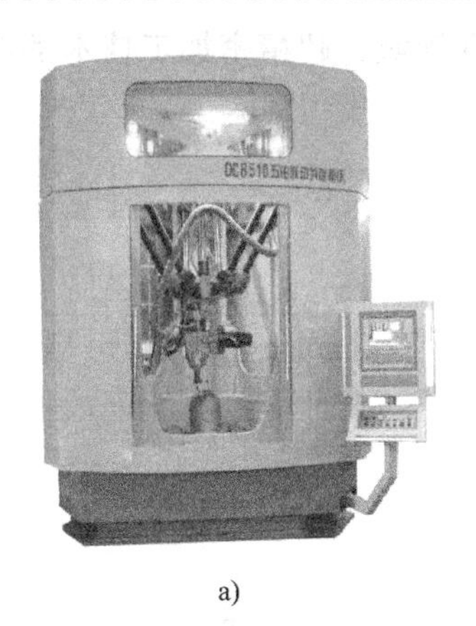

a)

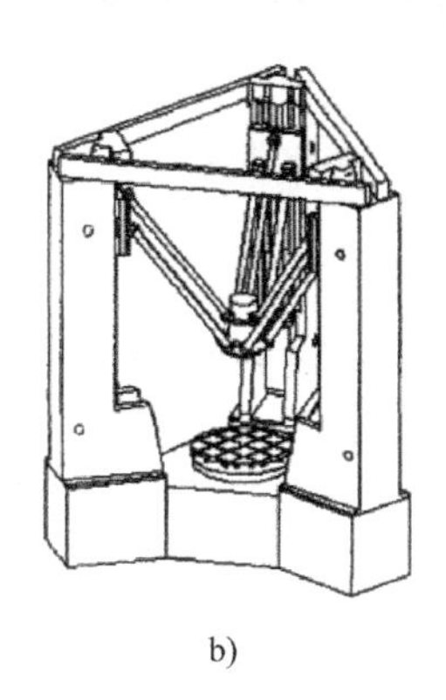

b)

图 3-4　并联机床
a）机床外形　b）工作原理

较小；目前价格较高。

事实上，尽管并联机床的问世带来了“机床结构的重大革命”，但串联结构的传统机床和并联结构的并联机床之间不是相互替代的关系，而是对偶、互补的关系。在某些传统机床所不能涉足的领域，采用并联机床能大显身手。

3. 超高速加工机理

目前对超高速加工机理的研究还不够成熟，特别需要进行的研究工作，一是以超高速加工的工业实用化为目标，进行其加工机理的研究，通过对各种材料的超高速加工机理，各种新型刀具、磨具的超高速加工性能以及超高速加工工艺参数优化的系统性研究，再通过试验研究与计算机仿真技术相结合，最终建立起完善的超高速加工基础理论体系和工艺参数数据库，以指导工业生产实践；二是利用虚拟现实技术，开发超高速加工的计算机动画、视觉及预测仿真软件，以揭示超高速加工的内在规律。

4. 超高速加工测试技术

超高速加工测试技术主要指在超高速加工过程中，通过传感技术分析、处理信号，对超高速机床系统的状态进行实时监测和控制。其涉及的关键技术主要有基于监控参数的在线检测技术、超高速加工的多传感信息融合检测技术、超高速加工机床中各单元系统功能部件的测试技术、超高速加工中工件状态的测试技术，以及超高速加工中自适应控制技术及智能控制技术等。

第三节　超精密加工技术

超精密加工技术是为了适应现代高新科技发展的要求而发展起来的先进制造技术，它的成功实现，不仅取决于机床、刀具和工艺方法，还取决于测量和控制技术，即包含了机、光、电、传感技术和计算机技术等。超精密加工技术是多种学科新技术成果的综合应用，同时也对许多高新科技的发展与进步起着推动作用，因此它已成为发展现代高新技术，特别是发展现代武器装备的基础技术，也是衡量一个国家科技水平的重要标志之一。超精密加工技术将开发物质潜在的信息和结构潜力，使单位体积物质储存、处理信息和运动控制的能力实现又一次飞跃。在信息、材料、生物、医疗等领域，超精密加工技术都帮助人类取得了重大突破。

一、超精密加工技术概述

1. 超精密加工技术的概念

超精密加工技术（Ultra-precision Machining Technology，UMT）是指使工件的加工精度和表面质量达到极高程度的精密加工工艺，指用切削加工法、磨削加工法、电物理加工法等加工方法，得到超精密工件的方法（图3-5）。

图3-5　超精密加工技术加工的形面示例

超精密加工是个相对概念，随着工艺水平的提高，不同时期有着不同的划分界限，并无严格统一的标准。就目前的工艺水平而言，超精密加工的精度为0.3～0.03μm，表面粗糙度值 *Ra* 为0.03～0.005μm，也称亚微米加工。纳米加工的精度为0.03μm，表面粗糙度值在 *Ra* 0.005μm 以上。超精密加工正在向纳米加工发展，以实现原子的移动和重新组合为终极发展目标。

2. 纳米技术

不断提高加工精度和加工表面质量，是现代制造业的永恒追求，其目的是提高产品的性能、质量以及可靠性。超精密加工技术是20世纪出现的高新技术，发展十分迅猛。在该项技术发展的带动下，纳米电子、纳米材料、纳米生物、纳米机械、纳米制造、纳米测量等新的高新技术群得以开创。

纳米技术是超精密加工技术的一个新兴领域，它的出现和发展，不仅标志着加工和测量精度从微米级提高到了纳米级，还反映出人类对自然的认识和改造方面，已从宏观领域进入到了微观领域，深入了一个新的层次，即从微米层次深入到原子、分子级的纳米层次。在深入到纳米层次时，人类所面临的绝不是几何上的“相似缩小”的问题，而是要面对一系列新的现象和规律。在纳米层次上，一些宏观的物理量，如弹性模量、密度等要求重新定义；在工程科学中习以为常的牛顿力学、宏观热力学等理论已不能正确描述纳米级的工程现象和规律；而量子效应、物质的波动特性等是纳米层次的科学研究中不可忽略的因素，甚至成了主导因素。

3. 蜕化原则和进化原则

一般加工时，工作母机（机床）的精度总是要比被加工工件的精度高，这一规律称为蜕化原则，又称为母性原则、继承性原则、循序渐进原则。

对于精密加工和超精密加工，由于被加工工件的精度要求很高，用高精度的工作母机有时甚至已不可能，这时可利用精度低于工件精度要求的机床设备，借助工艺手段和特殊工具，直接加工出精度高于工作母机的工件，称为直接式的进化原则。用较低精度的机床和工具，制造出加工精度比工作母机精度更高的机床和工具（即第二代工具母机和工具），用第二代工具母机加工高精度工件，称为间接式的进化原则。两者统称为进化原则，又称创造性原则。

二、超精密加工技术的研究领域

在自动化制造领域，大量有关计算机辅助制造软件的开发和计算机集成制造技术、生产模式的研究，是十分重要和必要的，它代表了当今社会高新制造技术的一个方向。但是，作为制造技术的主战场，真实产品的实际制造，还是必须要依靠精密加工技术。比如，计算机工业的发展，不仅要在软件上，还要在硬件上，即在集成电路芯片上有很强的设计、开发和制造能力。超精密加工所涉及的技术领域包含以下几个方面。

1. 超精密加工机理

超精密加工是指从被加工表面去除一层微量的表面层，包括超精密切削、超精密磨削和超精密特种加工等。超精密加工服从一般加工方法的普遍规律，但也有其自身的特殊性，如刀具的磨损、积屑瘤的生成规律、磨削机理、加工参数对表面质量的影响等。

2. 超精密加工的刀具、磨具及其制备技术

包括金刚石刀具的制备和刃磨、修整等，是超精密加工重要的关键技术。

3. 超精密加工机床设备

超精密加工对机床设备有高精度、高刚度、高抗振性、高稳定性和高自动化的要求，要具有微量进给机构。

4. 精密测量及误差补偿技术

超精密加工必须有相应级别的测量技术和装置，具有在线测量和误差补偿功能。

5. 严格的工作环境

超精密加工必须在超稳定的工作环境下进行，加工环境极微小的变化都可能影响加工精度。因此，超精密加工必须具备各种物理效应恒定的工作环境，如恒温室、净化间、防振和隔振地基等。

三、超精密加工技术的应用

超精密加工技术按加工方法不同可分为超精密刀具切削、超精密磨削、研磨、抛光及超精密微细加工等加工技术。尽管以上对超精密加工技术进行再分的子技术在原理和实际操作方式上都有很大区别，但它们也有着诸多相同的共性技术。目前，超精密加工技术已从单一的金刚石车削技术发展到超精密磨削、研磨、抛光等多种加工技术的综合运用，已成为现代加工制造技术中的一个重要组成部分。利用超精密加工技术生产出的产品已涉及国防、航空航天、计量检测、生物医学、仪器等多个领域。在某种意义上，超精密加工技术担负着支持人类最新科学发现和发明的重要使命。

四、超精密加工技术的发展历程

1. 国外发展状况

美国是最早开展超精密加工技术研究的国家，也是迄今为止技术水平处于世界领先地位

的国家。早在20世纪50年代末，由于航天等尖端技术发展的需要，美国就开发了金刚石刀具的超精密切削技术，这种技术称为SPDT（Single Point Diamond Turning，单点金刚石车削）技术或微英寸（1μin = 0.025μm）技术，并发展了相应的空气轴承主轴的超精密机床，用于加工激光核聚变反射镜、战术导弹及载人飞船用球面、非球面大型零件等。

在美国能源部（DOE）的支持下，劳伦斯利弗莫尔国家实验室和Y－12工厂于1983年7月研制出了DTM－3型大型超精密金刚石车床。该机床可加工直径为2.1m、重达4500kg的激光核聚变用金属反射镜、红外装置用工件、大型天体望远镜（包括X光天体望远镜）镜片等。同时，该机床的加工精度可达到形状公差为28nm（半径），圆度和平面度公差为12.5nm，表面粗糙度值为*Ra* 4.2nm的程度。1984年，该实验室研制的LODTM（Large Optics Diamond Turning Machine，大型光学金刚石车床），是一台最大加工直径为1.63m的立式车床，其定位精度可达28nm，借助在线误差补偿能力，能实现在1m范围内直线度误差不超过±25nm的加工。

在超精密加工技术领域，英国克兰菲尔德技术学院（CIT）所属的克兰菲尔德精密工程研究所（CUPE）享有较高声誉，是当今世界精密工程的研究中心之一，是英国超精密加工技术水平的代表，其生产的纳米加工中心Nanocentre，既可进行超精密车削，又带有磨头，可进行超精密磨削，加工工件的形状精度可达0.1μm，表面粗糙度值*Ra* < 10nm。

与美国和英国相比，日本对超精密加工技术的研究起步较晚，但却是当今世界超精密加工技术发展最快的国家。在超精密加工技术的研究上，日本的研究重点不同于美国，其是以超精密加工技术在民用产品上的应用为主要方向，所以日本的超精密加工技术主要应用于声、光、图像、办公设备中的小型、超小型电子和光学零件中。在这一领域，日本的超精密加工技术是更加先进和具有优势的，甚至超过了美国。

2. 国内发展状况

20世纪70年代末期，我国的超精密加工技术有了长足进步，到了20世纪80年代中期，我国开发了具有世界水平的超精密加工机床和部件。

北京机床研究所是我国进行超精密加工技术研究的主要单位之一，研制出了多种不同类型的超精密加工机床、部件和相关的高精度测试仪器等，如精度达0.025μm的精密轴承、JCS－027超精密车床、JCS－031超精密铣床、JCS－035超精密车床、超精密车床数控系统、复印机感光鼓加工机床、红外大功率激光反射镜、超精密振动－位移测微仪等，达到了国内领先、国际先进水平。

航空航天工业部303所在超精密主轴、花岗岩坐标测量机等方面，进行了深入研究及产品生产。

哈尔滨工业大学在金刚石超精密切削、金刚石刀具晶体定向和刃磨、金刚石微粉砂轮电解在线修整技术等方面，进行了卓有成效的研究。

清华大学在集成电路超精密加工设备、磁盘加工及检测设备、微位移工作台、超精密砂带磨削和抛研、金刚石微粉砂轮超精密磨削、非圆截面超精密切削等方面，进行了深入研究，并有相应产品问世。

此外，中国科学院长春光学精密机械与物理研究所、原华中理工大学、沈阳第一机床厂、成都工具研究所、国防科技大学等都进行了这一领域的研究，且成绩显著。

但总的来说，与国外先进技术相比，与生产实际要求相比，我国在超精密加工的效率、精度，特别是规格（大尺寸）和技术配套性方面，还有相当大的差距。

五、超精密加工技术的发展趋势

1. 向更高精度、更高效率方向发展

超精密加工技术的加工和测量精度已达到纳米级，并实现了原子级加工精度。

2. 向大型化、微型化方向发展

超精密加工技术的应用向大型化方向发展，用来研制大型超精密加工设备；向微型化方向发展，以适应微型机械、集成电路的加工需要。

3. 超精密加工机床将向多功能模块化方向发展

应用超精密加工技术的加工机床将向超精结构、多功能、光机电一体化、加工检测一体化方向发展。

4. 新材料、新工艺不断涌现

不断探讨适合于超精密加工的新原理、新方法、新材料。

第四节　微细加工技术

微细加工技术曾经广泛应用于大规模和超大规模集成电路的加工制作中。正是借助于微细加工技术，众多的微电子器件及相关技术和产业才得以出现和发展，人类社会才迎来了信息革命。在制造技术的发展过程中，微细加工技术逐渐被赋予更广泛的内容和更高的要求。

一、微细加工技术的概念

微细加工技术

微细加工技术（Microfabrication Technolog，MT）指用以制造微小尺寸零件的加工技术。微细加工技术起源于半导体制造工艺，是针对集成电路的制造要求而提出的。在微机械研究领域中，它是微米级微细加工、亚微米级微细加工和纳米级微细加工的统称。图3-6所示为使用微细加工技术制造的产品，图中的尺寸为其参照尺寸。

a)

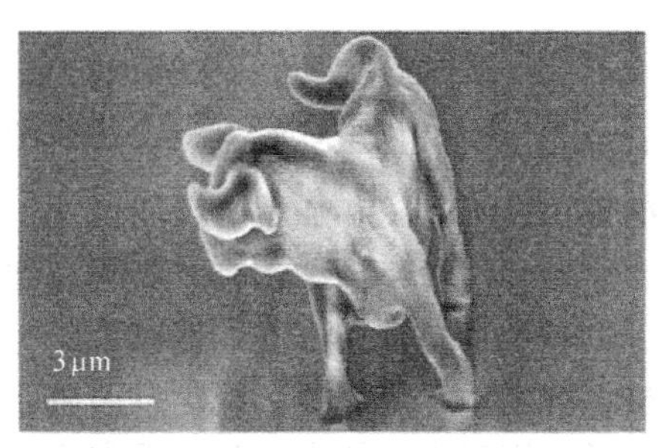

b)

图3-6　利用微细加工技术制造出的产品

a）相互啮合的传动齿轮组　b）公牛三维图形

微细加工技术不是传统机械加工技术的直接微型化，当一个系统的特征尺寸达到微米级或纳米级时，许多新的科学问题将会出现。因此，微细加工技术远超出了传统机械加工技术的范畴，其方式十分丰富，涉及许多现代特种加工、高能束加工等技术，是一个新兴的、多学科交叉的高科技领域。目前，微细加工技术面临许多崭新课题，例如随着加工尺寸的减小，表面积与体积之比的增加，表面力学、表面物理效应等理论将起主导作用，传统的设计和分析方法将不再适用，而摩擦学、微热力学这类学科将在微系统中变得至关重要。

二、微型机械加工技术

微型机械加工技术（Micro Machine Machining Technology，MMMT，日本惯用词）又称微型机电系统（Micro Electro-Mechanical System，MEMS，美国惯用词）、微型系统技术（Micro Systems Technology，MST，欧洲惯用词）（国际上一般将微型机械加工技术、微型机电系统、微型系统统称为 M^3 技术），是指对微米/纳米材料进行设计、加工、制造、测量和控制的技术，是建立在微米/纳米技术基础上的21世纪前沿技术。这种加工技术可将机械构件、光学系统、驱动部件、电控系统集成为一个整体，即微型机械（图3-7）。微型机械不仅能够采集、处理与发送信息或指令，还能够按照所获取的信息自主地或根据外部的指令采取行动。微型机械加工技术采用微电子技术和微细加工技术相结合的制造工艺，能够制造出各种性能优异、价格低廉、微型化的传感器、执行器、驱动器等微型机械。

a)

b)

图3-7　微型机械

a）世界上第一台微型化车床　b）微型机械昆虫

微型机械加工技术研究和加工的功能尺寸，已达到微米至纳米层次，涉及电子、电气、机械、材料、制造、信息与自动控制、物理、化学、光学、医学以及生物技术等多种科学技术，并吸纳了许多当今科学技术的尖端成果。

微型机械系统用途十分广泛。在信息领域，用于分子存储器、原子存储器、芯片加工设备；在生命领域，用于克隆技术、基因操作系统、蛋白质追踪系统、小生理器官处理技术、分子组件装配技术；在军事领域，用于精确制导技术、精确打击技术、微型惯性平台、微光学设备；在航空航天领域，用于微型飞机、微型卫星、纳米卫星（0.1kg以内）；在微型机器人领域，用于各种医疗手术、管道内操作、窃听与搜集情报；此外，还用于微型测试仪器、微传感器、微显微镜、微温度计等。人类制造微型机械的目的，不仅在于缩小机械的尺寸和体积，更在于通过微型化、集成化技术，创造出具有新原理、新功能的元件和系统，以完成特种动作与实现特种功能，乃至可以沟通微观世界与宏观世界，从而开辟一个新的技术领域，以形成可以批量化生产的新型产业，其深远意义难以估量。

三、微细加工技术的特点

1. 加工尺寸小

在加工过程中，微细加工技术的加工尺寸极小，而且被加工对象的整体尺寸也很微小（图3-8）。

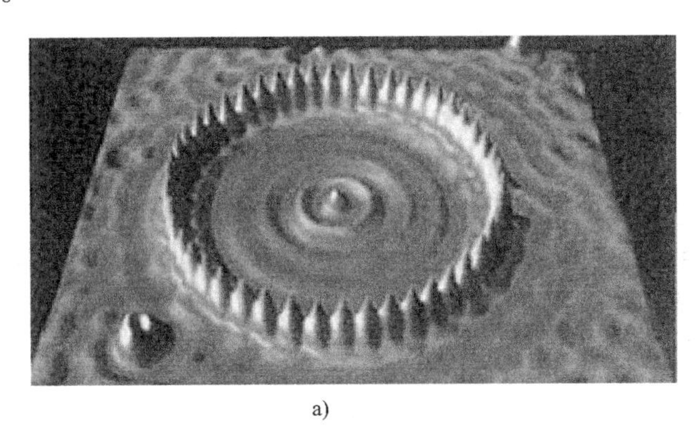

a)

b)

图3-8　尺寸极小的微细加工产品

a）用48个铁原子排列成的圆形围栏　b）用101个铁原子排列出的汉字

2. 要求采用新的加工机理

由于加工对象具有微小性和脆弱性的特性，因此在进行微细加工时，工程技术人员仅仅依靠宏观的加工技术来达到加工目的已经很不现实，必须采用新的加工机理，针对不同对象和加工要求，具体考虑使用不同的加工方法。

3. 对制造系统提出了新的要求

微细加工在加工设备、制造环境、材料选择与处理、测量方法和仪器等方面都有其特殊要求，因此对整个制造系统提出了新的要求。

四、微细加工技术的分类

微细加工可大致分为四种类型。

1. 分离加工

分离加工又称去除加工，是将材料的某一部分分离出去的加工方式，比如分解、蒸发、溅射、切削、破碎等。

2. 结合加工

结合加工是利用物理和化学方法使同种或不同材料实现附着等相互结合的加工方式。按结合的机理不同，结合加工可分为附着、注入和连接三种加工方式。附着加工又称沉积加工，是在工件表面上覆盖一层物质的加工方式，工件和覆盖物质间实现的是一种弱结合，典型的加工方法是镀；注入加工又称渗入加工，是在工件表面上注入某些元素，使之与基体材料产生物理化学反应的加工方式，基体材料与注入元素间的结合是具有共价键、离子键、金属键的强结合，注入加工常用以改变工件表层材料的力学性质，如渗碳渗氮等；连接是将两种相同或不同材料通过物理化学方法连接在一起的加工方式，如焊接、粘接等。

3. 变形加工

变形加工指使加工材料形状发生改变的加工方式，比如塑性变形加工、流体变形加工等。

4. 改性加工

改性加工指通过改变加工材料的成分、组织来提高或改变其性能的加工方式，包括材料处理或改性、热处理或表面改性等。

五、常用微细加工技术

目前国内外常用的微细加工技术主要有以下几种。

1. 超微机械加工技术

超微机械加工技术是一种三维实体加工技术，指人们用微细切削和电火花、线切割等加工方法，制作毫米级尺寸以下的微机械零件的加工技术。微细机械加工技术适合加工所有金属、塑料及工程陶瓷材料，主要加工方式有车削、铣削、钻削等。图3-9所示为采用此技术加工的微型齿轮机构与螨虫进行对比。

图3-9 显微镜下的齿轮机构与螨虫进行对比

2. 光刻加工技术

光刻加工又称光刻蚀加工或刻蚀加工，简称刻蚀，是微细加工中广泛使用的一种加工方法，主要用于制作半导体集成电路，其原理与印刷术中的照相制版相似，是在微机械制造领域中应用较早，现在仍被广泛采用且不断发展的一种微细加工技术。该方法制造的微机械零件有刻线尺、微电机转子、摄像管的帘栅网等。光刻加工过程如图3-10所示。光刻加工可分为两个阶段：第一阶段为原版制作，生成工作原版或工作掩膜，作为光刻时的模板；第二阶段为光刻。光刻加工的主要过程如下。

（1）涂胶

涂胶是把光致抗蚀剂涂敷在已镀有氧化膜的半导体基片上。

（2）曝光

曝光通常有两种方法，一种是利用极限分辨率极高的光源照射掩膜，从而在光致抗蚀剂上成像，称为投影曝光；另一种是将光源聚焦形成细小束斑，通过扫描在光致抗蚀剂涂层上绘制图形，称为扫描曝光。常用的光源有电子束、离子束等。

（3）显影与烘片

将曝光后的光致抗蚀剂浸在特定的溶剂中，将曝光图形显示出来，称为显影。显影后，

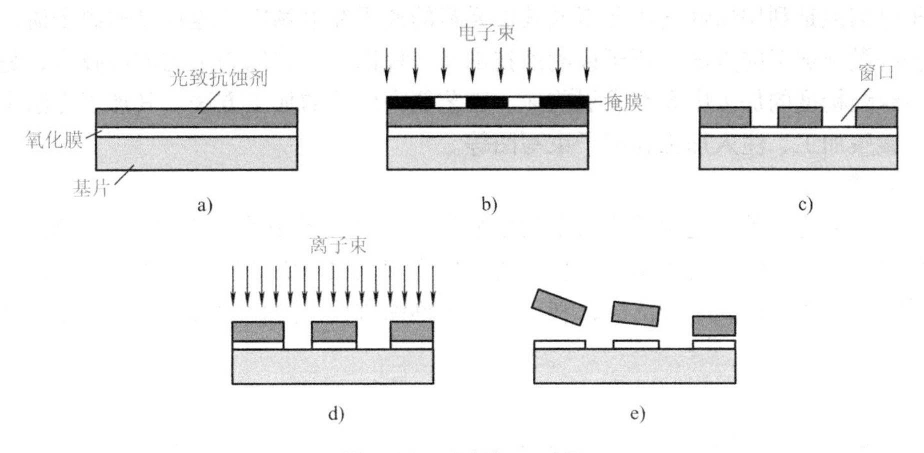

图 3-10　光刻加工过程

a）涂胶　b）曝光　c）显影与烘片　d）刻蚀　e）剥膜（去胶）

在光致抗蚀剂上便获得了与掩膜图形相同的极微细的几何图形。显影后进行 200～250℃ 的高温处理，以提高光致抗蚀剂的强度，称为烘片。

（4）刻蚀

利用化学或物理方法，去除没有光致抗蚀剂部分的氧化膜，将被掩膜保护的光致抗蚀剂部分所对应的氧化膜保留下来，在基片上就制造出了微型结构。常用的刻蚀方法有化学刻蚀、离子刻蚀、电解刻蚀等。

（5）剥膜（去胶）

剥膜是用剥膜液去除光致抗蚀剂。剥膜后需进行水洗和干燥处理。

3. 微细立体光刻技术

微细立体光刻技术属于光造型技术，它将激光技术、CAD/CAM 技术、材料科学及微细加工技术融为一体，能够直接加工出微型立体结构，并可结合微细电铸技术将加工对象扩展到多种金属及非金属材料。目前，用此方法已加工出直径为 50μm，精度为 1～10μm 的弹簧，配合激光刻蚀技术还可加工出较复杂的零件。

4. 高能束刻蚀技术

（1）电子束刻蚀

电子束刻蚀是利用电子束的化学效应进行刻蚀。用功率密度相当低的电子去照射工件表面，几乎不会引起表面温升，入射的电子与高分子材料的分子碰撞时，会使其分子链断开或重新聚合，从而引起高分子材料的化学性质和分子量发生改变。利用这种效应，可以进行电子束曝光。曝光主要分两种：一种为电子束扫描型电子束曝光，即将聚焦在 1μm 以内的电子束在 0.5～5mm 的范围内扫描，可以曝光出任意图形；另一种为缩小投影型电子束曝光，即将电子束先通过掩膜板，再以 1/5～1/10 的比例缩小后投影到电子抗蚀剂上，进行大规模集成电路图形曝光。

电子束刻蚀是目前最好的高分辨率图形制作技术，在实验室条件下，最高能达到 2nm 的特征尺寸；在生产中，一般可达到 0.5～1μm 的特征尺寸。电子束刻蚀要在真空条件下进行，所以该方法有一定的局限性。

（2）离子束刻蚀

离子束刻蚀是利用惰性气体元素或其他元素的离子在电场中加速成高速离子流，以其动能进行各种微细加工的方法。离子束刻蚀技术是一种以物理作用为主的刻蚀技术，是在亚微米甚至纳米级精度的加工中大有发展前途、工艺能力广泛的加工方法。其加工方法主要有去除加工、镀膜加工、注入加工和离子束写图等。

（3）等离子刻蚀

等离子刻蚀是一种以化学反应为主的刻蚀技术。等离子刻蚀中应用的是低温等离子体，刻蚀气体分子在高频电场的作用下发生电离，形成辉光放电而产生等离子体。在这种等离子体中，游离基的化学性质十分活泼，利用它与被刻蚀材料发生化学反应，可以达到刻蚀材料的目的。

（4）激光刻蚀

激光刻蚀中包含了热激活反应和光化学反应。由于激光对气相或液相物质具有良好的透射性，所以强聚焦的紫外光或可见光激光束能够穿透稠密的、化学性质活泼的基片表面的气体或液体，并可有选择地对气体或液体进行激发，受激发的气体或液体与衬底可进行微观的化学反应，从而进行刻蚀、淀积、掺杂等微细加工。

5. 准分子激光直写微细加工技术

准分子激光直写微细加工技术是利用准分子激光对材料进行直接刻蚀的微细加工技术。这种技术的原理是，用高能量紫外激光对材料进行照射，从而使材料吸收的能量超过材料阈值，材料因化学键断裂，成为极细微的、呈气体状态的生成物，最后材料的体积急剧膨胀，以爆炸的形式脱离母体并带走过剩的能量。该技术具有精度高、热效应小、加工灵活等显著优点，在微细加工与微机械加工技术领域具有很大的应用潜力。

6. 精密放电加工技术

精密放电加工技术是一种以低电压、高电流密度的放电，使工件表面局部熔化并汽化的蚀除加工技术。该技术的加工阻力极小，不仅可以加工导电材料，而且可以加工单晶硅等半导体材料，适用于微机械构件的制造。

7. 薄膜制备技术

薄膜制备技术的工作过程，是单独或综合利用热能、等离子体、激光等能源，使气态物质在固体的热表面发生物理或化学反应并进行沉积，从而形成稳定的固态物质膜的过程。薄膜制备技术可分为物理气相沉积（Physical Vapor Deposition，PVD）技术和化学气相沉积（Chemical Vapor Deposition，CVD）技术，并可进一步细分为热化学气相沉积、离子辅助沉积、等离子喷涂、离子镀以及激光物理气相沉积、激光化学气相沉积等。

8. 牺牲层技术

牺牲层技术（Sacrificial Layer Technology，SLT）又称分离层技术，是用化学气相沉积方法将结构材料形成所需的各种微型结构件，在结构件周围的空隙中嵌入牺牲材料，后续工序中用溶解或刻蚀法有选择地将牺牲层材料腐蚀（也称为释放）而不影响结构件本身。牺牲层技术可以制造略为连接的微机械，得到多种活动的微结构，如微型桥、悬臂梁及悬臂块等。此外，常被用来制作敏感元件和执行元件，如谐振式微型压力传感器、谐振式微型陀螺、微型加速度计及微型马达、各种制动器等。常用的结构材料有多晶硅、单晶硅、氮化硅和金属等。牺牲层只起分离作用，常用材料有二氧化硅、光刻胶等，其厚度一般为 $1\sim2\mu m$。

图 3-11 所示为牺牲层技术的工艺步骤。图 3-11a 所示为基础材料，一般为单晶硅晶片；

图 3-11b、c 所示为沉积、刻蚀第一层结构层；图 3-11d、e 所示为在第一层结构层上沉积、刻蚀牺牲层；图 3-11f、g 所示为在牺牲层上沉积、刻蚀第二层结构层；图 3-11h 所示为将牺牲层材料腐蚀掉，得到所需微结构。

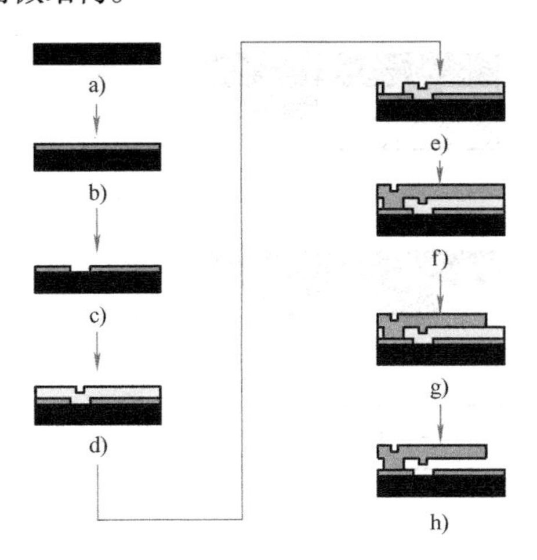

图 3-11 牺牲层技术的加工过程

9. 外延技术

外延技术是微型机械加工的重要手段之一，其特点是生长的外延层能保持与衬底相同的晶向，因而在外延层上可以进行各种横向与纵向的掺杂分布与腐蚀加工，以制得各种结构。

外延技术中可采用 SiO_2 作掩蔽，外延时，单晶硅裸露区仍将生长出单晶硅，在 SiO_2 掩蔽区上将会生长出多晶硅。若在外延中加入一定量的盐酸，由于盐酸对多晶硅的腐蚀很快，所以在 SiO_2 掩蔽区上生长的多晶硅将被迅速蚀除，只有裸露区生长的单晶硅才能被保存下来。通过该方法可以制造微型三维结构。

10. LIGA 技术

LIGA [Lithographie（德文光刻），Galanoformung（电铸）和 Abformung（注塑）三个词的缩写。] 技术是由德国卡尔斯鲁厄核原子能研究中心（KNRC）研发的一种光刻、电铸和注塑复合的微细加工技术。该技术采用深度同步辐射 X 射线光刻，在制作很厚的微型机械结构方面有着独特的优点，可以制造最大高度为 1000μm、槽宽 0.5μm、高宽比大于 200 的立体微结构，加工精度可达 0.1μm，刻出的结构侧壁陡峭，表面光滑。LIGA 技术加工出的微型器件可以进行批量复制，因而降低了加工成本。

LIGA 技术的加工过程如图 3-12 所示。首先，将光致抗蚀剂以期望的厚度（最大厚度可达 500μm）涂在金属基板上，以 X 射线为曝光光源，利用掩膜在光致抗蚀剂上生成曝光图形的三维实体（图 3-12a）；然后，以此三维实体为电铸胎膜，用电铸方法在胎膜上沉积一定厚度的金属以形成金属微结构模具（铸型）（图 3-12b）；最后以生成的铸型作为注射成型的模具（图 3-12c），通过注射成型的方法就能加工出所需的微型零件（图 3-12d）。LIGA 技术可以制作各种微器件和微装置，材料可以是金属、陶瓷和玻璃等。

如果在 LIGA 工艺中再加入牺牲层技术，则可使加工出的微器件中的一部分结构脱离母体而转动或移动，这在制造微型电动机或其他驱动器时极为有用。

11. DEM 技术

DEM [Deepetching（深层刻蚀）、Electroforming（电铸）、Microreplication（微复制）的

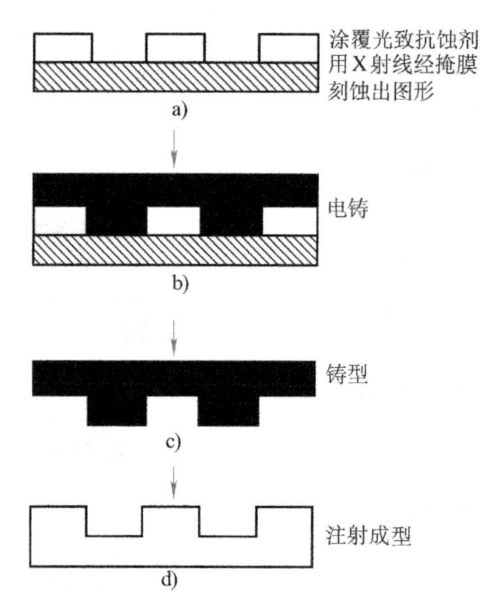

图 3-12 LIGA 技术的加工过程

英文简写］技术是用深层刻蚀工艺来代替 LIGA 技术中的同步辐射 X 射线光刻工艺，然后进行后续的微电铸和微复制工艺。目前，DEM 技术主要的工艺路线是先利用硅深层刻蚀工艺获得高深宽比的硅微结构，然后通过微电铸工艺获得金属微复制模具，最后应用微复制工艺进行微器件的批量生产。国外近年来开发出了主要用于进行硅深层刻蚀技术的先进硅刻蚀工艺，该工艺利用了感应耦合等离子体和侧壁钝化工艺等技术，可对硅材料进行较高的深宽比三维微加工，其加工厚度可达几百微米，侧壁垂直度为 90° ± 3°，刻蚀速率可达 2.5μm/min。如用深层刻蚀出的硅微结构直接作为模具，由于硅本身较脆，在模压过程中很容易破碎，所以不能利用硅模具进行微结构器件的大批量生产，但可利用该模具对塑料进行小批量加工（加工次数小于 10 次）。

12. 扫描隧道显微加工技术

扫描隧道显微加工技术（Scanning Tunneling Micromachining Technology，STMT）是纳米技术的一种应用，即原子级加工技术，实现原子或分子的搬迁、去除、增添和排列重组，可达到原子级的加工精度。将扫描隧道显微加工技术用于纳米级光刻加工时，具有极细的光斑直径，可以达原子级，这样可使加工对象和加工工具处于同一尺寸量级；且该技术可以在大气甚至液体介质中工作，加工成本较低。图 3-13 所示为移动 35 个氙原子排出的图案。

图 3-13 用氙原子组成的字母“IBM”

以上是对当前常用微细加工技术的简单介绍，相信随着人类对微观世界认识的不断深入，未来人们必将开发出更多加工成本低、加工精度高的微细加工技术。

六、微细加工技术的发展趋势

在生物工程、化学、微分析、光学、国防、航空航天、工业控制、医疗、通信及信息处理、农业和家庭服务等领域，微细加工技术都显示出了巨大的应用前景。当前，可以进行大批量生产的微型机械产品，如微型压力传感器、微细加速度计和喷墨打印头等，已经形成了巨大市场。一些微型机械产品引起了人们的广泛关注，各种微型元件被开发出来，显示出了极大的现实和潜在的价值。微细加工技术被认为是微型机械加工技术得以发展的关键技术之一。从目前来看，微细加工技术总的发展趋势如下。

1. 加工方法的多样化

当前的微细加工技术是从两个领域延伸发展起来的：一个是在传统的机械加工和电加工领域，通过对小型化、微型化机械和电加工技术的研究而得以发展；另一个是在半导体光刻加工和化学加工等加工领域，通过不断思考如何在高集成、多功能化微细加工的基础上，提高去除材料的能力，制作出实用的微型零件，从而使微细加工技术得以发展。如何使微细加工技术从单一加工技术向组合加工技术发展，研究和制造微米至毫米级零件的高效加工工艺和设备，是今后一段时期的重点攻关领域。

2. 加工材料从单纯的硅向各种不同类型的材料发展

目前，微细加工技术的加工对象已由硅扩展至玻璃、陶瓷、树脂、金属及一些有机物，大大扩展了微型机械加工技术的应用范围，以满足更多的需求。

3. 提高微细加工技术的经济性

微细加工技术实用化的一个重要条件就是要求经济上可行，以实现加工规模由单件生产向批量生产发展。此外，加工方式从手工操作向自动化方向发展也是提高微细加工技术经济性的途径。

4. 加快微细加工的机理研究

伴随着机械构件的微小化，微细加工技术中将出现一系列的尺寸效应，如构件的惯性力、电磁力的作用相应地减小，而黏性力、弹性力、表面张力、静电力等的作用将相对变得较大；随着尺寸的减小，机械构件的表面积与体积之比会相对增大，传导、化学反应等会加速，表面间的摩擦阻力会显著增大。因而，加快微细加工的机理研究对微型机械的设计和制造加工工艺的制订，将会有重要的实际意义。

可以预测，微型机械及微细加工技术将如同微电子技术的出现和应用所产生的巨大影响一样，导致人类认识和改造世界的能力取得重大突破。

第五节　快速成形技术

快速成形技术作为一种全新的加工技术，和数控技术同为 20 世纪的两大突破性创新，以极高的柔性获得了制造业和学术界的极大关注。

一、快速成形技术概述

1. 快速成形技术的概念

快速成形技术（Rapid Prototyping Technology，RPT）是一种用材料逐层或逐点堆积出制件的新型加工技术，它有许多名称，如快速成形技术、快速成型技术、快速原型制造技术、自由形式制造技术、添加式制造技术等，统称为 RP 技术［在快速成形技术的名称中，快速成形技术、快速成型技术、快速原型技术对应的英文为 Rapid Prototyping Technology（RPT），此外还有自由形式制造技术（Freeform Manufacturing Technology，FMT）、添加式制造（Additive Fabrication，AF）、生长型制造（Material Increase Manufacturing，MIM）、增材制造（Material Additive Manufacturing，MAM）、分层制造（Layered Manufacturing，LM）等。为了统一，人们常将这些名称统称为 RP 技术，或 RPT。快速成形技术还有个通俗的名称叫 3D 打印］。快速成形技术不采用常规的模具或刀具来加工工件，而是利用光、电、热等手段，通过固化、烧结、粘结、熔结、聚合作用或化学作用等方式，有选择地固化（或粘结）液体（或固体）材料，从而实现材料的迁移和堆积，形成所需要的原型零件。

快速成形技术综合运用计算机技术、CAD 技术、数控技术、激光技术及材料科学技术，可以自动、直接、快速、精确地将设计思想物化为具有一定功能的原型或直接制造出零件，从而可以对产品设计进行快速评价、修改及功能试验，有效地缩短了产品的研发周期。与传统加工技术相比，快速成形技术彻底摆脱了传统的“去除”加工法——去除毛坯上多余的材料来得到工件，而是采用全新的“增长”加工法——用一层层的小毛坯逐步叠加成大工件，将复杂的三维加工分解成简单的二维加工的组合，从而得到工件（图 3-14）。

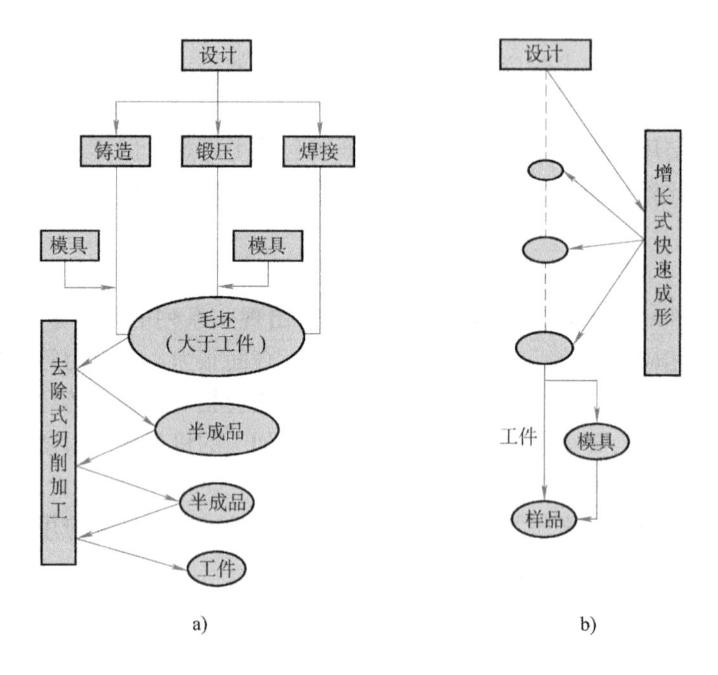

图 3-14 传统加工与快速成形比较

a）传统加工 b）快速成形

2. 快速成形技术的原理

（1）工作原理

快速成形技术是一种基于离散/堆积成形思想的新型成形技术，其原理如下：首先用 CAD 软件设计出所需零件的计算机三维模型；然后根据工艺要求，将三维模型按一定的厚度进行离散（也称为分层），从而将原来的三维模型转变为二维平面信息（即层面信息），接着对分层后的信息进行处理（离散过程），并产生数控代码；最后，数控系统以平面加工的方式，有序、连续地加工出每个薄层，并使它们自动粘接而成形（堆积过程）（图3-15）。利用快速成形技术，可以将一个复杂物理实体的三维加工离散成一系列的层片加工，即将整体制造转变为分层制造，可大大降低加工的难度。由于快速成形技术没有采用传统的加工机床和工模具，因此，它只需要传统加工方法10%～30%的工时和20%～35%的成本，就能直接制造出产品样品或模具。

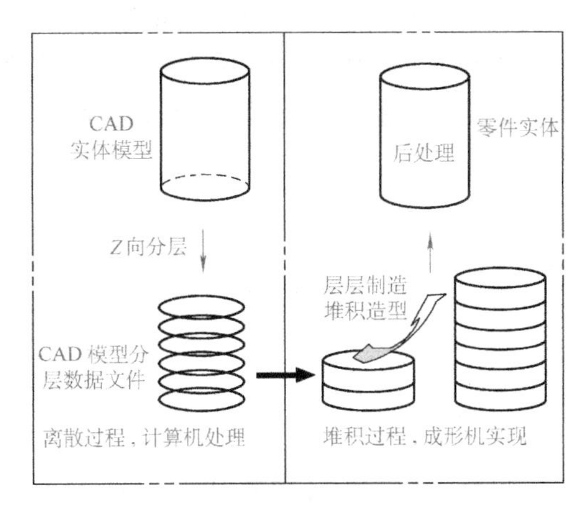

图3-15　快速成形技术的原理

（2）快速成形的过程

快速成形的全过程可以归纳为以下三个步骤，如图3-16所示。

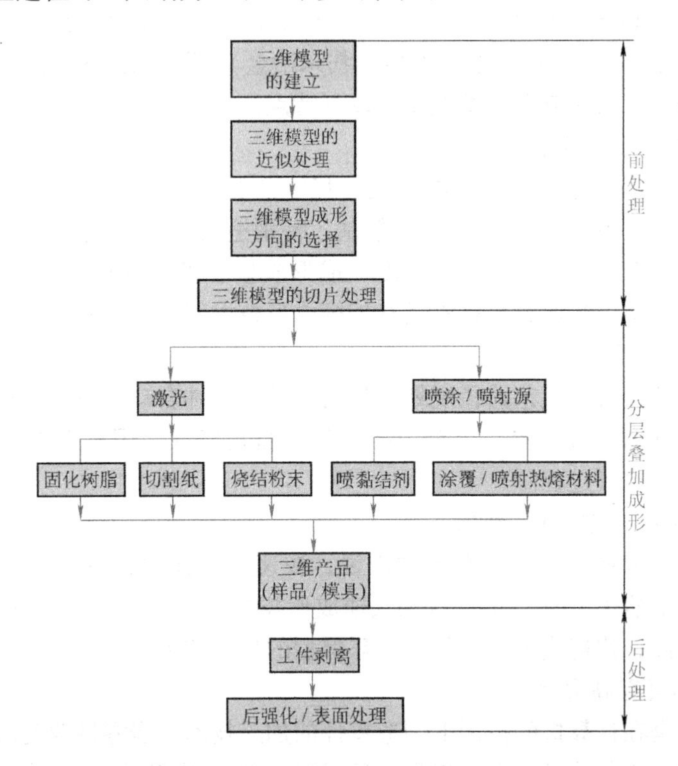

图3-16　快速成形的全过程

1）前处理。前处理包括工件三维模型的建立、三维模型的近似处理、三维模型成形方向的选择和三维模型的切片处理。

2）分层叠加成形。这个步骤是快速成形技术的核心，包括模型截面轮廓的制作、截面轮廓的叠合。

3）后处理。这个步骤包括工件剥离、后强化、修补、打磨、抛光和表面处理等。

（3）三维建模

由于快速成形机只能接受由计算机建立的工件三维模型（即立体图），因此在应用快速成形技术时，应首先在计算机上用CAD软件设计出三维模型；或将已有产品的二维视图转换成三维模型。在仿制产品时，应用扫描机对已有的产品进行实体扫描，从而得到三维模型（图3-17）。

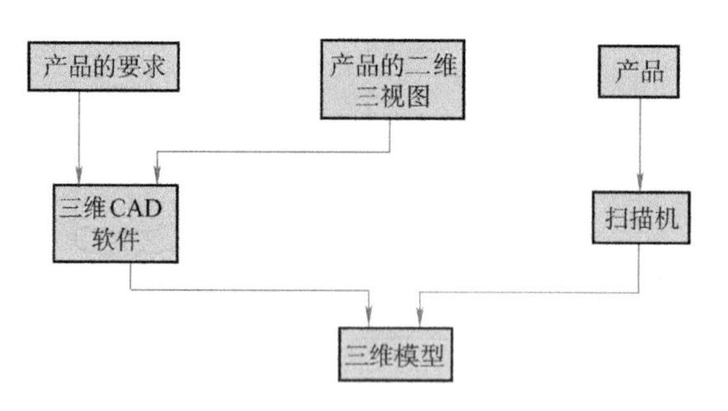

图3-17　构造三维模型的方法

3. 快速成形技术的特点

快速成形技术与传统的切削成形技术（如车削、铣削、刨削、磨削）、连接成形技术（如焊接）或受迫成形技术（如铸造、锻压、粉末冶金）等加工技术不同，它是采用材料累加法制造零件原型的。快速成形技术主要有以下特点。

（1）适合于加工复杂零件

快速成形技术采用“分层制造”的方法，将零件的三维立体成形化解为简单的二维平面成形，不受传统加工方法中刀具的某些限制，特别适合于形状复杂的、不规则零件的加工。而且，零件的复杂程度对成形工艺难度、成形质量、成形时间、制造成本的影响不大。在小批量或单件生产中，快速成形技术具有传统成形技术所不具备的优势。

（2）自动化程度高

快速成形技术的分层和工艺路径规划都是由相关的软件自动完成的，用户只需要设定一些工艺参数即可。其加工过程更是完全由控制软件自动完成，用户无须干预或只需较少干预，是一种自动化的成形过程。

（3）加工周期短、成本低、环保

对于单件或者小批量生产的复杂零件来说，快速成形技术的应用，可使制造费用降低60%以上，加工周期缩短70%以上。应用快速成形技术制造零件时，没有或极少废弃材料，材料利用率高。因此，快速成形技术是一种环保型的加工技术。

（4）制造过程具有高柔性

快速成形技术是在计算机的控制下制造零件的加工技术。当零件改变时，工程技术人员无须重新设计、制造工艺装备和专用工具，只需修改CAD模型就可以加工出新的零件。

(5) 技术集成度高

快速成形技术是计算机技术、数控技术、激光技术与材料技术的综合集成。

(6) 设计制造一体化

快速成形技术实现了 CAD/CAM 的一体化，零件由 CAD 模型直接驱动就可以进行加工，而且零件的加工在一台设备上便可以完成。作为一种可视化的辅助工具，快速成形系统有助于企业减少在产品开发中失误的可能性。

(7) 使用材料类型多

快速成形技术具有广泛的材料适应性，可选择材料的种类较多。树脂和塑料类高分子材料、金属粉末、陶瓷材料包括纤维材料等均可用于快速成形。

(8) 属非接触加工

在应用快速成形技术时，无须使用金属切削加工中所必备的刀具、夹具，在加工过程中没有机械切削力，无振动、噪声。

(9) 应用领域广泛

快速成形技术不仅在制造业的产品造型和模具设计制造领域有所应用，而且在工业设计、机械、材料工程、医学、建筑工程、轻工、航空航天等领域均有广泛的应用。

4. 快速成形技术的应用

快速成形技术主要适合于新产品开发、单件及小批量零件制造、复杂形状零件（图 3-18）的制造、模具设计与制造及难加工材料的制造，也适合于产品外形设计检查、功能试验、装配检验和逆向工程等。自问世以来，该技术已经在发达国家的制造业中得到了广泛的应用。

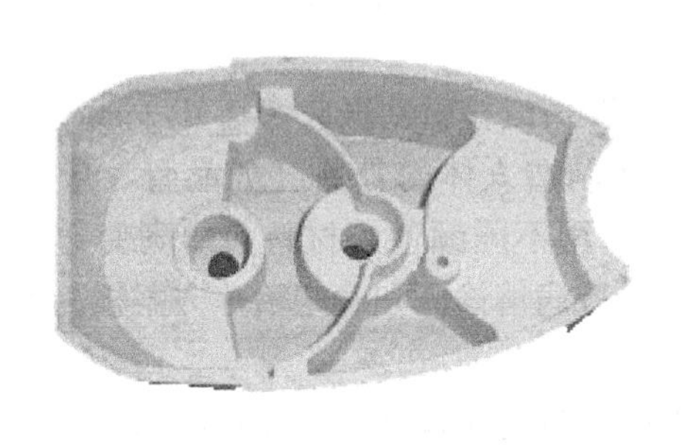

a)

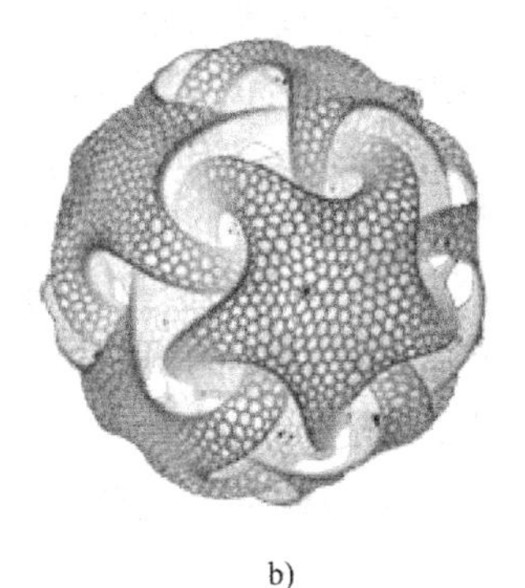

b)

图 3-18 快速成形产品

a) 端盖 b) 工艺品

(1) 用于产品设计评估与校审

快速成形技术可使产品的设计构想得以快速、精确、经济地生成可触摸的物理实体。比起二维设计图，产品的物理实体具有更好的直观性和启示性。因此，设计人员可以借助于快速成形技术，更快也更容易地发现设计中的错误和不足。快速成形技术生成的物理实体还是设计部门与其他部门之间进行交流的更好的中介物。

(2) 用于产品工程功能试验

在家电、通信等行业，当产品外壳对强度的要求不高时，采用快速成形技术制造的样品完全可以用于功能测试。

使用新型光敏树脂材料制成的模型具有足够的强度，可用于传热、流体力学试验，用某些特殊光敏树脂材料制成的模型，还具有光弹特性，可用于产品受载应力应变的试验分析。

风洞实验是指在风洞中安置飞行器或其他物体模型，研究气体流动及其与模型的相互作用，以了解飞行器或其他物体的空气动力学特性的一种空气动力实验方法。进行风洞实验的对象往往形状复杂，精度要求高，且具有流线型特性，采用快速成形技术，根据 CAD 模型，由快速成形设备自动完成实体模型，能够很好地保证模型质量，确保风洞实验的效果。

（3）用作厂商与客户的交流手段

快速成形技术已经成为某些制造厂家争夺订单的有效手段，因为客户总是对产品实物而非设想或设计图样更感兴趣。

（4）用于快速模具制造

使用快速成形技术生成的实体模型，可用于制作模芯或模套。结合精铸、粉末烧结或电极研磨等技术，应用模芯或模套可以快速制造出企业生产所需要的功能模具或工艺装备，其制造周期较之传统的切削方法可缩短 30% ~40%，成本可下降 35% ~70%。模具的几何形状越复杂，采用这种方法的效益越显著。

（5）用于快速直接制造

快速成形技术可以直接制造可用零件，如塑料、陶瓷、金属及各种复合材料零件。在航空航天等领域，由于其零件具有形状复杂、生产批量小和使用特种难加工材料的特点，所以采用快速成形技术直接制造出所需零件，不失为一种快速有效的方法。

（6）应用于医学、建筑等行业

根据计算机断层扫描（Computed Tomograhy，CT）或核磁共振成像（Magnetic Resonance Imaging，MRI）的数据，应用快速成形技术可快速制造人体的骨骼（如颅骨、牙齿）和软组织（如肾）等模型，还可以在模型的不同部位采用不同颜色的材料，如病变部位可以使用醒目颜色。这些人体的器官模型，对帮助医生进行病情诊断和确定治疗方案极为有利。在康复工程上，快速成形技术还可用于制造义肢。

采用快速成形技术，工程技术人员可快速准确地将建筑设计模型制造出来。目前，快速成形技术已应用于考古和三维地图的设计制作等领域。

在文化艺术领域，快速成形技术可用于艺术创作、文物复制和数字雕塑等。

5. 快速成形技术的发展历程

（1）国外发展状况

从历史上看，很早以前就诞生了“增长”制造原理。1892 年，布兰瑟（J. E. Blanther）在他的美国专利（#473 901）中，就提出了用分层制造法来制作地形图的原理，即将地形图的轮廓线压印在一系列的蜡片上，然后按轮廓线切割蜡片，并将其粘结在一起，最后熨平蜡片表面，就可得到三维地形图。1902 年，贝斯（Carlo Baese）在他的美国专利（#774 549）中，提出了用光敏聚合物制造塑料件的原理，这是现代第一种快速成形技术——立体光刻技术的初始设想。1940 年，佩雷拉（Perera）提出了在硬纸板上切割地形图的轮廓线，再将切割后的纸板粘结成三维地形图的方法。20 世纪 50 年代后，世界上陆续出现了几百个有关快速成形技术的专利。其中，臧（Zang）、梅耶（Richard M Meyer）和加斯金（Gaskin）先后于1964年、1970年、1973年提出用一系列轮廓片制作三维地形模型的新方法（图3-19）。迪马特奥（Paul L Dimatteo）1976年在他的美国专利（#393 2923）中，进一步明确提出了先用轮廓跟踪器将三维物体转化为许多二维轮廓薄片，然后用激光切割使这些薄片成形（图3-20），最后用螺钉、销等将二维轮廓薄片连接成三维物体的方法（图3-21）。这些方法与现代另一种快速成形技术——分层实体制造技术的原理极为相似。1979年，日本东京大学（UT）的中川（Nakagawa）教授，开始采用分层制造技术制作真实的模具，如落料模、压力机成形模和注射模。

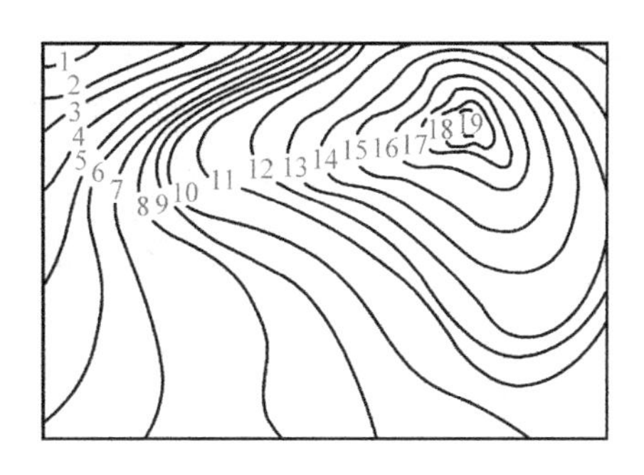

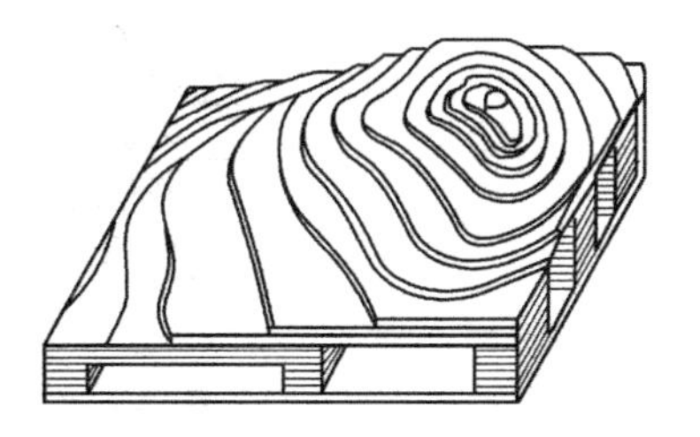

图3-19　三维地形模型的制作

上述的专利，虽然提出了一些快速成形技术的基本原理，但这些原理还很不完善，更没有实现快速成形机械及其使用的原材料的商品化。20世纪80年代末以后，快速成形技术有了根本性的发展，有关快速成形技术的专利出现得更多，仅在1986—1998年间，美国注册的相关专利就有274个。美国UVP公司（现为Analytik Jena US）的赫尔（Charles W·Hull）在他1986年的美国专利（#4 575 330）中，提出了一个通过激光照射液态光敏树脂，从而分层制作三维物体的现代快速成形机的方案。随后，美国的3D系统（3D Systems）公司据此专利，于1988年生产出了世界上第一台现代快速成形机——SLA－250，这是快速成形技术发展史上的一个里程碑，开创了快速成形技术发展的新纪元。

（2）国内发展状况

20世纪90年代初，我国开始进行有关快速成形技术的研究及开发，并取得了令人瞩目的成果。通过消化、吸收国外的技术，明确了主攻方向：清华大学以分层实体制造（LOM）、熔融沉积成形（FDM）为主，西安交通大学主攻立体光刻（SLA），华中科技大学主攻分层实体制造（LOM），北京隆源自动成型系统有限公司主攻选择性激光烧结（SLS）。西安交通大学、香港大学、香港中文大学、香港科技大学、香港理工大学、南京航空航天大学、浙江大学等也相继开展了与快速成形技术相关的设备、材料和工艺的研究。

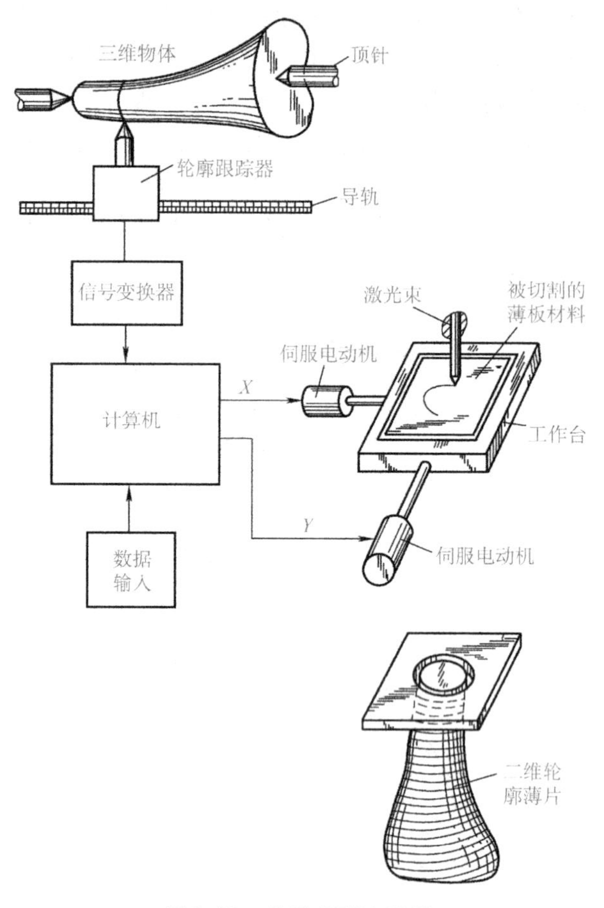

图 3-20　分层成形法设想

清华大学研发的水制冷成冰的快速成形系统和西安交通大学研制的紫外光快速成形系统，都是具有我国特色的创意装备。清华大学推出了基于熔融挤压快速成形工艺的快速成形机系列产品，西北工业大学开发了系列激光熔覆成形与修复装备，北京航空航天大学突破了钛合金、超高强度钢等难加工大型整体关键构件的激光成形工艺、成套装备和应用关键技术，西安交通大学研制、生产了多种型号的激光快速成形设备、快速模具设备和三维逆向设备。

成形材料陆续国产化，清华大学开发了熔融沉积成形用的蜡、ABS（Acrylonitrile Butadiene Styrene，丙烯腈-丁二烯-苯乙烯共聚物，热塑型高分子结构材料）、尼龙等材料，西安交通大学开发了近零收缩的光固化树脂，华中科技大学开发了 LOM 用纸，北京隆源自动成型系统有限公司开发了蜡粉及尼龙粉等。

在技术原理及参数优化等方面的研究也取得了比较明显的进步。清华大学提出了关于制造维数的概念，将快速成形技术与生物技术结合，创造了许多新兴研究热点；西安交通大学提出了增材制造的理论；华中科技大学和西安交通大学对逆向工程的数据重构都进行了比较深入的研究。西安交通大学完成了快速成形制造集成系统的开发；清华大学根据功能梯度原理研制出了多功能快速原型制造（Rapid Prototyping Manufacturing，RPM）设备等。这些成果不仅具有我国自己的知识产权，而且步入了国际先进行列。

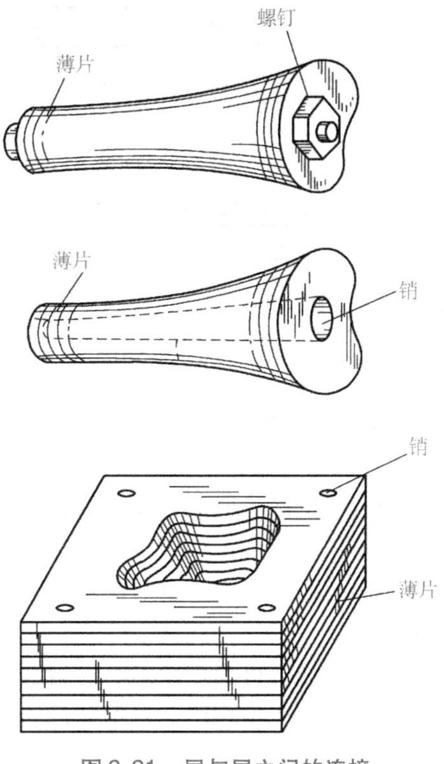

图 3-21　层与层之间的连接

二、立体光刻工艺

1. 立体光刻的概念

立体光刻（Stereo Lithography Apparatus，SLA，直译名为立体平版印刷设备）又称光造型、光固化法，是利用计算机控制激光束对光敏树脂进行逐点扫描以逐层形成工件的快速成形方法。

2. 立体光刻的工作原理

由计算机建立的三维模型，经软件进行分层处理后，产生分层数据，驱动扫描镜，以控制紫外激光按工件的层面形状进行扫描填充（图 3-22）。受激光束照射后，液态树脂表层会发生聚合反应，光敏树脂的相对分子质量会急剧增大，变成固态，形成工件的一个薄层。一层的扫描完成之后，工作台会下降一个层厚的距离，树脂涂覆系统在已固化的工件表面涂覆一层新的液态光敏树脂，立体光刻设备进行下一层面的扫描，新形成的工件薄层会牢固地粘结在前一薄层上。工件薄层层层叠加，就会形成工件的三维实体。对于尺寸较大的工件，则可采用先分块成形，然后将各组块进行粘结的方法来制作。

3. 立体光刻工艺的特点及应用

1）系统自动化程度高。立体光刻系统一旦开始工作，加工工件的全过程便会完全自动运行，无须专人看管，直到整个工艺过程结束。

2）工件的加工精度较高（可达到 ±0.1mm）、表面质量好（表面粗糙度值 $Ra<6.3\mu m$），强度和硬度高。利用这种特点，立体光刻工艺能制造形状特别复杂（如腔体）及

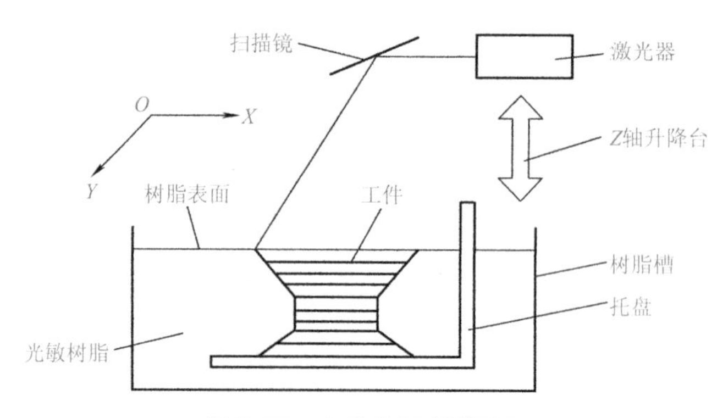

图 3-22　立体光刻成形原理

特别精细（如首饰、工艺品等）的工件，特别适合壳体工件的制造。

3）原材料利用率高，接近100%。

4）需要设计工件的支撑结构，以便确保成形过程中制作的每一个结构部位都能得到可靠的定位。

5）液态光敏树脂固化时会伴随一定的收缩，这可能造成工件的加工精度下降，甚至可能导致工件的变形。

6）固化后的光敏树脂较脆，易断裂，可加工性不好，耐腐蚀能力不强。

7）可选择的材料种类有限，只能是光敏树脂。光敏树脂具有一定的毒性，会使皮肤过敏，对环境有污染。

8）运行成本较高。在加工过程中，激光器有损耗，加工设备的维护和日常使用费用很高。加工所必需的液态光敏树脂价格昂贵。

目前，立体光刻工艺是世界上研究最深入、技术最成熟、应用最广泛的快速成形技术。

三、选择性激光烧结工艺

1. 选择性激光烧结的概念

选择性激光烧结（Selective Laser Sintering，SLS）又称激光选区烧结，是采用 CO_2 激光器对粉末材料（塑料粉、陶瓷粉与黏结剂的混合粉、金属粉与黏结剂的混合粉等）进行选择性烧结，由离散点一层层堆积成三维实体的工艺方法。该技术最早由美国得克萨斯大学奥斯汀分校（UTA）的德查德（C · R · Dechard）于1989年研制成功，并由美国DTM公司商品化，推出了SLS Modell25成形机。

2. 选择性激光烧结的工作原理

选择性激光烧结的工作原理与立体光刻十分相像，主要区别是立体光刻所用的材料是液态的紫外光敏树脂，而选择性激光烧结使用的是粉状的材料。粉状材料的使用是该技术的优点之一，因为理论上任何可熔的粉状材料都可以用来制造模型，制造出的模型可用作实际使用的零件，也可用于失蜡铸造的蜡型。目前，可用于选择性激光烧结技术的材料包括尼龙粉、覆裹尼龙的玻璃粉、聚碳酸酯粉、聚酰胺粉、蜡粉、金属粉（成形后常需进行再烧结及渗铜处理）、覆裹热凝树脂的细沙、覆蜡陶瓷粉和覆蜡金属粉等。

应用选择性激光烧结工艺时，首先将充有氮气的工作室升温，然后采用激光束对预热到稍低于其熔点温度的粉状材料进行分层扫描（图3-23），受到激光束照射的粉状材料即可被烧结（熔化后再固化）。当一层扫描烧结完毕后，工作台下降一个层厚的距离，铺粉装置在已扫描烧结完毕的层面上铺敷一层均匀密实的粉状材料，这样层层叠加直至完成整个模型的制造，再将多余的粉状材料去除。

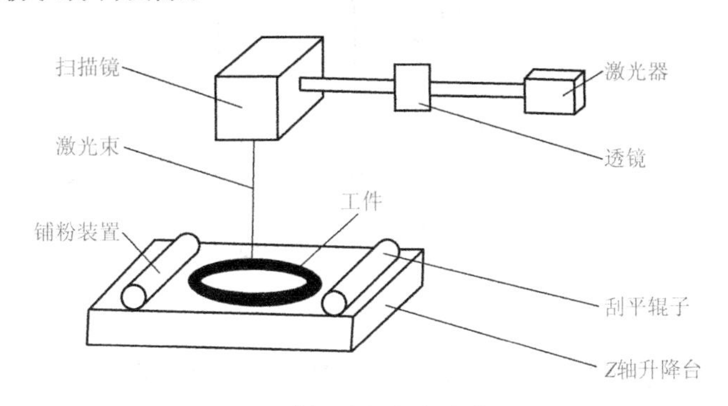

图 3-23　选择性激光烧结成形原理

3. 选择性激光烧结工艺的特点及应用

1）在造型过程中，未经烧结的粉状材料会对模型的空腔和悬臂等起支撑作用，加工过程中不必像立体光刻工艺那样另行设计工艺结构，因此它可加工出结构复杂的零件。

2）与其他工艺相比，利用选择性激光烧结工艺加工出的工件力学性能好，强度高。

3）选择性激光烧结工艺可加工的材料范围广，使用该工艺不仅能制造出塑料工件，还能加工出原材料为陶瓷、蜡等材料的工件，特别是可以加工出金属工件。

4）应用范围广，制造周期短，运行费用居中。

5）粉状材料的物理特性（如粒度、相对密度、线膨胀系数以及流动性等），对成形件缺陷的形成、精度和表面粗糙度具有重要的影响，可能会导致成形件孔隙的增加和抗拉强度的降低。

6）激光和烧结工艺参数（如激光功率、扫描速度和方向及间距、烧结温度、烧结时间以及层面厚度等）对层与层之间的粘结、烧结体的形变都会产生影响。另外，Z 轴（即垂直方向）精度难以控制。

7）因粉状材料较松散，烧结后的工件精度不高。

四、熔融沉积成形工艺

1. 熔融沉积成形的概念

熔融沉积成形（Fused Deposition Modeling，FDM，直译名为熔积成形）是将线状材料液化后，通过喷嘴的喷射将其逐层沉积成形状复杂的成形件的成形工艺。该工艺最早由美国学者克伦普（Scott Crump）于 1988 年研制开发出来，并由斯特塔西公司（Stratasys）将其推向市场。熔融沉积成形通常使用热熔性材料，如蜡、ABS、尼龙等。

2. 熔融沉积成形的工作原理

进行熔融沉积成形时，首先将线状的热熔性材料加热熔化，然后将熔化的材料通过带有一个微细喷嘴的喷头喷射出来（图 3-24），并使喷头沿工件轮廓和填充轨迹运动。如果热熔性材料的温度始终稍高于固化温度，而成形部分的温度稍低于固化温度，就能保证热熔性材料喷出喷嘴后，能够随即与前一个层面熔结在一起。一个层面沉积完成后，工作台下降一个层厚的距离，成形设备再次进行熔喷沉积过程，直至完成整个成形件的加工。

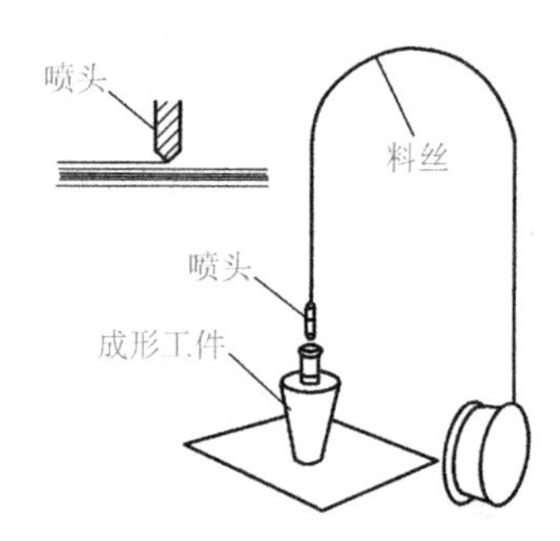

图 3-24 熔融沉积成形原理

对于有空腔和悬臂结构的成形件，加工过程中必须添加支撑结构。目前，相关控制软件可以根据成形件的成形方向和工艺参数自动生成支撑结构。成形过程中，支撑结构与工件本体一同被加工，成形完成后去除支撑结构即可。最新的熔融沉积工艺已发展到双喷头技术，即采用两种材料分别作为本体材料和支撑材料，通过不同的喷头熔融挤出，这种技术可以使支撑结构更易去除，加工出的成形件表面质量更好。

3. 熔融沉积成形工艺的特点及应用

1）成形材料的来源广，材料利用率高，原材料便宜，运行费用较低。

2）成形件的力学性能好、强度高。

3）不用激光器件，使用、维护简单，成本较低。

4）干净、安全、可靠，可在办公室环境中进行操作。

5）需对整个截面进行扫描涂覆，成形时间较长，不适合构建大型件。

6）成形精度不高，不适合制作具有复杂、精细结构的工件。

7）垂直方向强度不高。

五、喷墨打印成形

1. 喷墨打印成形的概念

喷墨打印成形（Ink Jet Printing，IJP）又称立体喷墨印刷，是将待成形的陶瓷粉与各种有机物配制成陶瓷墨水，通过打印机打印到成形平面上成形的方法，如图 3-25 所示。

2. 喷墨打印成形的工作原理

喷墨打印成形的工作原理与熔融沉积成形十分相似，其采用喷墨打印的原理，将墨水由喷头喷出，逐层堆积而形成一个三维实体。为了支撑空腔和悬臂结构，加工过程中必须使用两种墨水，一种用于支撑空腔和悬臂结构，另一种则用于实体造型。

目前，喷墨打印成形技术的应用，可以采用连续式喷墨打印机或间歇式喷墨打印机来实现。连续式喷墨打印机具有较高的成形效率，而间歇式喷墨打印机则具有较高的墨水利用率，而且可以方便地实现对陶瓷部件成分的逐点控制。

英国伦敦大学学院（UCL）埃迪里辛格（Mohan Edirisinghe）教授等开发了直接陶瓷喷墨成形（Direct Ceramic Ink Jet Printing，DCIJP）。最初，陶瓷墨水的固相含量仅为体积分数的5%左右。后来，英国布鲁内尔大学（UB）的希登（Seerden）等将石蜡作为介质加入到

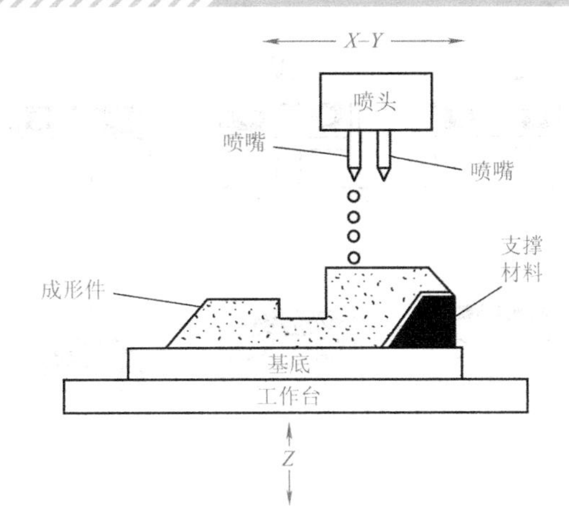

图 3-25 喷墨打印成形原理

氧化铝粉中，使墨水的固相含量达到体积分数的 20%。墨水的固相含量越高，成形的陶瓷制品结构越致密，但与此同时，墨水的黏度也就越大，不利于喷嘴的喷射，因而需要在墨水中加入稀释剂，而用加入稀释剂的墨水打印出的成形件，又会出现干燥及孔隙的问题。今后，喷墨打印成形的研究方向是合理选用稀释剂，尽可能增加墨水中陶瓷粉等固体的体积分数，同时增强溶剂的挥发性，以控制成形件的干燥过程。

3. 喷墨打印成形的特点及应用

1）非常精细，可以在实体上加工出小至 0.1mm 的孔。

2）对环境没有特殊要求，喷墨打印机可以在办公室内直接与计算机连接后使用。

3）运行费用较低，没有激光源，喷墨打印机价格便宜，使用方便。

六、三维打印技术

1. 三维打印技术的概念

三维打印（Three-Dimensional Printing，3DP）技术又称粉末材料选择性粘结工艺，是利用喷嘴有选择性地喷射黏结剂，使部分粉末逐层粘结以形成成形件的一种快速成形技术。该技术是麻省理工学院（MIT）的萨克斯（Emanual Sachs）等人研制的，已被美国的索利根公司（Soligen）以直接制模铸造（Direct Shell Production Casting，DSPC）名义商品化，用以制造铸造用的陶瓷壳体和型芯。

2. 三维打印技术的工作原理

三维打印技术的工作原理与选择性激光烧结十分相像，都是使用粉状材料，主要区别在于选择性激光烧结是用激光烧结成形，而三维打印技术则采用了类似于喷墨打印机的技术。加工过程中，喷头在每一层铺好的粉末材料上，依照计算机对三维模型进行分层处理后所定义出来的轮廓，有选择地喷射黏结剂（图 3-26）。喷有黏结剂的材料便粘结在一起，没有喷到黏结剂的材料则仍为粉末。当加工设备完成一层的粘结后，加工平台自动下降一个层厚的距离，加工设备再铺好一层粉末材料，对这一层材料进行粘结加工。这样，材料经过逐层粘结后，便可以得到一个空间实体，除去粉末对其进行烧结即可得到所需成形件。该技术如被用来制造致密的陶瓷零部件，会有较大的难度，但在制造多孔的陶瓷部件（如金属陶瓷复合材料的多孔坯体或陶瓷模具等）方面，则具有较大的优越性。

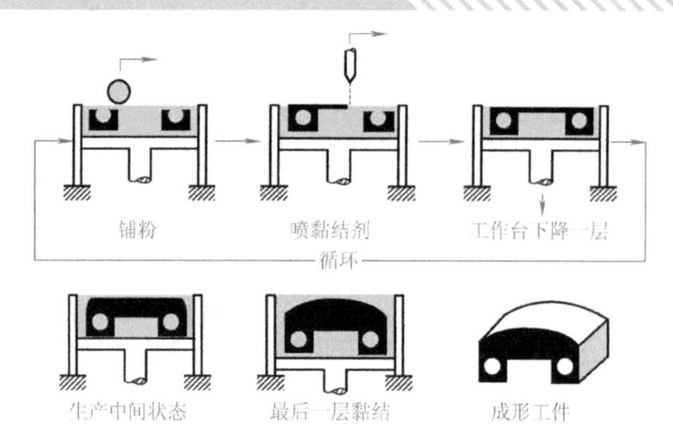

图 3-26 三维打印技术的工作原理

3. 三维打印技术的特点及应用

1）操作简单，成形速度快，成形设备便宜。

2）可在办公室内使用，对环境无特殊要求。

3）烧结后的零件具有良好的力学性能。

4）成形件的加工精度相对较低，表面粗糙度受制于粉末颗粒的大小，表面质量不高。

5）成形件的尺寸还不够大。

6）成形工艺还有待改进和完善。

七、固基光敏液相法

1. 固基光敏液相法的概念

固基光敏液相法（Solid Ground Curing，SGC）又称掩膜固化法，是利用电子成像系统逐层生成成形件的一种快速成形方法。该成形技术由以色列的 Cubital 公司开发。

2. 固基光敏液相法的工作原理

固基光敏液相法的工作原理是在进行成形加工时，首先由电子成像系统通过曝光和高压充电（图 3-27），在一块特殊玻璃上产生与三维模型薄层截面形状一致的静电潜像，并吸附上碳粉；然后以此为“底片”，采用紫外光束对涂敷有一薄层光敏树脂的基面进行曝光，形成与截面形状一致的硬化层；将多余的液态树脂吸走后，再用石蜡填充截面中的空缺部分，用铣刀将截面铣平，完成这个截面的加工；然后再进行下一个截面的涂敷与固化，直至完成整个成形件的制造。

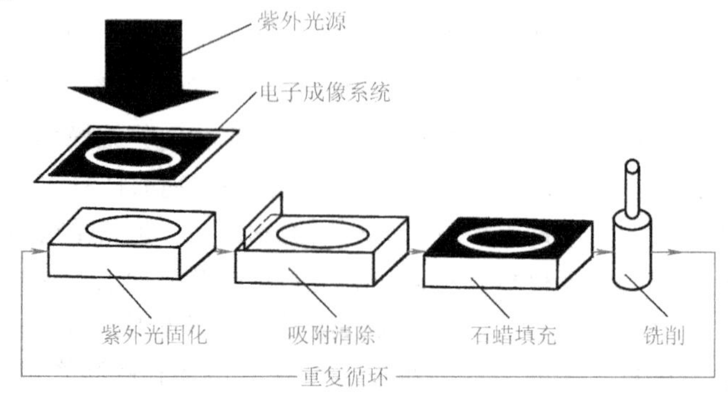

图 3-27 固基光敏液相法成形原理

3. 固基光敏液相法的特点及应用

1）对光敏树脂进行截面曝光，单层成形时间基本一致，因此成形效率较高，尤其是加工大尺寸工件时，成形效率高的特点更为显著。

2）成形过程中不需设计支撑结构。

3）由于每一层截面均经过铣削，故加工过程中树脂的收缩变形不会影响工件的最终尺寸精度。

4）树脂和石蜡浪费较大，且工序复杂。

八、分层实体制造工艺

1. 分层实体制造的概念

分层实体制造（Laminated Object Manufacturing，LOM，直译名为分层物体制造）也称叠层实体制造，是用激光将薄膜材料逐层切割成所需形状，然后叠加在一起的成形方法。该工艺最早由美国海利斯公司（Helisys）的费金（Michael Feygin）于1986年研制成功，并于1990年成功开发了第一台商业机型LOM-1015。目前，该项技术已经走到了尽头，国外已基本淘汰了该项技术。

2. 分层实体制造的工作原理

在进行分层实体制造时，将特殊的箔材一层一层地堆叠起来，激光束只需扫描和切割每一层的边沿即可（图3-28），而不必像立体光刻工艺那样，要对整个表面层进行扫描。进行分层实体制造最常用的箔材是一种在一个面上涂布了热熔树脂胶的纸。在分层实体制造成形机中，箔材从一个供料卷筒拉出，胶面朝下平整地经过造型平台，由位于另一端的收料卷筒收卷起来。每敷覆一层纸，热压辊就会对纸的背面进行热压，将其粘合在造型平台或前一层纸上。经过这样的处理后，经准确聚焦的激光束便开始沿着当前层的轮廓进行切割，并可以刚好切穿一层纸的厚度。成形件四周和内腔的纸被激光束切割成细小的碎片，以便后期处理时将这部分材料去除。在成形过程中暂时保留这些碎片，以对成形件的空腔和悬臂进行支撑。一个薄层加工完成后，工作平台下降一个层厚的距离，箔材四周剩余部分被收料卷筒卷起，拉动箔材进行下一层的敷覆。如此循环，直至加工出整个成形件。分层实体制造的关键是控制激光的光强和切割速度，使它们达到最佳配合，以便保证切口质量。

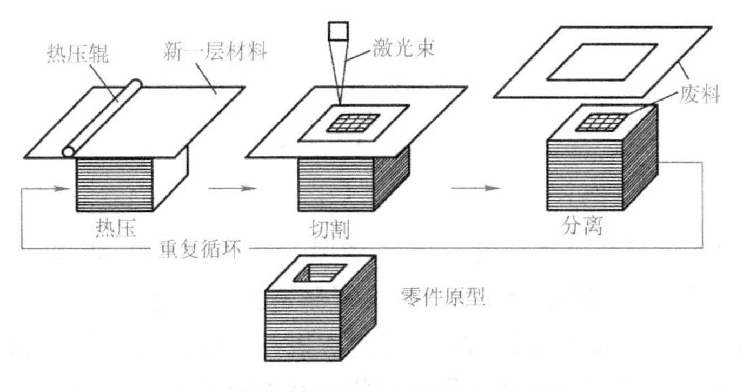

图3-28 分层实体制造的工作原理

分层实体制造工艺的后处理加工包括去除成形件四周和空腔内的碎片，必要的时候还可以通过加工来去除成形件表面的台阶纹。

用于分层实体制造技术的箔材主要有涂覆纸、覆膜塑料、覆蜡陶瓷箔、覆膜金属箔等。

3. 分层实体制造的特点及应用

1）工作可靠。成形件支撑性好，加工过程中不需要制作支撑结构。成形件的强度相当于优质木材的强度，可以进行机加工、打磨、抛光、绘制、加涂层等各种形式的加工。

2）激光只做轮廓扫描，而不需填充扫描，故成形效率高，适合制作大件及实体件。

3）成形过程中无相变且残余应力小，适合加工较大尺寸的复杂成形件。

4）成形精度较高（公差小于0.15mm）。

5）激光器有损耗，材料利用率很低，可用材料的范围较窄，运行费用较高。

6）每层厚度不可调整，每层轮廓被激光切割后会留下燃烧的灰烬，表面质量相对较差，且燃烧时有较大的烟雾，当加工室的温度过高时容易发生火灾。

7）不适宜做薄壁成形件，成形件表面比较粗糙，有明显的台阶纹，成形后要进行打磨。

8）成形件强度差，缺少弹性，易吸湿膨胀，成形后要尽快进行表面防潮处理。

九、4D打印

1. 4D打印的概念

所谓4D打印，就是在传统3D打印的基础上增加了时间维度t（其中t应理解为广义的，表征4D打印中的第四维可变参量）的一种成形方法。也就是说，被打印物体可以随着时间的推移而在形态结构上发生自我变形，通过软件预先设定的时间或条件，变形材料就能变成所需的形状，达到预先的设计要求。例如，输水管道可以根据水流量的大小而自动调节管径，可利用自行起伏波动将水流输送到指定地点；汽车能根据车内温度自动打开散热孔盖散热；家具可根据路途自行设定组装时间，或按照需要将购回的家具进行重组。

3D打印和4D打印的区别可通过图3-29所示的立方体模型对比进行简单的示意。

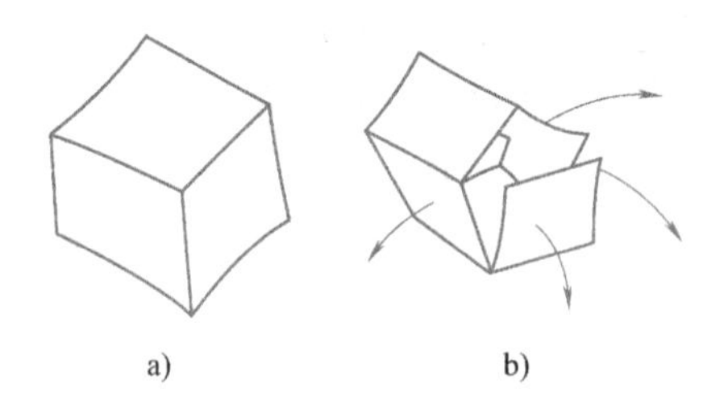

图3-29 立方体的3D模型与4D模型示意
a）3D模型 b）4D模型

2. 4D打印的工作原理

体现4D打印技术的最初思想是2011年麻省理工学院（MIT）媒体实验室教授奥克斯曼（Neri Oxman）等人提出的一种变量特性快速成形制造技术。这项技术以数字模型文件为基础，利用粉末状金属或塑料等可粘结材料，通过逐层打印的方式得到具有连续梯度的功能组件，成形件随着时间的推移实现自我变形。同年，麻省理工学院（MIT）自我组装实验室的科学家蒂比茨（Skylar Tibbits）提出了材料自组装的概念，并进行了一系列探索性试验研究，这是4D打印技术的雏形和基础。

2013年，在美国加州蒙特利举办的TED［Technology（技术）、Entertainment（娱乐）、Design（设计）。TED是一个创建于1984年，致力于“传播有价值的思想”的非营利组织，从1990年开始，每年在美国加州的蒙特利举办一次大会。TED大会以“用思想的力量来改变世界”为宗旨，邀请世界上的思想领袖与实干家来分享他们最热衷从事的事业］大会上，蒂比茨首次公开演示了4D打印技术并解释，4D打印技术就是“自我组装”，即材料自动变形为预设的模型。4D打印技术的横空出世，预示着4D打印正式开启智能新时代。

4D打印技术是一种能让材料快速成形的革命性新技术。准确地说，4D打印使用了一种能够自动变形的材料，不需要借助任何复杂的机电设备，就能按照产品的设计自动变成相应的形状。

图3-30所示为4D打印的线材，它能够通过预编程来响应水或其他条件的刺激并且改变形状。图3-30a所示为利用某种特殊聚合物制成的一维物体放入水中后，自动折叠成二维的麻省理工学院的英文缩写字母“MIT”。图3-30b所示为这种单链聚合物由字母“MIT”自动变形为字母“SAL”的过程。图3-30c所示为一维物体自动折叠成线框结构的过程。图3-31a所示为一种平面结构自动折叠成截角八面体的过程。图3-31b所示为一个平面自动折叠成立方体的过程。图3-31c所示为一种扁平圆盘在接触到水后自主折叠成一个曲面有凸纹的折纸结构。这项实验是由蒂比茨和斯特塔西公司（Stratasys）、欧特克公司（Autodesk）共同开展的，采用的是斯特塔西公司（Stratasys）的Connex复合材料打印机和一种新型聚合物，该聚合物在入水后体积可以膨胀至原来的150%。

a)

b)

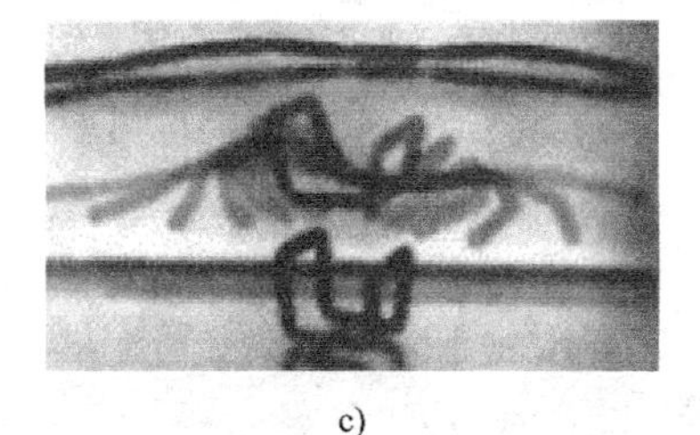

c)

图3-30　4D打印的线材

另一项4D打印技术是在3D打印作业期间将导线或导体嵌入到特殊兼容组件中。当打印完成以后，这些组件可以被外界信号激活，进而引发自组装。图3-32所示为机器人手指

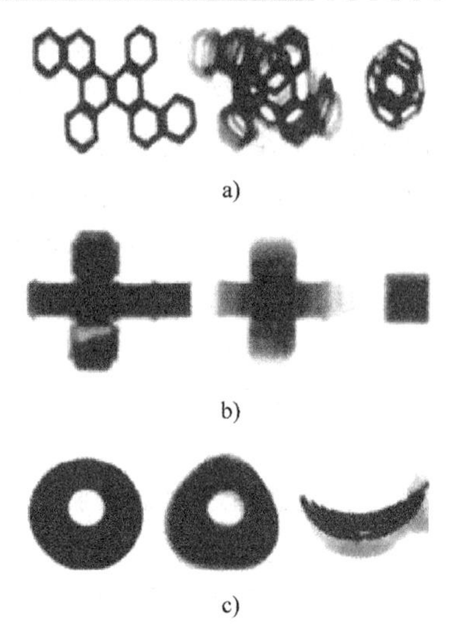

a)

b)

c)

图 3-31　4D 打印物体的变形

的设计和制造过程，通过在 4D 打印过程中嵌入某些特殊组件而成。图 3-32a 所示为机器人手指的 CAD 图，图 3-32b 所示为机器人手指被嵌入单丝纤维制造完成的形态，图 3-32c 所示为通过滑动手指驱动关节。图 3-33 所示为通过 4D 打印制造集成了传感和驱动功能的飞机襟翼，图 3-33a 所示为在材料沉积过程中直接将导体布线嵌入到平面和立体中，图 3-33b 所示为具备形变驱动的记忆合金线嵌入后的详细几何视图，图 3-33c 所示为当感应到电流时襟翼会随之摆动。

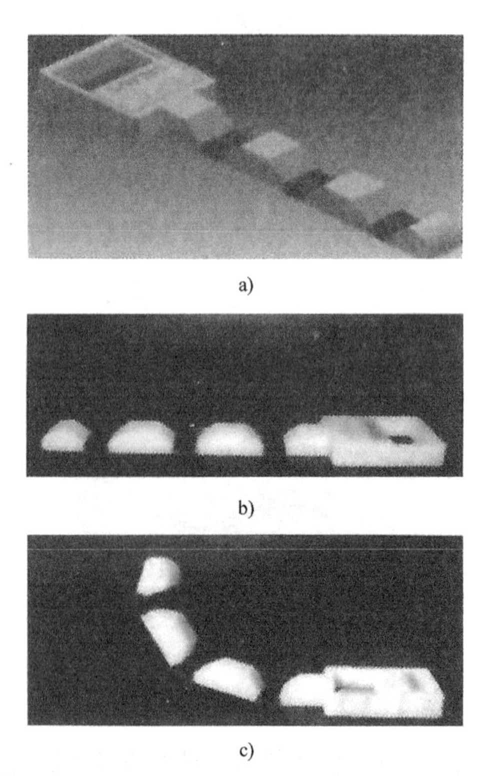

a)

b)

c)

图 3-32　4D 打印的机器人手指

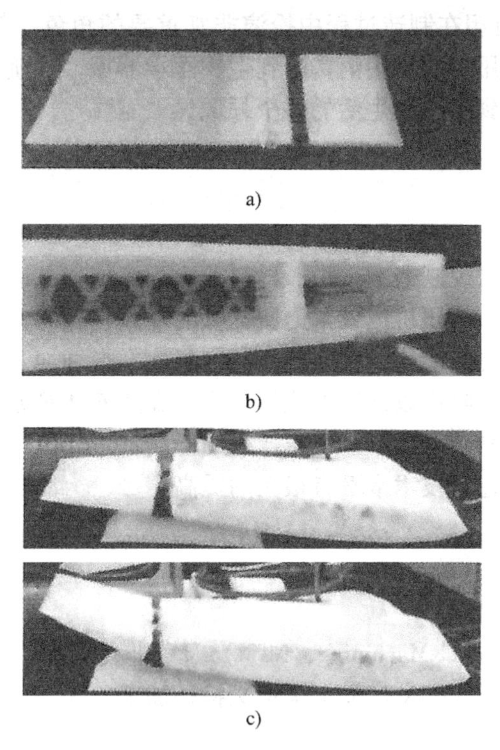

a)

b)

c)

图 3-33 4D 打印的飞机襟翼

除此之外，还有其他 4D 打印技术，包括复合材料的应用，基于不同的物理机制和热动力学可以转变成一些不同的复杂形状，已有证据证明一些材料可以通过光的照射而自动折叠。

3. 4D 打印的特点及应用

（1）4D 打印颠覆了传统的造物过程

3D 打印必须预先建模再使用物料打印出产品，而 4D 打印颠覆了这种一般传统意义上的造物过程。4D 打印技术是对 3D 打印技术的延伸，它使得打印并不只是创造的终结，而仅仅是一条路径，这条神奇之路值得世界为之探索。

（2）4D 打印可自动改变形状

4D 打印的产品，不仅是立体的，而且还能随时间或外界条件的变化自动变形，这是 3D 打印技术无法比拟的。4D 打印将相关设计思想直接内置于材料中，同时赋予其按需求改变形状的能力，所产出的物品如同智能机器人一样，无须外接任何设备，就能实现“自动适应”“自动调节”和“自动创造”。

4D 打印相比 3D 打印，更具智能化和个性化，多了一种超能力，即“变形”能力。但 4D 打印需要使用某些特殊智能材料，包括静止的和活动的两种材料，静止材料奠定了物品的几何结构，而活动材料包含了促使物体变形的能量和信息，成为可编程材料、高科技智能材料。这些智能材料可自动响应所接触到的水、重力、温度、气体、磁性等外界变化，当感知到不同的环境状态时，可以通过自适应、自编程来改变自身的形状。

（3）4D 打印具有广阔的应用前景

4D 打印技术能使编程材料根据内置的程序从一维或二维打印自我转变成三维对象，其潜力是无穷的。4D 打印有望在制造过程中扮演非常重要的角色，其广阔的应用前景是目前无法估量的，从军用到民用，从日用消费品到生物医学器械，从航天工业到体育娱乐，可谓无所不及，未来将被应用到生产和生活的各个领域。

第六节 特种加工技术

目前，人类所采用的常规制造工艺中，材料的去除是依赖电动机和刀具而进行的，常规的成形加工是利用电动机、液压机械或重力所提供的能量进行的，而常规的材料连接则是采用诸如燃烧的气体或电弧等热能得以实现的。与之相比，特种加工所采用能源并不是常规的能源。特种加工中材料的去除可以使用电化学反应、高速液体等方法。过去非常难以进行成形加工的材料，现在可以利用大功率电火花产生的磁场、爆炸和冲击波进行成形加工。超声波和电子束，可以使材料连接技术水平有很大的提高。

一、特种加工技术概述

1. 特种加工的概念

特种加工（Non-Traditional Machining，NTM）又称非传统加工或现代加工方法。随着现代制造技术的进一步发展，人们从广义上来定义特种加工，即将电、磁、声、光、化学等能量或其组合施加在工件的被加工部位上，以实现材料的去除、变形、性能的改变或镀覆等的非传统加工方法。

虽然特种加工方法的产生源于偶然，但特种加工技术的迅速发展和广泛应用却是历史必然。近年来，随着精密细小、形状复杂和结构特殊零件的应用逐渐增加，以及计算机技术、微电子技术和控制技术的迅速发展，对特种加工技术的需求也越来越广泛。目前，特种加工技术已成为零件制造的重要工艺技术手段，是现代制造技术的前沿。可以预见，随着科学技术和现代工业的发展，特种加工技术必将不断地完善和迅速发展。同时，特种加工技术的发展又必将推动科学技术和现代工业的发展，在生产中发挥越来越重要的作用。

2. 特种加工技术的特点及应用

（1）特种加工技术的优点

1）提高了材料的可加工性。有些加工方法，如电火花加工、电化学加工、激光加工等，是利用热能、电化学能、光能等非机械能，故这些加工方法与工件的力学性能无关。采用特种加工技术可加工硬质合金、钛合金、耐热钢、不锈钢、高强钢、复合材料、工程陶瓷、金刚石、红宝石、硬化玻璃，以及锗、硅等传统加工技术难以加工的高硬度、高强度、高韧性、高脆性、高熔点、特殊性能的金属及非金属材料。

2）不存在显著的机械切削力。特种加工过程不一定会使用工具，有的加工过程虽使用工具，但由于工具与工件并不接触，故在加工过程中工件不会承受较大的作用力，这使得刚性极低的薄壁工件、弹性工件得以被加工。

在特种加工技术中，工具硬度可低于工件硬度。比如电火花加工可使用软的铜或石墨作为工具电极加工硬的钢材。

3）加工质量较好。由于不存在传统切削加工中的机械应变或大面积的热应变，因此经特种加工后的工件可获得较小的表面粗糙度值，其热应力、残余应力、冷作硬化等均比较小，尺寸稳定性好，可获得较好的加工质量。比如，超声加工时宏观切削力很小，切削热小，不会产生变形及烧伤，适于加工薄壁、窄缝、低刚度的工件，加工精度较高。

有些特种加工，如电子束加工、离子束加工等，加工余量都是很微细的，故不仅可利用其加工尺寸微小的孔或狭缝（图 3-34），经其加工后的工件还能获得高精度、极小表面粗糙度值的加工表面。

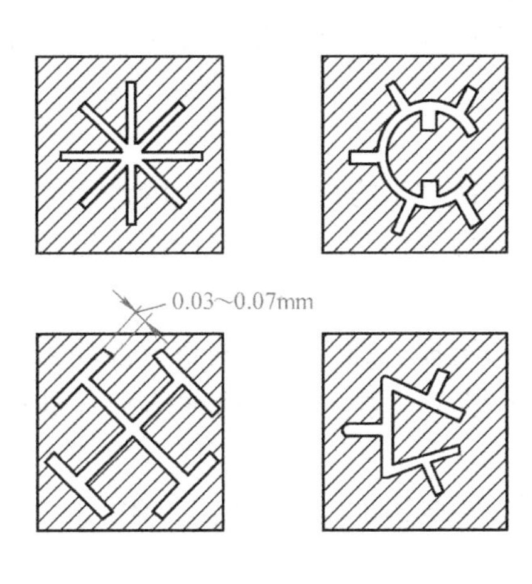

图 3-34　喷丝头异形孔

4）工件的结构设计更灵活。特种加工技术对简化加工工艺、变革新产品的设计及工件结构工艺性等均产生了积极的影响。各种复杂冲模以往难以制造，一般做成镶排式结构，在采用电火花线切割加工技术后，即使是硬质合金的模具或刀具也可以做成整体式结构。由于电化学加工的出现，喷气发动机涡轮也可以采用带冠整体结构，大大提高了发动机的性能。

过去，人们将方孔、小孔、深孔、异形孔、弯孔、窄缝等认定为工艺性差的典型，对工艺设计人员来说是非常忌讳的，有的甚至被认为是机械结构的禁区。特种加工技术改变了这一情况，使这些结构不再难以加工或无法加工。比如线切割可以很容易地加工出小尺寸的窄缝；对于电火花穿孔加工来说，加工方孔、圆孔的难易程度是一样的；电火花线切割加工时，通过控制电极丝的运动轨迹，可以很方便地加工各种异形孔；喷油嘴小孔，喷丝头异形孔，涡轮叶片上大量的小冷却深孔、窄缝，静压轴承和静压导轨的内油囊型腔等，在采用电火花加工技术后，其工艺性能都得到了改善。

5）为优化传统制造工艺提供了可能性。在传统加工中（磨削加工除外），切削加工、成形加工等都必须安排在淬火工序之前进行，这是所有工艺人员必须遵守的工艺准则，但特种加工技术的出现改变了这一准则。由于特种加工技术基本上不受工件硬度的影响，为了避免加工后进行淬火而引起变形，一般都是先淬火后加工，如电火花加工、电化学加工。

采用传统机械加工方法时，若在淬火前漏掉了钻定位销孔、铣槽等工艺，淬火处理后这类工件只能报废，现在则可以用电火花打孔、切槽等方法进行补救。而且，现在有时为了避免淬火产生开裂、变形等缺陷，还特意把钻孔、开槽等工艺安排在淬火工艺处理之后。

特种加工技术的出现还对以往工序的“分散”和“集中”产生了影响。由于特种加工过程中没有显著的机械作用力，机床、夹具、工具的强度和刚度不是主要问题，因此即使是较大的、复杂的加工表面，也可使用一个复杂工具经过一次装夹、一道工序加工出来，工序比较集中。

6）可缩短新产品试制周期。试制新产品时，采用特种加工技术可以直接加工出各种标准和非标准直齿轮、微型电动机定子、转子硅钢片、变压器铁心、复杂特殊的二次曲面体等零件，可以省去设计和制造相应的刀具、夹具、量具、模具以及二次工具的环节，大大缩短了试制周期。

7）不同形式的能量可以进行组合。在进行特种加工时，两种或两种以上的能量可组合形成新的复合加工，其加工效果明显，且便于推广使用。如电化学加工即是电能与化学能的组合。

（2）特种加工存在的问题

虽然特种加工技术解决了传统加工方法难以解决的许多问题，在提高产品质量、生产率和经济效益上显示出很大的优越性，但目前它还存在不少亟待解决的问题。

1）加工机理还有待进一步研究。不少特种加工（如超声加工、激光加工等）的机理还不十分清楚，其工艺参数的合理选择、加工过程的稳定性均需进一步提高。

2）加工精度及生产率还不尽如人意。有些特种加工（如电化学加工、电火花加工等）的加工精度及生产率有待提高。

3）加工成本较高。有些特种加工（如激光加工、电子束加工等）所需设备价格昂贵、使用维修费用高。

4）存在环境问题。有些特种加工（如电化学加工等）在加工过程中的废渣、废气若排放不当，会产生环境污染，还会影响工人健康。

3. 特种加工技术的发展历程

（1）国外发展状况

特种加工技术是20世纪40年代发展起来的加工技术。当时，由于材料科学、高新技术的发展和激烈的市场竞争、发展尖端国防及科学研究的急需，产品不仅更新换代日益加快，还被要求具有很高的强度重量比和性能价格比，并朝着高速度、高精度、高可靠性、耐腐蚀、高温高压、大功率、尺寸大小两极分化的方向发展。为此，各种新材料、新结构、形状复杂、精密的机械零件大量涌现，这对机械制造业提出了一系列迫切需要解决的新问题。例如，各种难切削材料的加工问题；结构形状复杂、尺寸微小或特大、精密零件的加工问题；薄壁、弹性元件等低刚度、特殊零件的加工问题等。为解决上述问题，一方面，可通过研究高效加工的刀具和刀具材料，自动优化切削参数，提高刀具可靠性和在线刀具监控系统，开发新型切削液，研制新型自动机床等途径，改善切削状态，提高切削加工水平；另一方面，则可冲破传统加工方法的束缚，不断地探索、寻求新的加工方法。于是，一种本质上区别于传统加工技术的特种加工技术便应运而生，并不断发展。

作为先进制造技术的重要组成部分，特种加工技术对制造业的作用日益重要。它解决了传统加工方法所遇到的问题，有着自己独特的特点，已经成为现代工业不可缺少的重要加工方法。特种加工技术已经成为在国际竞争中取得成功的关键技术和尖端技术，国防工业、微电子工业等现代工业的发展都需要采用特种加工技术来制造相关的仪器、设备和产品。

日本、俄罗斯、美国、瑞士等工业化国家对特种加工技术给予了高度重视，视其为一种跨世纪技术，从理论研究、技术应用到加工设备的研制均已达到了很高的水平。其中一些国家生产的特种加工装备以高度自动化、多功能、加工工艺指标高、质量好及可靠性高而畅销全球。日本将特种加工技术列为机械装备的三大支柱之一。

（2）国内发展状况

我国的特种加工技术起步较早，20 世纪 50 年代就开展了电火花加工的研究工作。到了 20 世纪五六十年代，电火花、线切割加工技术如雨后春笋一般在我国迅速发展起来。

1979 年我国成立了全国性的电加工学会，1981 年我国高校间成立了特种加工教学研究会，这对电加工和特种加工技术的普及和提高起了很大的促进作用。我国已有多名科技人员获得了电火花、线切割、超声波、电化学加工等 8 项国家级发明奖。

但是由于我国原有的工业基础薄弱，特种加工设备和整体技术水平与国际先进水平仍有不小差距，高档电加工机床还需从国外进口，所以需要我们不断地拼搏和努力，加速开展相关工作，促进我国特种加工技术的研究开发和推广应用，以努力实现赶超。

4. 特种加工技术的发展趋势

（1）发展与融合并重

按照系统工程的观点，人们需加大对特种加工技术的基本原理、加工机理、工艺规律、加工稳定性等的深入研究的力度，同时充分融合以现代电子技术、计算机技术、信息技术和精密制造技术为基础的高新技术，使加工设备向自动化、柔性化方向发展。

（2）复合加工的利用

要从实际出发，大力开发特种加工技术领域的新方法，包括微细加工和复合加工，尤其是质量高、效率高、经济型的复合加工技术，并与适宜的制造模式相匹配，以充分发挥其特点。

（3）注重环保问题

污染问题是限制有些特种加工技术应用、发展的严重障碍，必须花大力气治理特种加工中产生的废气、废液、废渣，以实现“绿色”加工。

可以预见，随着科学技术和现代工业的发展，特种加工技术必将不断完善和迅速发展，也必将推动科学技术和现代工业的发展，并发挥越来越重要的作用。

二、电火花加工

1. 电火花加工的概念

电火花加工（Electrical Discharge Machining，EDM）是利用浸在工作液中的两电极在脉冲放电时产生的电蚀作用来蚀除导电材料的特种加工方法。因脉冲放电过程中有火花出现，故我国将这种特殊加工方法称为电火花加工，而美国、日本称之为放电加工，俄罗斯称其为电蚀加工。

2. 电火花加工的发展历程

（1）国外发展状况

电腐蚀现象很早就被发现了，例如在插头或电器开关触点打开、闭合时，往往会产生火花，将接触表面烧毛，产生腐蚀而逐渐使其损坏。1870 年，英国科学家普里斯特利（Priestley）最早发现电火花对金属的腐蚀作用。长期以来，电腐蚀一直被认为是一种有害的现象，人们不断地研究电腐蚀的原因并设法减轻和避免它。1943 年，苏联科学家拉扎林科（Lazarinko）夫妇在研究开关触点受火花放电腐蚀损坏的现象时，发现电火花的瞬时高温可以使局部的金属熔化、氧化而被腐蚀掉，从而发明了电火花加工方法。之后随着脉冲电源和控制系统的改进，电火花加工迅速发展起来。

（2）国内发展状况

20 世纪 50 年代中期，我国已设计研制出电火花穿孔机床、电火花表面强化机。中国科学院电工研究所、原机械工业部机床研究所、原航空工业部 625 研究所、哈尔滨工业大学、原大连工学院等相继成立了电加工研究室，并开展电火花加工的研究工作。

20 世纪 50 年代末，营口电火花机床厂开始成批生产电火花强化机和电火花机床，成为我国第一家电加工机床专业生产厂。之后上海第八机床厂、苏州第三光学仪器厂、苏州长风机械厂和汉川机床厂等也专业生产电火花加工机床。

20 世纪 60 年代初，中国科学院电工研究所成功研制出我国第一台靠模仿形电火花线切割机床。20 世纪 60 年代末上海电表厂工程师张维良在阳极 - 机械切制的基础上发明了我国独创的高速走丝线切割机床，复旦大学研制出了电火花线切割数控系统。

3. 电火花加工的工作原理

电火花加工的工作原理

电火花是一种自激放电。电火花放电的两个电极间在放电前具有较高的电压，当两电极接近时，其间的介质被击穿，随即产生火花放电。伴随击穿过程，两电极间的电阻急剧变小，电压随之急剧变低。火花通道必须在很短的时间（通常为 10^{-7} ~ 10^{-3}s）内及时熄灭，火花放电的“冷极”特性（即通道能量转换的热能来不及传至电极纵深）才能得以保持，以使通道能量作用于极小范围。通道能量的作用可使电极局部被腐蚀。

进行电火花加工时，工具电极和工件分别被接在脉冲电源的两极，并浸入工作液，或将工作液充入放电间隙，通过间隙自动控制系统控制工具电极向工件进给。当两电极间的间隙达到一定距离时，两电极上施加的脉冲电压将工作液击穿，从而产生火花放电（图 3-35）。火花放电时，在放电的微细通道中会瞬时集中大量的热能，温度可高达 10000℃以上，压力也会急剧变化，从而使这一点工作表面上的局部微量金属材料立刻熔化、汽化，并爆炸式地飞溅到工作液中迅速冷凝，形成固体的金属微粒，被工作液带走。这时，在工件表面上会留下一个微小的凹坑痕迹，放电短暂停歇，两电极间工作液恢复绝缘状态。紧接着，下一个脉冲电压又在两电极相对接近的另一点处击穿工作液，产生火花放电，重复上述过程。虽然每个脉冲放电蚀除的金属量极少，但因每秒钟有成千上万次的脉冲放电作用，因此电火花加工能蚀除较多的金属，具有一定的生产率。在保持工具电极与工件之间恒定放电间隙的条件下，一边蚀除工件金属，一边使工具电极不断地向工件进给，最后便可在工件上加工出与工具电极形状相对应的形状来，电火花加工的型孔如图 3-36 所示。改变工具电极的形状和工具电极与工件之间的相对运动方式，还能加工出各种复杂的型面，图 3-37 所示为 C 轴转动、Z 轴向下联动加工的斜齿轮。

4. 电火花线切割加工

（1）电火花线切割加工的概念

电火花线切割加工（Wire Cut EDM，WEDM）是一种于 20 世纪 50 年代在苏联发展起来的基于电火花加工的工艺形式，利用线状电极（ϕ0.06 ~ ϕ0.2mm 的钼丝或 ϕ0.1 ~ ϕ0.3mm 的铜丝）靠火花放电对工件进行切割，简称线切割（图 3-38）。图 3-39 所示为用电火花线切割加工的工件。

（2）电火花线切割加工的种类

根据电极丝的运行速度，电火花线切割机床通常分为两类：一类是高速走丝（也称快

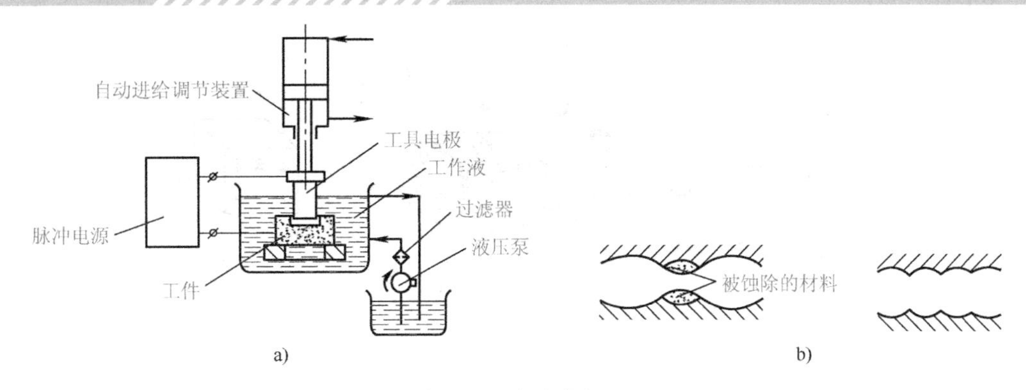

图 3-35　电火花加工

a）电火花加工示意图　b）电火花加工原理

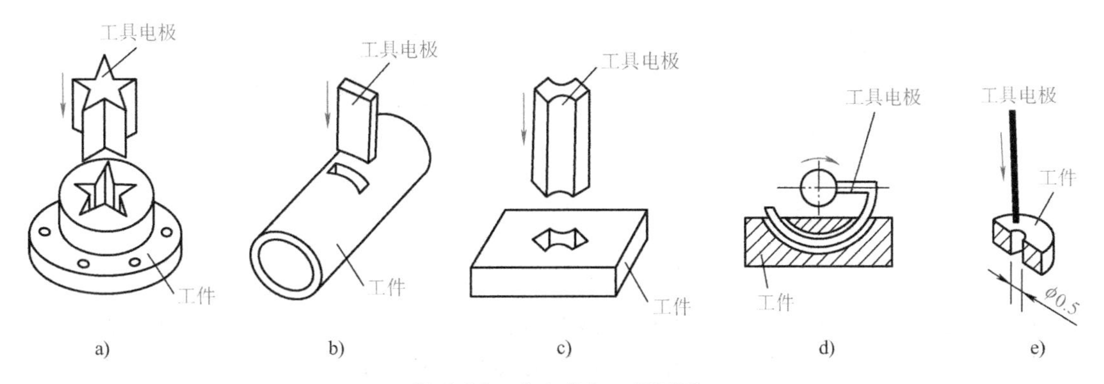

图 3-36　电火花加工的型孔

a）加工冷冲凹模　b）加工长方孔　c）加工异形孔　d）加工弯孔　e）加工小孔

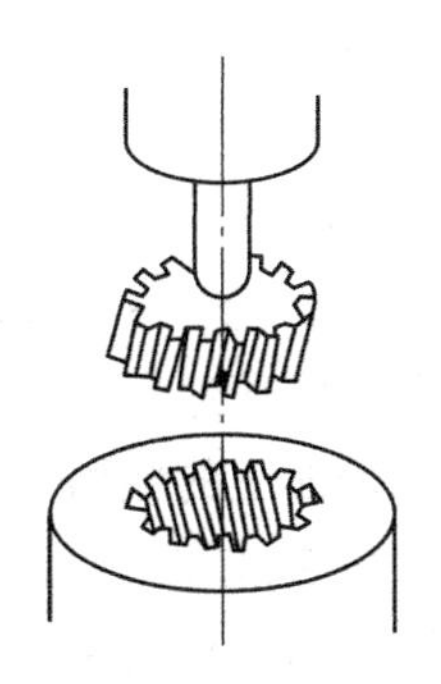

图 3-37　数控联动加工的斜齿轮

走丝）电火花线切割机床（WEDM-HS），这类机床采用钼丝或钨丝作为电极，电极丝做高速往复运动，可以反复使用直到断丝为止，一般走丝速度为 8 ~ 10m/s，这是我国生产和使用的主要机种，也是我国独创的电火花线切割加工模式，一般加工精度能达到 0.01 ~ 0.02mm；另一种是低速走丝（也称慢走丝）电火花线切割机床（WEDM-LS），这类机床一般采用铜丝作为电极，电极丝做低速单向运动，不重复使用，一般走丝速度低于 0.2m/s，这是国外生产和使用的主要机种，一般加工精度可达 0.002 ~ 0.005mm。

为满足模具行业发展的需要，我国开发了一种中走丝电火花线切割加工（MS-WEDM）。中走丝电火花线切割加工是快走丝电火花线切割加工的升级，所以也称能多次切割的快走丝

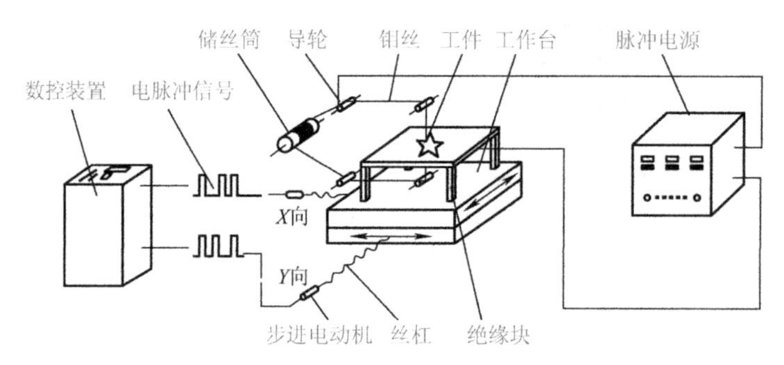

图 3-38　电火花线切割加工工件

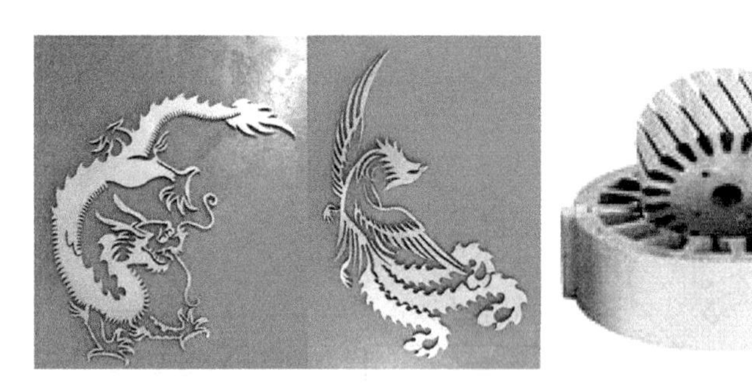

图 3-39　电火花线切割加工的工件

电火花线切割加工。其加工速度接近于快走丝，而加工质量趋于慢走丝。所谓中走丝并非指走丝速度介于高速走丝与低速走丝之间，而是指其使用复合走丝电火花线切割机床进行加工。其走丝原理是在粗加工时采用高速（8～12m/s）走丝，精加工时采用低速（1～3m/s）走丝。这样，工作相对平稳、抖动小，并可以通过多次切割减少材料变形及钼丝损耗带来的误差，实现了无条纹切割，使加工质量得到提高。

（3）绝缘材料加工

一般认为电火花加工只能加工导电材料，为了扩大被加工材料的范围，20 世纪 90 年代，日本长冈技术科学大学（NUT）的福泽康（Fukuzawa）教授等人研发了用电火花成形加工机加工绝缘陶瓷的方法，并将该方法成功地应用到了电火花线切割加工之中。其原理是在被加工绝缘陶瓷的上、下表面以及开始加工的侧面上涂上一层导电材料作为辅助电极，使导电涂层与电极丝间发生放电。当导电涂层被腐蚀后，工作油液热分解产生的碳附着在正极性的工件表面形成导电薄膜。即使在导电涂层被完全腐蚀后，陶瓷表面依然被导电的碳层所覆盖。因此，只要维持放电，就会有碳附着在陶瓷表面，这样陶瓷的放电加工就会持续下去至完成加工。

5. 电火花加工的特点及应用

（1）电火花加工的特点

1）可加工难加工材料。电火花加工能加工传统加工方法难以加工的材料和复杂形状工件。由于加工时材料的去除是靠放电的电热作用实现的，材料的可加工性主要取决于材料的导电性及其热化学性，如熔点、沸点、比热容、热导率等，而几乎与其力学性能（硬度、强度等）无关，因此电火花加工可以突破传统加工对刀具的限制，实现用软的刀具加工硬韧的工件，即“以柔克刚”。工件被加工表面受热影响小，适合加工热敏材料。

2）适于加工导电材料。电火花加工主要用于加工金属等导电材料，在一定条件下也可以加工半导体或非金属材料。

3）加工时无切削力。由于电火花加工中工具电极与工件不直接接触，因此不存在机械加工中一般意义上的切削力，不会产生毛刺和刀痕沟纹等缺陷。

4）可实现加工自动化。电火花加工直接使用电能加工，电参数易调节，控制系统采用数控系统，便于实现自动化。

5）加工效率不高。电火花加工速度较慢，在安排工艺时一般先采用传统加工方法去除大部分余量，然后再进行电火花加工，这样可以提高生产率。电火花加工后工件表面会产生变质层，在某些应用中须进一步去除。

6）存在电极损耗。电火花加工的电极损耗多集中在尖角处或底面上，这会对工件的成形精度造成不利影响。

7）有环境污染的问题。工作液的净化和加工中产生的烟雾污染处理比较麻烦，容易产生环境问题。

（2）电火花加工的应用

1）成形加工适用于各种孔、槽的加工，可加工出具有复杂形状的型孔和型腔的模具和工件。

2）电火花线切割加工适用于各种冲模、粉末冶金模及工件，各种样板、硅钢片的冲模，钼、钨、贵重金属或半导体等材料的加工。

3）加工各种硬、脆材料，如硬质合金和淬火钢等。

4）加工深细孔、异形孔、深槽、窄缝等，如喷丝板、射流元件、激光器件、电子器件的微孔与窄缝。

5）加工各种成形刀具、样板和螺纹环规等工具和量具。

6）用于刻字、表面强化、涂覆等。

三、电化学加工

1. 电化学加工的概念

电化学加工（Electro Chemical Machining，ECM）又称电解加工，是利用金属在电解液中产生电化学阳极溶解的原理对工件进行成形加工的特种加工方法。

2. 电化学加工的发展历程

（1）国外发展状况

1834年，英国物理学家、化学家法拉第（Michael Faraday）发现了电化学作用原理。有关电化学的基本理论在19世纪末就已经建立，人们先后开发出电镀、电铸、电解加工等电化学加工方法。

从20世纪30—50年代开始，电化学加工在工业上获得了较为广泛的应用。日本于20世纪60年代初期发明了混气电化学加工方法，这种加工方法是在电解液中混入一定量的压缩空气，使加工区域内电解液的流场分布更为均匀，加工间隙趋向一致，从而提高加工精度。

随着高新技术的发展，电化学加工在精密电铸、电解复合加工、脉冲电流电解加工及电化学微细加工等方面均取得了较快发展。

目前，电化学加工已经成为现代制造技术中的不可或缺的加工手段，广泛应用于航空航天、汽车、拖拉机、枪炮等制造工业和模具制造行业。

（2）国内发展状况

20世纪50年代末，电化学加工开始在我国原兵器工业部应用，用来加工炮管内的腔线等，以后逐步用于航空工业中加工喷气发动机叶片和汽车拖拉机行业中的型腔模具等，现已广泛应用于筒形工件、花键孔、内齿轮、模具、阀片等异形工件的加工。近年来出现的重复加工精度较高的一些电解液以及混气电化学加工工艺，大大提高了电化学加工的成形精度，简化了工具阴极的设计，促进了电化学加工工艺的进一步发展。

3. 电化学加工的工作原理

进行电化学加工时，工件接直流电源的阳极，按所需形状制成的工具接阴极（图3-40），两极之间保持较小的间隙。当电解液从两极间隙（0.1～0.8mm）中高速（5～60m/s）流过时，两极之间便会形成导电通路，并在电源电压下产生电流，从而形成电化学阳极溶解。当工具阴极向工件进给并保持一定间隙时，电化学反应会不断发生，在相对于阴极的工件表面上，金属材料按对应于工具阴极型面的形状不断地被溶解到电解液中，同时电解产物被高速流动的电解液流带走。最终，两极间各处的间隙趋于一致，于是在工件的相应表面上就加工出了与阴极型面相对应的形状（图3-41）。

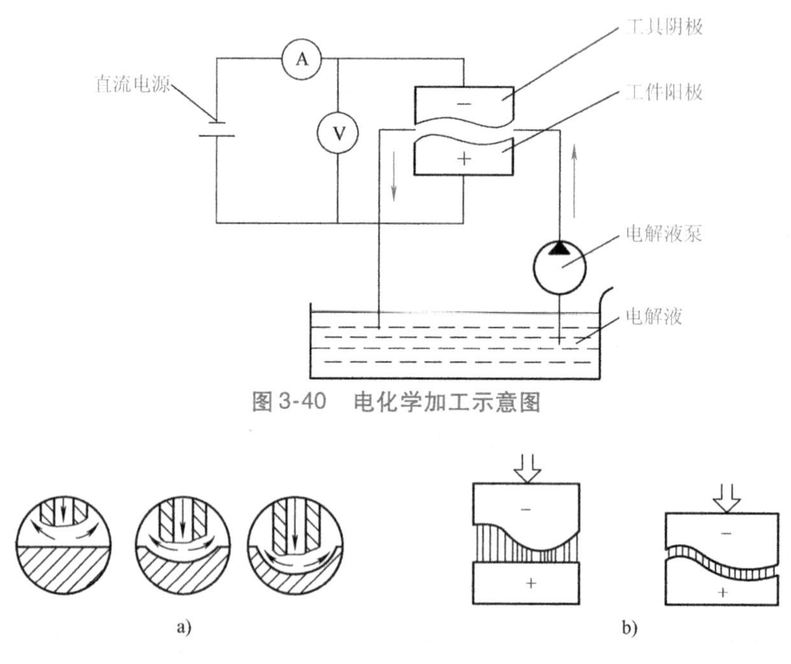

图3-40　电化学加工示意图

图3-41　电化学加工成形原理

a）微观过程　b）宏观结果

4. 电化学加工的特点及应用

（1）电化学加工的特点

1）加工范围广。电化学加工几乎可以加工所有的导电材料，而且不受材料的强度、硬度、韧性等力学性能的限制，加工后材料的金相组织基本上不发生变化，常用于加工硬质合金、高温合金、淬火钢、不锈钢等难加工材料，并可加工叶片、锻模等各种复杂型面。

图 3-42所示为采用电化学加工方法加工整体叶轮的原理，当把叶轮坯加工好后可直接在轮坯上加工叶片。与焊接式叶轮相比，利用该加工方法可使加工周期大大缩短，而且加工出的叶轮强度高、质量好。

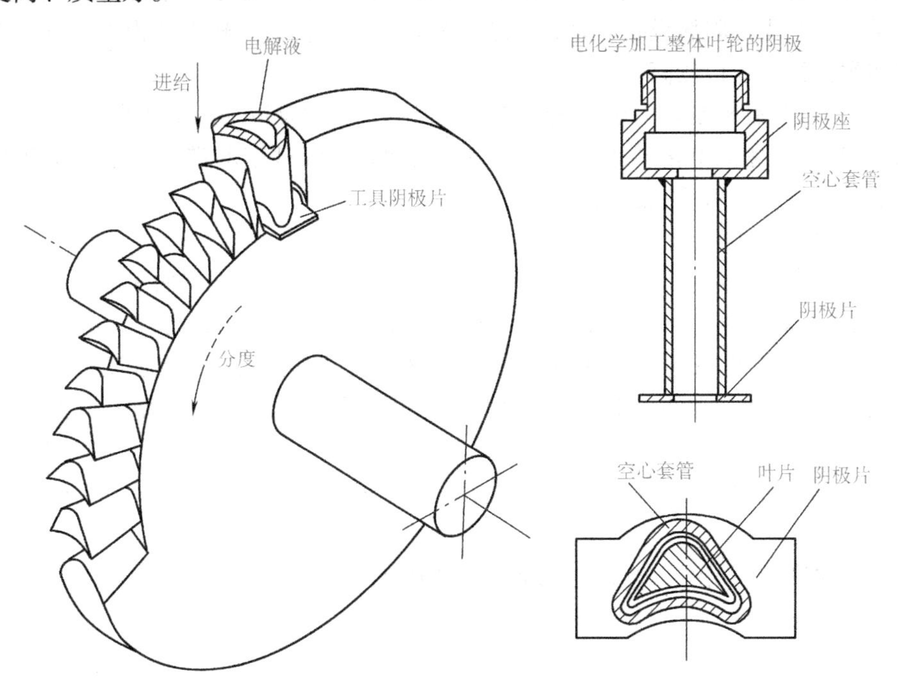

图 3-42　电化学加工整体叶轮

2）生产率较高。电化学加工能用简单的直线进给运动加工出复杂的型腔、型面和型孔，加工速度可以随电流密度成比例地增加。电化学加工可以在大面积上同时进行，无须划分粗、精加工，因此生产率较高。据统计，电化学加工的生产率约为电火花加工的 5 ~ 10 倍，在某些情况下，甚至可以超过机械切削加工。电化学加工可获得一定的加工精度和较小的表面粗糙度值，且生产率不直接受加工精度和表面粗糙度的限制。

3）加工质量好，但加工精度和加工稳定性不高。电化学加工的加工精度和稳定性取决于阴极的精度和对加工间隙的控制。阴极的设计、制造和修正都比较困难，其精度难以保证；电化学加工间隙受许多参数的影响，且规律难以掌握，不易严格控制，因而电化学加工的加工精度较低，稳定性差。

在加工精度上，型面和型腔为 ±0.05 ~ ±0.20mm，型孔和套料为 ±0.03 ~ ±0.05mm，模锻型腔为 ±0.05 ~ ±0.20mm，透平叶片型面为 0.18 ~0.25mm。在表面粗糙度上，对于一般中、高碳钢和合金钢，*Ra* 值可稳定地达到1.6 ~0.4μm，有些合金钢 *Ra* 值可达到0.1μm。

4）工具与工件不接触，无机械切削力的影响。电化学加工过程中没有机械切削力，因此电化学加工可用于加工薄壁或易变形工件，且加工后的工件表面无残余应力和变形，没有飞边和毛刺。

5）加工热影响小。电化学加工过程中所产生的热量会被电解液带走，工件基本上没有温升，适合于加工热敏材料制成的工件。

6）工具阴极无损耗。在电化学加工过程中，工具阴极上仅仅析出氢气，而不会发生溶解反应，所以没有损耗。只有在产生火花、短路等异常现象时，工具阴极才会受到损伤。

7）加工成本较高。由于阴极和夹具的设计、制造及修正都很困难，且周期较长，因而应用电化学加工进行单件小批量生产的成本较高，且生产批量越小，单件附加成本越高。同时，电化学加工所需的附属设备较多，占地面积较大，这都需要较大的投资；且机床需要足够的刚性和耐蚀性，造价较高。

8）对加工形状有限制。由于电化学加工的特点，因此难以加工尖角和窄缝。

9）存在环境问题。电化学加工电解产物的处理和回收都较困难，工作液及其蒸气还会对机床、电源、甚至厂房造成腐蚀。

（2）电化学加工的应用

基于电化学加工的特点，我国的一些专家提出了选用电化学加工的三个基本原则。

1）难加工材料的加工。电化学加工适用于难加工材料的加工，可广泛应用于模具的型腔加工，枪炮的膛线加工，发电机的叶片加工，花键孔、内齿轮、深孔加工等。

2）形状相对复杂工件的加工。电化学加工适用于形状复杂工件、薄壁工件、热敏材料工件的加工。

3）批量大的工件加工。电化学加工的设备及工具投资较大，只适用于大批量生产的工件的加工。

以上三个原则均满足时，选择电化学加工才比较合理。

四、激光加工

1. 激光加工的概念

激光加工（Laser Processing，LP）是利用经过透镜聚焦后在焦点上达到很高能量密度的光能量将加工材料瞬间熔化和汽化，并在强烈的冲击波作用下，将熔融物质喷射出去，从而对工件进行加工的加工方法。激光是Laser的意译，由钱学森院士1964年提议并得到我国科学界的一致认同。这一提法既反映了“受激辐射”的科学内涵，又表明其为一种很强烈的新光源，贴切、传神而又简洁。

2. 激光加工的发展历程

（1）国外发展状况

激光技术是20世纪60年代初发展起来的一门新兴科学，世界上第一台激光器诞生于1960年。激光加工是激光技术在材料加工方面的一项具体应用。作为20世纪科学技术发展的主要标志和现代信息社会光电子技术的支柱之一，激光技术受到了许多国家的高度重视。当前激光技术发展迅猛，已与多个学科相结合形成了多个应用技术领域，比如光电技术、激光医疗与光子生物学、激光加工技术、激光检测与计量技术、激光全息技术、激光光谱分析技术、非线性光学、超快激光学、激光化学、量子光学、激光雷达、激光制导、激光分离同位素、激光可控核聚变、激光武器等。这些交叉技术与新的学科的出现，大大地推动了传统产业和新兴产业的发展。

（2）国内发展状况

我国自1961年成功研制出第一台激光器至今，激光技术及其应用取得了很大的发展。目前已经形成了门类齐全、水平先进、应用广泛的激光科技领域，并在产业化方面取得了可喜成绩，为我国科学技术、国民经济和国防建设做出了积极贡献，在国际上也争得了一席之地。

3. 激光加工的工作原理

激光是可控的单色光，强度高、能量密度大，可在空气介质中高速加工各种材料。激光加工的原理如图 3-43 所示，激光器发射出来的具有高方向性和高亮度的激光，通过光学系统被聚焦成一个直径仅有几微米至几十微米的极小光斑，光斑处具有极高的能量密度，可以达到上万摄氏的高温，能在很短的时间内使各种物质熔化和汽化，从而达到蚀除工件材料的目的。

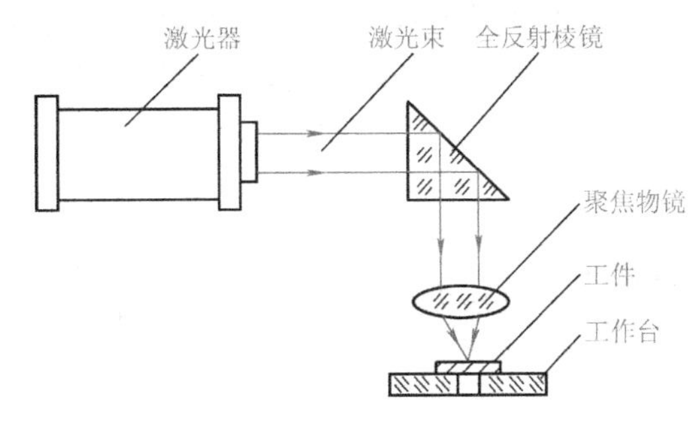

图 3-43　激光加工的工作原理示意图

4. 激光加工的特点及应用

（1）激光加工的特点

1）能量密度大。聚焦后，激光的功率密度可高达 $10^8 \sim 10^{10}$ W/cm^2，由聚焦后的激光转化而来的热能，几乎可以熔化、汽化任何材料。如耐热合金以及陶瓷、石英、金刚石等硬脆材料都能进行激光加工。

2）加工精度高，质量好。激光光斑可以被聚焦到微米级大小，且激光的输出功率可以调节，加工速度快、热影响区小，因此激光加工可用于精密微细加工。

3）无加工工具磨损及切削力影响。激光加工所用工具是激光束，不需要使用其他加工工具，因而没有工具损耗问题。激光加工属非接触加工，加工过程中没有明显的机械力，因而可以加工易变形的薄壁及弹性工件。

4）易于实现自动化。激光加工的控制系统采用数控系统，适宜进行自动化生产。

5）加工方法多，适应性强。由于激光束的能量及其移动速度均可调节，因而应用激光加工可实现多种加工，可以在同一台设备上完成切割、焊接、表面处理、打孔等；加工时既可分步加工，还可以在几个工位上同时进行加工；可加工各种材料，包括高硬度、高熔点、高强度及脆性、柔性材料。和电子束加工等相比，激光加工不要求真空环境。

6）可利用透光性进行加工。激光能通过透明体进行加工，如对真空管内部进行焊接加工等。

7）加工参数不容易控制。激光加工是一种瞬时的、局部熔化和汽化的热加工，影响加工效果的因素有很多。因此，利用激光加工进行精密微细加工时，精度尤其是重复精度和表面粗糙度不易保证，必须要进行反复试验，寻找合理的参数，才能达到一定的加工要求。

8）有的待加工材料需要进行预处理。由于光的反射作用，应用激光对表面光滑或透明材料进行加工时，必须预先对材料进行色化或打毛处理，使更多的光能被吸收后转化为热能，从而便于对材料进行加工。

9）激光加工的成本较高。激光加工设备价格较高，加工成本高，只适合于那些最能发挥其特点、用其他方法不能或难以加工的场合。

（2）激光加工的应用

1）激光打孔。激光束可以在高硬度材料和复杂、弯曲的材料表面打孔，打孔速度快且不会使材料产生破损。激光打孔（图3-44）主要应用于某些特殊工件或行业，比如火箭发动机和柴油机的喷油器，化学纤维的喷丝头，金刚石拉丝模，钟表及仪表中宝石轴承，陶瓷、玻璃等非金属材料和硬质合金、不锈钢等金属材料的微细小孔的加工等。激光打孔的最小孔径已达0.002mm，尺寸公差等级可达IT7，表面粗糙度值可达 Ra 0.16～0.08μm，已被成功地应用于自动化六坐标激光制孔专用设备上，用于加工航空发动机涡轮叶片、燃烧室气膜孔，并且可以达到无再铸层、无微裂纹的加工效果。

图3-44　激光打孔

2）激光切割。激光切割适合加工由耐热合金、钛合金、复合材料制成的工件（图3-45）。目前，薄材的激光切割速度可达15m/min。激光切割的切缝窄，一般为0.1～1mm，且热影响区只有切缝宽度的10%～20%，最大切割厚度可达45mm，已被广泛应用于飞机三维蒙皮、框架、舰船船身板架、直升机旋翼、发动机燃烧室等的加工。与传统的板材加工方法相比，激光切割具有高切割质量（切口宽度窄、热影响区小、切口光洁）、高切割速度、高柔性（可随意切割任意形状）、材料适应性强等优点。

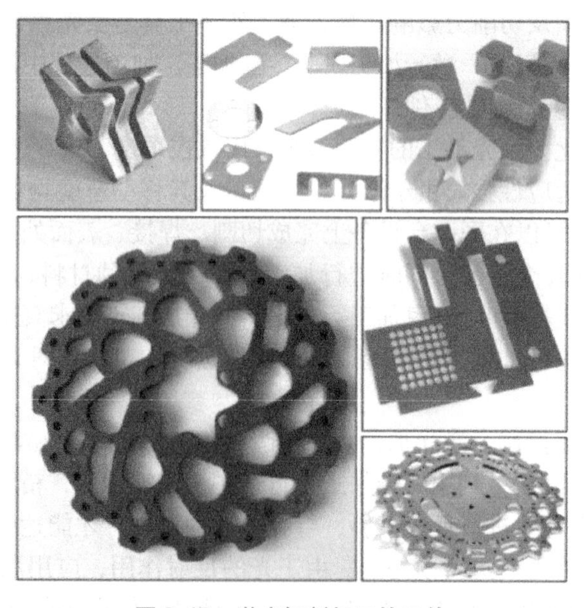

图3-45　激光切割加工的工件

在汽车工业中，激光加工技术充分发挥了其先进、快速、灵活的加工特点。如在汽车样机和小批量生产中大量使用三维激光切割机，不仅节省了样板及工装设备，还大大缩短了生产准备周期。

激光切割还可用于切割有机玻璃、塑料、胶合板、纸、布、云母板等非金属材料，切割有机玻璃的厚度可达10mm。

3）激光焊接。激光焊接不需要使工件材料汽化蚀除，而只要将激光束直接照射到材料表面，使材料局部熔化，即可达到焊接的目的（图3-46）。与其他焊接技术相比，激光焊接的主要优点是速度快、深度大、变形小，能在室温或特殊的条件下进行焊接，焊接设备简单。

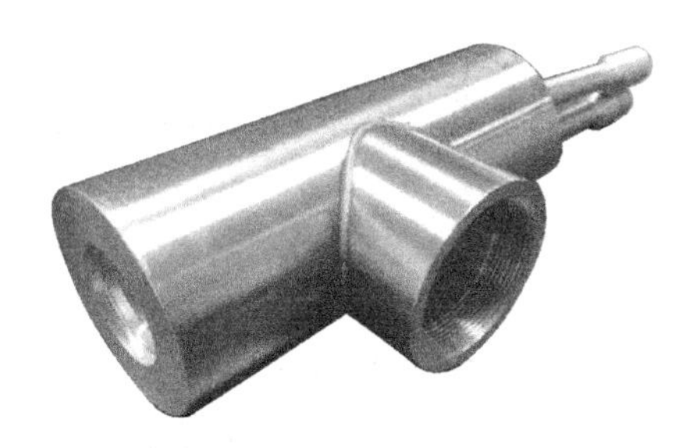

图3-46　激光焊接

当激光通过电磁场时，激光束不会偏移，能在电磁场中进行焊接。激光在空气及其他气体中均能施焊，还能透过玻璃或对光束透明的材料进行焊接。激光经聚焦后，功率密度高，焊接的深宽比可达5∶1，最高可达10∶1，可焊接难熔材料如钛、石英等，并能对异质材料施焊，效果良好。可用激光进行微型焊接，激光束经聚焦后可获得很小的光斑，且能精密定位，为精密焊接提供了条件，可应用于大批量自动化生产的微、小型元件的组焊中；还可进行非接触远距离焊接，焊接难以接近的部位，具有很高的灵活性。在激光技术中采用光纤传输技术，使激光焊接技术获得了更为广泛的应用。激光束易实现光束按时间与空间分光，能进行多光束同时加工及多工位加工。

4）激光快速成形。激光加工技术和数控技术及柔性制造技术相结合，派生出了激光快速成形技术。该项技术不仅可以快速制造模型，还可以直接将金属粉末熔融，制造出金属模具，具有广阔的应用前景。

5）激光淬火。激光淬火是用激光对金属工件表面快速扫描，使工件表面在极短的时间内被加热到相变温度，由于热传导的作用，处于冷态的基体使其迅速冷却（冷却速度可达5000℃/s）而进行自冷淬火，从而实现工件表面的相变硬化。激光淬火由于加热速度极快，工件不产生热变形，不需淬火介质便可获得超高硬度的表面，加热时不需要加热炉，特别适合大型工件的表面淬火及形状复杂工件的表面淬火。目前，激光表面强化、表面重熔、合金化、非晶化处理技术应用得越来越广。

6）雕刻打标。激光刻划机主要用于钢、铸铁等机械零部件的商标、文字刻划。激光打标是利用高能量密度的激光对工件进行局部照射，使表层材料汽化或发生颜色变化的化学反应，从而留下永久性标记的一种打标方法。激光打标可以打出各种文字、符号和图案等（图3-47），字符大小可以从毫米到微米量级，可用于产品的防伪。

7）其他应用。激光微细加工在电子、生物、医疗工程等方面的应用已成为无可替代的

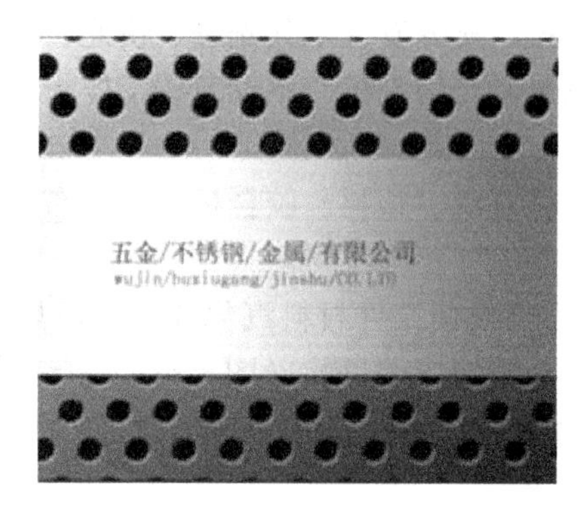

图 3-47　激光打标

特种加工技术。激光技术还可用于电子器件的微调、数据存储等。

五、电子束加工

1. 电子束加工的概念

电子束加工（Electron Beam Machining，EBM）是在真空条件下，利用聚焦后能量密度极高（10^6 ~ 10^9W/cm^2）的电子束，在极短的时间（几分之一微秒）内以极高的速度冲击到工件表面极小的面积上后，由于其能量的大部分转变为热能，使被冲击部分的工件材料达到几千摄氏度以上的高温，从而引起材料的局部熔化和汽化，并被真空系统抽走的加工技术。

2. 电子束加工的发展历程

（1）国外发展状况

电子束加工技术起源于德国。德国物理学家于 1948 年发明了第一台主要用于焊接的电子束加工设备。20 世纪 40 年代，苏联的雷卡林建立了电子束焊接温度场数学物理模型。

1949 年，德国首次利用电子束在厚度为 0.5mm 的不锈钢板上加工出直径小于 0.2mm 的小孔，从而开辟了电子束在材料加工领域的新天地。

1957 年，法国原子能委员会（AEC）萨克莱核子研究中心成功研制出世界上第一台用于生产的电子束焊接机，其优良的焊接质量引起了人们广泛的重视。

20 世纪 60 年代初期，电子束打孔、铣削、焊接、镀膜和熔炼等工艺技术已成功应用到工业各领域，为满足集成电路元件对光刻工艺的要求，成功研制出了扫描电子束曝光机。

目前电子束加工已应用于核工业、航空航天及重型机械等工业领域。

（2）国内发展状况

我国自 20 世纪 60 年代初期开始研究电子束加工工艺，并取得了一定的成果。大连理工大学三束材料改性国家重点实验室采用电子束对材料表面进行照射，研究其对材料表面的改性；郝胜志等利用二维模型数值计算方法模拟计算试样中的动态温度场及应力场分布；吉林大学关庆丰教授对于强流脉冲电子束作用下金属材料微观组织结构的形成与性能进行了研究；张万金教授对于采用电子束辐照对新型质子交换膜的合成及性能的影响进行了研究。

虽然我国对于电子束加工目前已在仪器仪表、微电子、航空航天和化纤工业中得到很好的应用，电子束打孔、切槽、焊接、电子束曝光和电子束淬火等也都陆续进入生产领域，但从电子束加工技术现状及新的发展趋势来看，我国在该领域的研究与世界先进水平还有较大的差距，尚有很多问题需要解决，还有很长的路要走。

3. 电子束加工的工作原理

真空中灼热灯丝的阴极发射出的电子，在高电压（30～200kV）的作用下会被加速到很高的速度，然后通过电磁透镜汇聚成高功率密度的电子束（图3-48）。当冲击到工件时，电子束的动能立即转变成为热能，产生极高的温度，足以使任何材料瞬间熔化、汽化，从而进行焊接、打孔、刻槽和切割等加工。电子束加工之所以一般在真空中进行，是因为电子束和气体分子碰撞时会产生能量损失和散射。

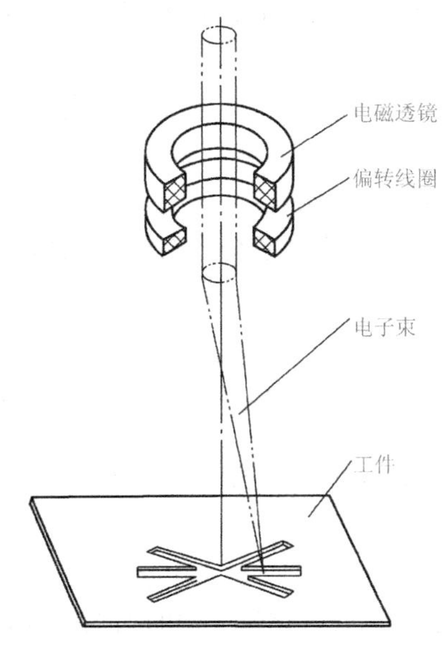

图3-48　电子束加工的工作原理

电子束加工装置（图3-49）由产生电子束的电子枪、加速电子束的加速阳极、聚焦电子束的电磁透镜、使电子束偏转的偏转线圈、放置工件的真空室以及观察系统等组成。先进的电子束加工装置采用数控装置对加工条件和加工过程进行控制，以实现高精度的自动化加工。电子束加工装置的功率根据用途不同而有所不同，一般为几千瓦至几十千瓦。

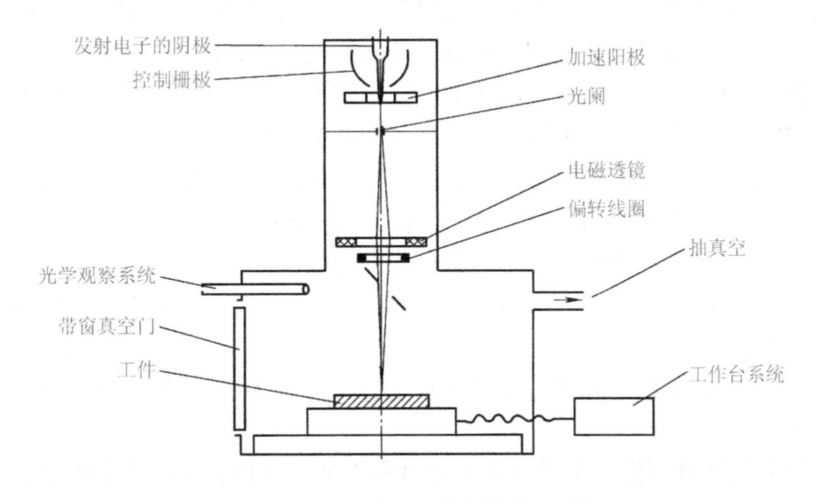

图3-49　电子束加工装置结构示意图

4. 电子束加工的特点及应用

(1) 电子束加工的特点

1) 可进行精密微细加工。由于电子束能够实现极其微细的聚焦，甚至能聚焦到0.1μm的程度，所以加工面积可以很小，是一种精密微细的加工方法。

2) 属非接触式加工。电子束使工件上被照射部分的温度超过材料的熔化和汽化温度，去除材料主要靠瞬时蒸发，是一种非接触式加工。在加工过程中，工件不受机械力作用，不会产生变形。

3) 加工范围较广。电子束加工可加工的材料范围很广，脆性、韧性、导体、绝缘体及半导体材料都可作为其加工对象。

4) 生产率高，可实现自动化加工。电子束的能量密度高，因而加工速度快，生产率很高。在加工过程中电子束的强度、位置、聚焦等都可以通过磁场或电场进行直接控制，加工轨迹可以调整，加工过程易于实现自动化。

5) 加工条件较好。电子束加工是在真空中进行的，在加工过程中所受污染较小，工件的加工表面不会氧化，特别适用于易氧化的金属、合金材料以及纯度要求极高的半导体材料的加工。

6) 加工成本较高。电子束加工需要一整套专用设备和真空系统，其价格较贵，在生产应用中有一定局限性。

7) 存在环境问题。电子束加工过程中必须考虑X射线的防护问题。

(2) 电子束加工的应用

电子束加工可分为热型加工和非热型加工（化学加工）两种。热型加工是指利用电子束的热效应将材料的局部加热至熔化或汽化来实现的加工，可完成熔炼、焊接、打孔、切割槽缝及其他深结构的微细加工等。非热型加工指利用电子束的化学效应进行刻蚀、大面积薄层微细加工等。功率密度相当低的电子束照射到工件表面上时，几乎不会引起温升，但如果用这样的电子束照射高分子材料，就会由于入射电子与高分子相碰撞，而使高分子的分子链被切断或重新聚合，从而使高分子材料的分子量和化学性质发生变化，这就是电子束的化学效应。

通过控制电子束的能量密度和能量注入时间，电子束加工可以达到不同的加工目的。如使材料局部加热可进行电子束热处理；使材料局部熔化可进行电子束焊接；提高电子束的能量密度，使材料熔化和汽化，可进行电子束打孔、切割等加工；利用较低能量密度的电子束照射高分子材料时产生化学变化的原理，可进行电子束光刻加工。

1) 高速打孔。电子束加工可加工最小直径为0.003mm左右的孔，可以实现在0.1mm厚的不锈钢上加工直径为0.2mm的孔，加工速度可达3000孔/s。

专用塑料打孔机可将电子枪发射的片状电子束分成数百条小电子束同时打孔，其速度可达50000孔/s，孔径范围为120～40μm。在人造革、塑料上用电子束打出大量微孔，可使其具有真皮一样的透气性。

电子束打孔还能加工出小深孔，如在叶片上打深度为5mm、直径为0.4mm的孔，孔的深径比大于10∶1。

2) 加工型孔及特殊表面。电子束加工可以用来加工各种复杂型孔和表面，切口宽度为3～6μm，边缘表面粗糙度值可控制在Ra0.5μm左右。

电子束加工不仅可以加工各种直的型孔和型面，还可以加工出弯孔和曲面。利用电子束在磁场中偏转的原理，电子束可实现在工件内部偏转。通过控制电子束的速度和磁场强度，即可控制电子束偏转的曲率半径，加工出弯曲的孔。如图 3-50a 所示是对长方形工件施加磁场后，一边用电子束轰击，一边按箭头方向移动工件，即可加工出如图所示的曲面。经图 3-50a所示的加工后，改变磁场极性再进行加工，就可获得如图 3-50b 所示的工件。按同样的原理，可加工出如图 3-50c 所示的弯缝。如果工件不移动，只改变偏转磁场的极性，就可加工出如图 3-50d 所示的一个入口两个出口的弯孔。

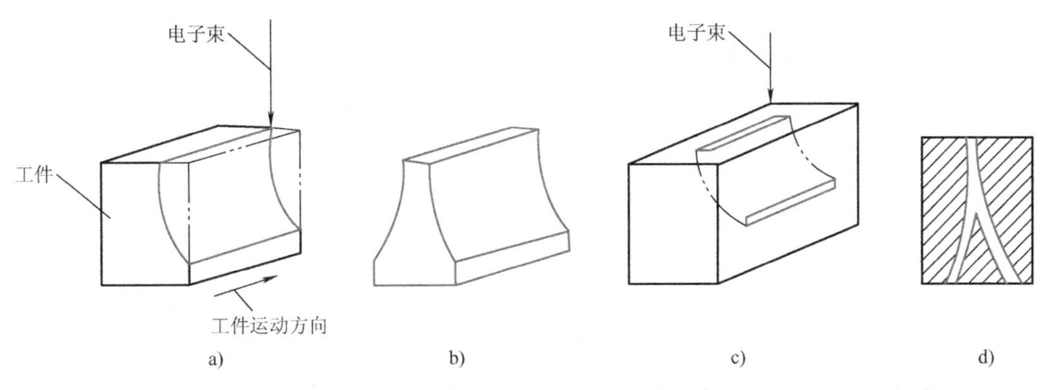

图 3-50　电子束加工曲面、弯孔

3）刻蚀。在微电子器件生产中，为了制造多层固体组件，可利用电子束在陶瓷或半导体材料上刻出许多微细沟槽和孔来，如在硅片上刻出宽 2.5μm、深 0.25μm 的细槽；在混合电路电阻的金属镀层上刻出 40μm 宽的线条；还可在加工过程中对电阻值进行测量校准，这些都可以在计算机的自动控制下完成。

4）焊接。电子束焊接已被成功地应用在特种材料、异种材料、空间复杂曲线、变截面焊接等方面。目前，科研人员正在研究焊缝自动跟踪、填丝焊接、非真空焊接等焊接技术。电子束焊接的最大焊接熔深可达 300mm，焊缝深宽比达 60：1，焊接厚板时可以不开坡口实现单道焊。电子束焊接速度快，热影响区小，焊接变形小，对精加工的工件可用作最后的连接工序，焊后工件仍能保持足够高的精度。电子束在真空中可以传到较远的位置上进行焊接，因而可以焊接难以接近的部位。

电子束焊接已用于运载火箭、航天飞机等主承力构件、大型结构的组合焊接，以及飞机梁、框、起落架部件、发动机整体转子、机匣等重要结构件和核动力装置压力容器的制造上。

5）淬火。用电子束作为热源，适当控制电子束的功率密度，使金属表面加热而不熔化，就可以达到淬火的目的。电子束淬火的加热速度和冷却速度都很快，在相变过程中，奥氏体化时间很短，只有几分之一秒至千分之一秒，奥氏体来不及长大，从而能获得一种超细晶粒组织，可使工件获得用常规热处理方法达不到的硬度，硬化深度可达 0.3～0.8mm。

电子束淬火与激光淬火类同，但电子束的电热转换率高，可达 90%，而激光的光热转换率只有 7%～10%，所以电子束淬火有很好的发展前途。

6）光刻。电子束光刻是先利用低功率密度的电子束照射在电致抗蚀剂上，由于入射电子与电致抗蚀剂分子相碰撞，从而使高分子材料的分子链被切断或重新聚合而引起分子量的变化，这一步骤被称为电子束曝光。如果按规定图形进行电子束曝光，就会在电致抗蚀剂中留下潜像，然后将其浸入适当的溶剂中，由于分子量不同溶解度不一样，就会使潜像显影出来，将光刻与离子束刻蚀或蒸镀工艺结合，就能在金属掩膜或材料表面上制出图形来。

电子束加工在精密微细加工方面，尤其是在微电子领域中有较多的应用，是一种重要的微细加工方法。

六、离子束加工

1. 离子束加工的概念

离子束加工（Ion Beam Machining，IBM）是利用惰性气体或其他元素的离子在电场中加速所形成的高速离子束流来实现各种微细加工的方法。离子束加工是加工分辨率很高的一种微细加工技术，能加工的工件材料很广泛，除玻璃与陶瓷外，还可加工各种金属与晶体材料等。

2. 离子束加工的发展历程

（1）国外发展状况

1910 年，英国物理学家汤姆森（Joseph John Thomson）发明的气体放电型离子源，开创了离子束的应用时代。早期离子源是在质谱学和核物理学的研究中发展起来的，20 世纪 60 年代后，半导体工业中离子注入工艺进一步推动了离子源的发展。

1960 年，美国国家航空航天局（NASA）拟定了一项空间飞行计划，由卡夫曼（Kaufman）教授主持设计宽束低束流密度的电子轰击电推进器，经过近十年的努力，取得了突破性的进展。从此，这种离子发动机被称为 Kaufman 离子源。不久，贝尔（Bell）实验室的专家们把这种大口径均匀离子发射技术转移到地面应用上，开拓了离子束刻蚀工艺技术，显示了超微细结构的加工能力。

1965 年，美国亚利桑那大学（UA）在一次实验中，偶然发现了高能离子束能均匀地去除熔凝硅石的表面，从而发明了离子束抛光方法。

离子束溅射沉积干涉光学薄膜最早可追溯到 20 世纪 70 年代，但是早期应用这项技术制备的薄膜质量还不高。1975 年，宽束离子源的出现，使离子溅射技术出现了重大突破，并成功制备出了损耗极低的干涉光学薄膜。

1988 年，第一台聚焦离子束与扫描电镜的双束系统被成功开发出来。20 世纪 90 年代，双束系统走出实验室开始了商业化。

目前，各发达国家已普遍将离子束加工用于科学研究和军事领域。其中，美国起步早、水平高、研究深入、普及广泛，日本、英国、中国等国家紧随其后。从技术应用的深度和广度来看，这项技术仍然是一项年轻的技术，未来发展的规模和对高科技的影响尚难估计。

（2）国内发展状况

国防科学技术大学精密工程创新团队在李圣怡教授的率领下，跳过第一、二代光学零件制造加工技术，直接瞄准基于可控柔体制造的第三代光学加工方法开展攻关，在国内首次研制出拥有自主知识产权的磁流变、离子束两种超精抛光装备，创造了我国光学零件加工亚纳米的“中国精度”奇迹，使我国光学自动化加工技术及工艺跨入世界先进水平，成为继美、德之后第三个掌握高精度光学零件加工制造技术的国家，也是目前世界上唯一同时具有磁流变和离子束抛光装备研发能力的国家。

李圣怡团队先后与中国科学院、中国航天科技集团等单位合作，推动我国空间光学、高端装备制造的发展，自主研制了两大类七个型号的磁流变和离子束抛光机床，取得了显著的经济效益和社会效益。

3. 离子束加工的工作原理

离子束加工的原理与电子束加工类似，即在真空条件下，将离子源产生的离子束经过加速聚焦，使之撞击到工件表面上（图3-51）。但两者不同的是，离子带正电荷，其质量比电子大数千、数万倍，如氩离子的质量是电子质量的7.2万倍，所以一旦加速到较高速度时，离子束比电子束具有更大的撞击动能，它是靠微观的机械撞击能量而不是靠动能转化为热能来加工的。

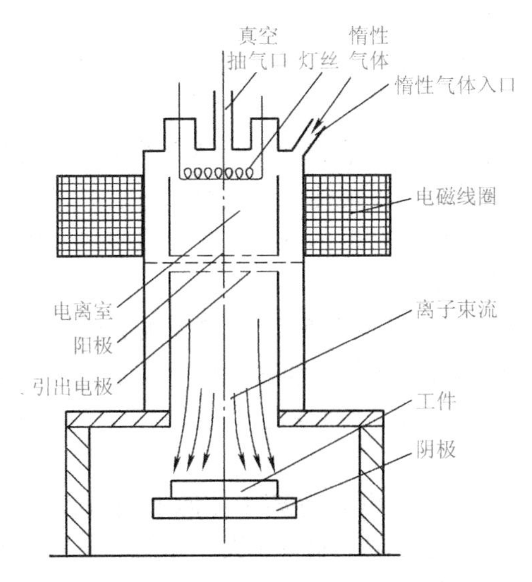

图3-51　离子束加工的工作原理

离子束光刻与电子束光刻的原理不同，它是通过离子束的力学作用去除照射部位的原子或分子，直接完成图形刻蚀的。另外，也可以不将离子聚焦成束状，而使其大体均匀地进行大面积投射，同时采用掩膜对加工部位进行限制，从而实现微细图形的光刻加工。

4. 离子束加工的特点及应用

（1）离子束加工的特点

1）属于精密微细的加工方法。由于离子束可以通过电子光学系统进行聚焦，加之离子束轰击材料时是逐层去除原子的，离子束流密度及离子能量可以精确控制，所以离子刻蚀可以达到纳米级的加工精度，离子镀膜可以控制在亚微米级精度，离子注入的深度和浓度也可极精确地被控制。因此，离子束加工是所有特种加工方法中最精密、最微细的加工方法，是纳米加工技术的基础。

2）加工条件较好。由于离子束加工是在真空环境中进行的，所以加工过程中所受污染小，特别适用于易氧化的金属、合金材料和高纯度半导体材料的加工。

3）加工质量较高。离子束加工是靠离子轰击材料表面的原子实现的，是一种微观作用，宏观作用力很小，所以加工应力、热变形等极小，加工质量高，适合于各种材料和低刚度工件的加工。

4）加工成本较高。离子束加工设备成本高，加工效率低，因此应用范围受到了一定的限制。

（2）离子束加工的应用

离子束加工是一种原子级的加工方法，具有极高的分辨率，广泛应用于航空航天等领域，在亚微米至纳米级精度的加工中很有发展前途。

离子束加工对工件几乎没有热影响，也不会引起工件表面应力状态的改变，因而能得到很高的表面质量。离子束光刻可以得到最小线条宽度小于0.1μm的微细图形，而且能获得较高的分辨率。但是，目前离子束加工在技术上不如电子束加工成熟。

1）离子刻蚀（离子铣削）（图3-52a）。离子刻蚀是指用离子束轰击工件，将原子从工件表面撞击溅射出来，以达到刻蚀目的的加工方法。为了避免入射离子与工件材料发生化学反应，离子刻蚀必须使用惰性气体元素的离子。氩气的原子序数高，而且价格便宜，所以通常用氩离子进行轰击刻蚀。

离子刻蚀可用于加工陀螺仪空气轴承和动压马达上的沟槽。其分辨率高，精度、重复性好，加工非球面透镜能达到其他方法不能达到的精度。

离子刻蚀的另一个应用是刻蚀高精度的图形，如集成电路、磁泡器件、光电器件和光集成器件等微电子器件的亚微米图形。

2）离子溅射沉积（镀膜加工）（图3-52b）。离子溅射沉积是指用离子轰击某种材料制成的靶，并将被轰击出来的靶材原子沉积在靶附近的工件上，使工件表面镀上一层薄膜的加工方法。工件表面镀上的薄膜是表面功能涂层，具有高硬度，耐磨、耐腐蚀，可显著提高零件的寿命，在工业上具有广泛的用途。

美国及欧洲国家目前多数用微波ECR等离子体源来制备各种功能涂层。等离子体热喷涂技术已经进入工程化应用，广泛应用于航空航天、船舶等领域的关键零部件耐磨涂层、密封涂层、热障涂层和高温防护层等方面。

3）离子镀（离子溅射辅助沉积）（图3-52c）。离子镀是指在镀膜时，离子同时轰击靶材和工件表面，以增强膜材与工件基材之间的结合力。

离子镀膜附着力强，膜层不易脱落，已用于镀制润滑膜、耐热膜、耐蚀膜、耐磨膜、装饰膜和电气膜等。使用离子镀代替镀铬工艺，可减少镀铬对环境的影响。用离子镀方法在切削刀具表面镀氮化钛、碳化钛等超硬层，可延长刀具的寿命。

4）离子注入（图3-52d）。离子注入是指向工件表面直接注入离子的加工方法。离子注入不受热力学限制，可以注入任何离子，且注入量可以精确控制。注入的离子固溶在工件材料中，含量可达10%～40%，注入深度可达1μm甚至更深。

通过离子注入改善金属表面性能，正在形成一个新兴的领域。利用离子注入可以改变金属表面的物理化学性能，得到新的合金，从而改善材料的耐蚀性、抗疲劳性、润滑性、耐磨性等。

七、超声加工

1. 超声加工的概念

超声加工（Ultra Sonic Machining，USM）是指将超声振动的工具置于有磨料的液体介质或干磨料中，使磨料对工件产生冲击、抛磨、液压冲击及气蚀作用来去除工件材料，以及利

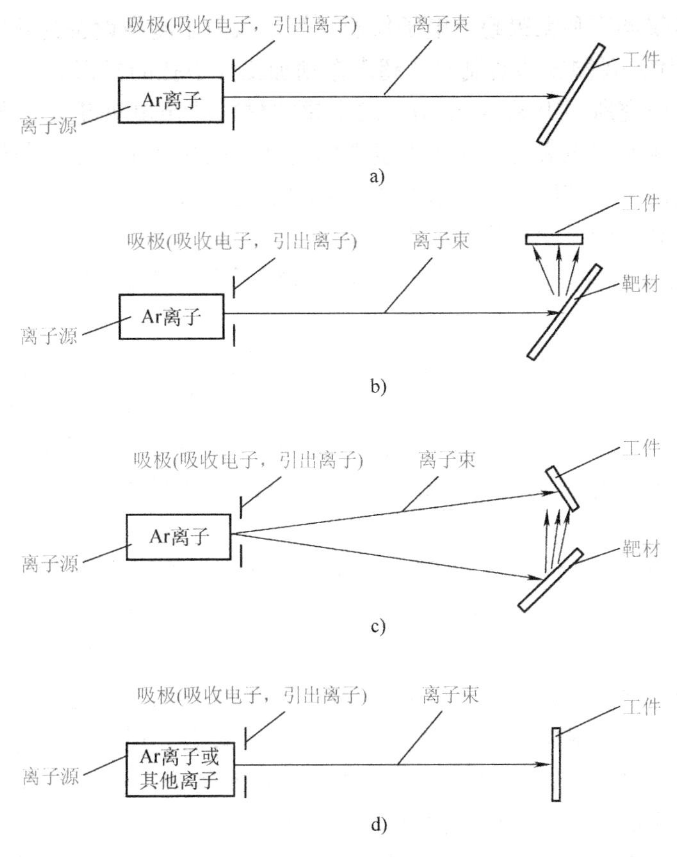

图 3-52 各类离子束加工示意图

a）离子刻蚀 b）离子溅射沉积 c）离子镀 d）离子注入

用超声振动使工件相互结合的加工方法。

2. 超声加工的发展历程

（1）国外发展状况

超声加工自 1927 年开始进行实验，直到 1950 年才开始实用化。自实用性研究以来，其应用日益广泛。

苏联在 20 世纪 60 年代就生产出了带磨料的超声波钻孔机床。在美国，利用工具旋转同时做轴向振动进行孔加工取得了较好的效果。日本研制的三坐标数控超声旋转加工机，可在玻璃上加工孔径为 1.6mm、深 150mm 的深小孔，其圆度可达 0.005mm，圆柱度可达 0.02mm。英国申请了电火花超声复合穿孔的专利，主要用于加工在导电基上有非导电层的工件，有效解决了具有导电层和非导电层工件孔的加工问题。

美国堪萨斯州立大学（KSU）在 20 世纪 60 年代初提出了一种超声旋转加工陶瓷材料去除率模型的计算方法，并将其应用到氧化锆陶瓷的加工中，确定了材料去除率和加工参数之间的关系，大大推动了陶瓷材料旋转加工技术的发展。

法国的研究人员系统地研究了超声振动对电火花加工性能的影响。结果表明，超声振动提高了加工速度，粗加工可提高 10%，精加工可提高 400%，并使加工过程稳定。

（2）国内发展状况

20 世纪 50 年代末我国曾出现“超声波热”，把超声技术用于强化工艺过程和加工，先后成立了上海超声仪器厂和无锡超声电子仪器厂等，致力于超声设备的开发和生产。

20 世纪 60 年代，我国成功研制出了超声振动加工深小孔的机床。

北京市电加工研究所于 1987 年成功开发了超硬材料超声电火花复合抛光技术，这是世界上首次采用超声频调制电火花与超声波复合的研磨、抛光加工技术。与纯超声波研磨、抛光相比，其效率提高了 5 倍以上，并节约了大量的金刚石磨料。

长春汽车工业高等专科学校采用超声振动切削方法对中国第一汽车集团哈尔滨变速箱厂生产的直齿齿轮的滚齿加工进行了工艺实验，取得了令人满意的效果，具有较好的发展前景。

1989 年，东南大学研制了一种新型超声振动切削系统。该装置的特点是：能量传递环节少，能量泄漏减小，机电转换效率高达 90% 左右，而且结构简单、体积小，便于操作。

1991 年沈阳航空航天大学开发了镗孔用超声扭转振动系统，当扭转变幅杆的切向做纵向振动时，在扭转变幅杆的小端就输出沿圆周方向的扭转振动，且具有频率自动跟踪功能。

1997 年西北工业大学设计了一种可在内圆磨床上加工硬脆材料的超声振动磨削装置，结构比专用超声磨床的主轴系统要简单得多，因此成本低廉，适合于在生产中推广应用。

哈尔滨工业大学针对模具光整加工难以实现高精度、高效率加工的实际问题，将电解加工、机械研磨及超声加工进行复合，提出了一种新型的光整加工方法——电化学超精密研磨技术，开发了一种数控展成超精密光整加工的新工艺及设备，通过对模具型腔高效镜面加工的实验，表明选配适当工艺参数进行光整加工，可以获得表面粗糙度 $Ra0.025\mu m$ 的镜面，效率可较普通研磨提高 10 倍以上，较电化学研磨提高 1 倍以上。

天津理工大学对大理石超声精密雕刻技术进行了研究，开发了大理石超声精雕系统。该系统解决了大理石雕刻中微小异形表面高效精加工的难题，使大理石精雕质量和水平跨上了新台阶。

吉林大学对机器人超声 - 电火花复合加工模具曲面进行了研究，结果表明该方法可改善加工质量，模具曲面精加工效率可提高 4 倍以上。

3. 超声加工的工作原理

进行超声加工时，首先要在工具和工件之间加入由液体（水或煤油等）和磨料混合的工作液，高频电源连接的超声换能器可以产生 16000Hz 以上的超声频纵向振动，其振幅仅为 0.005 ~ 0.01mm，变幅杆可以将振幅放大至 0.05 ~ 0.1mm，并驱动工具端面做超声振动，迫使工作液中悬浮的磨粒以很大的速度和加速度不断地冲击、抛磨被加工表面，使被加工表面材料变形，直至被击碎成微粒和粉末（图 3-53）。虽然每次的超声振动冲击下来的材料很少，但由于超声振动每秒冲击的次数多达 16000 次以上，所以仍具有一定的加工速度。与此同时，磨料悬浮液受工具端面超声振动作用而产生的高频、交变的液压冲击波和空化作用，促使工作液渗入工件材料的微小缝隙里，加剧了机械破坏作用，且有利于加工区磨料悬浮液的均匀搅拌和加工产物的排除。

所谓空化作用，是指当工具端面以很大的加速度离开工件表面时，加工间隙内形成负压和局部真空，在工作液内形成很多微小空腔；当工具端面以很大的加速度接近工件时，微小空腔闭合，引起极强的液压冲击波，可以强化加工过程。

另外，磨料悬浮液不断地循环，变钝了的磨粒不断更新，加工产物不断排除，都有助于

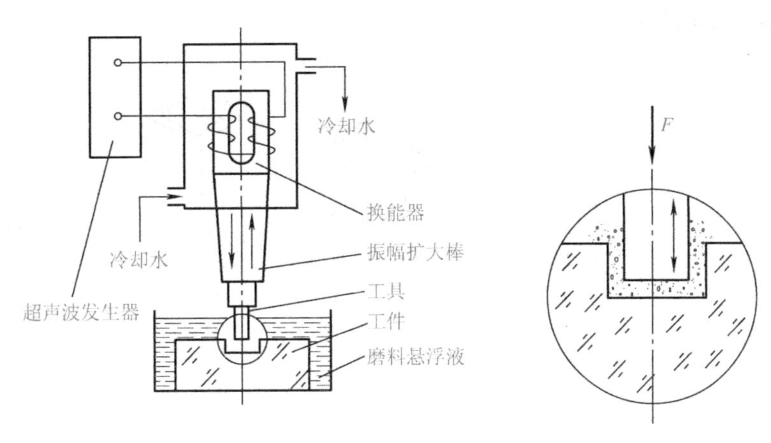

图 3-53 超声加工原理图

超声加工的实现。

总之，超声加工是磨料悬浮液中的磨粒在超声振动下的冲击、抛磨和空化现象综合切蚀作用的结果，但以磨粒不断冲击为主。由此可见，越是脆硬的材料，受到冲击作用时越容易被破坏，越适合于超声加工；而脆性和硬度不大的韧性材料，由于其对冲击作用具有很强的缓冲能力而难以被加工。

早期的超声加工主要依靠工具做超声频振动，使悬浮液中的磨料获得冲击能量，从而去除工件材料以实现加工。此方法加工效率不高，且随着加工深度的增加，加工效率显著降低。随着加工设备的发展和超声加工工艺的不断完善，人们采用了从中空工具孔内向孔外压入磨料悬浮液的超声加工方式，这种方式不仅可以大幅度地提高生产率，而且扩大了超声加工孔的直径及孔深的范围。

4. 超声加工的特点及应用

（1）超声加工的特点

1）适应范围广。各种硬脆材料，尤其是玻璃、陶瓷、宝石、石英、锗、硅、石墨等不导电的非金属材料均可采用超声加工。超声加工也可用于加工淬火钢、硬质合金、不锈钢、钛合金等硬质的金属材料，但加工效率较低。对软质、弹性大的材料，超声加工则较为困难。

2）加工质量较好。由于超声加工主要依靠磨粒瞬时局部的冲击作用去除工件材料，故工件表面受到的宏观切削力很小，切削应力、切削热更小，不会产生变形及烧伤。因此，超声加工适于加工薄壁、窄缝、低刚度工件，且加工出的工件表面粗糙度值较小，可达 Ra 0.63～0.08μm，尺寸精度可达 0.01～0.02mm。

3）机床的结构简单。由于采用成形法原理加工，故超声加工机床的结构比较简单，操作、维修也比较方便；工具可用较软的材料做成复杂的形状，不需要工具和工件做复杂的相对运动，便可加工各种复杂的型腔和型面。

4）生产率较低。超声加工的加工面积不够大，而且加工时工具头磨损较大，故生产率较低，对导电材料的加工效率远不如电火花加工和电化学加工。

（2）超声加工的应用

1）型孔、型腔加工。超声加工可对脆硬材料进行圆孔、型腔、异形孔、套料、微细孔等的加工，如图 3-54 所示。

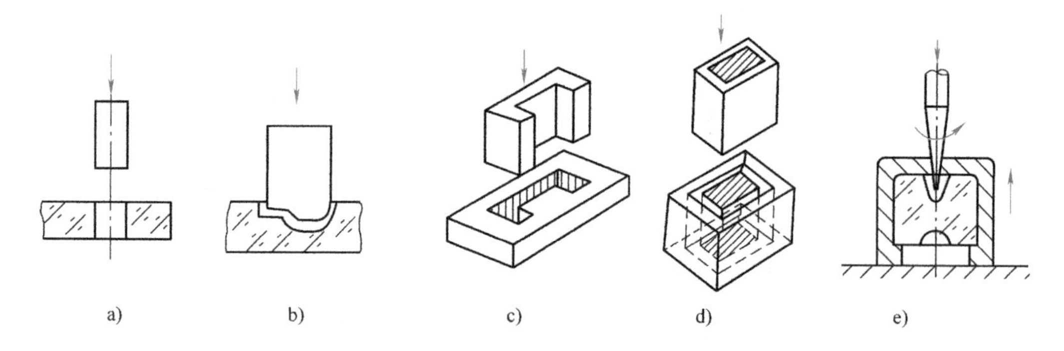

图 3-54　超声加工的型孔、型腔类型

a）加工圆孔　b）加工型腔　c）加工异形孔　d）套料加工　e）加工微细孔

2）切割加工。脆硬的半导体用普通机械加工来切割是很困难的，采用超声切割则较为有效。图 3-55a 所示为超声切割单晶硅片示意图，图 3-55b 所示为超声切割使用的切削刀具，图 3-55c 所示为使用超声切割加工出的陶瓷模块。

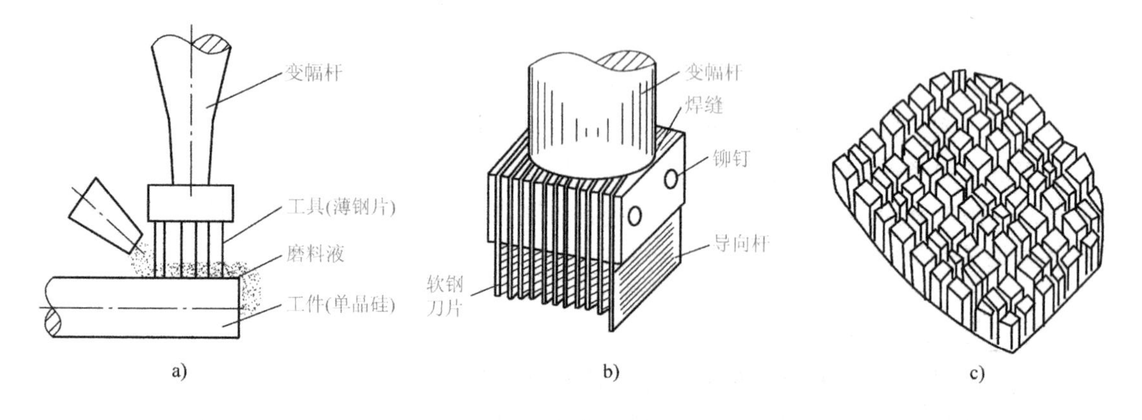

图 3-55　超声切割加工

a）超声切割单晶硅片　b）切割刀具　c）超声切割的陶瓷模块

3）复合加工。超声加工在加工硬质合金、耐热合金等材料时，加工效率较低、工具损耗较大。为了提高加工效率及降低工具损耗，可以把超声加工和其他加工方法相结合进行复合加工。如采用超声加工与电化学或电火花加工相结合的方法来加工喷油嘴、喷丝板上的小孔或窄缝，可以大大提高加工速度和质量。

4）焊接加工。超声焊接是利用超声频振动作用，去除焊接对象表面的氧化膜，使本体材料显露出来，在表面分子的高速振动下，焊接对象因被加热而连接在一起的加工方法。超声焊接不仅可以焊接尼龙、塑料及表面易生成氧化物的铝制品等，还可以在陶瓷等非金属表面挂锡、挂银、涂覆薄层。由于超声焊接不需要额外加热和焊剂，焊接热影响区很小，施加压力微小，故可焊接直径或厚度很小的（0.015 ~0.03mm）不同种类金属材料，也可焊接塑料薄纤维及不规则形状的硬热塑料。目前，大规模集成电路引线连接等已广泛采用超声焊接。

5）超声清洗。超声清洗的原理主要是基于超声频振动在液体中产生的交变冲击波和空化作用。超声波在清洗液（汽油、煤油、酒精、丙酮或水等）中传播时，液体分子往复高频振动会产生正负交变的冲击波，当声强达到一定数值时，清洗液中急剧生长微小空腔并瞬时强烈闭合，产生的微冲击波会使被清洗物表面的污物遭到破坏，并从被清洗物表面脱落下来。

超声清洗主要用于几何形状复杂、清洗质量要求高的中、小精密零件，特别是零件上的微孔、弯孔、盲孔、沟槽、窄缝等部位的精清洗。这些零件如采用其他清洗方法，效果差，甚至无法清洗，而采用超声清洗则效果好、生产率高。目前，超声清洗主要用于半导体和集成电路元件、仪器仪表零件、电真空器件、光学零件、精密机械零件、医疗器械等的清洗。

6）无损探伤。无损探伤是在不损坏工件或原材料的前提下，对被检验部件的表面和内部质量进行检查的一种测试手段。超声探伤的原理是：超声波在被检测材料中传播时，材料的声学特性和内部组织会对超声波的传播产生一定的影响，通过对超声波受影响程度和状况的探测来了解材料性能和结构的变化。

随着科技和材料工业的发展，新技术、新材料不断涌现，超声加工的应用也会进一步拓宽，发挥更大的作用。

八、水射流切割

1. 水射流切割的概念

水射流切割（Water Jet Cutting，WJC）又称液体喷射加工（Liquid Jet Machining，LJM），是利用高压高速水流对工件的冲击作用来去除材料的加工方法，有时也简称水切割，俗称水刀。图 3-56 所示为用水射流切割加工的制件。

a)

b)

图 3-56　水射流切割产品

a）工艺品　b）石材拼花

2. 水射流切割的发展历程

（1）国外发展状况

世界上第一台纯水高压水切割设备诞生于 1974 年，第一台磨料高压水切割设备诞生于 1979 年。

美国汽车工业中用水射流来切割石棉制动片、橡胶基地毯、复合材料板、玻璃纤维增强塑料等。航天工业用水射流来切割高级复合材料、蜂窝状夹层板、钛合金元件和印制电路板等。

（2）国内发展状况

自20世纪80年代末以来，我国依靠自己的力量，自主研发了各类超高压水射流切割设备，并开展了大量的工艺试验研究。目前，该项技术得到了广泛的应用，在机械、建筑、国防、轻工、纺织等领域正发挥着日益重要的作用。

3. 水射流切割的工作原理

水射流切割是采用水或含有添加剂的水，以500～900m/s的高速冲击工件以进行加工或切割（图3-57）。水从水泵抽出后，先经过贮液蓄能器，使水流平稳，然后通过增压器增压，最后水从孔径为0.1～0.5mm的人造蓝宝石喷嘴中喷出，直接压射在加工工件上，水流的功率密度可达$10^6W/mm^2$，加工中被水流冲刷下来的“切屑”被液流带走。

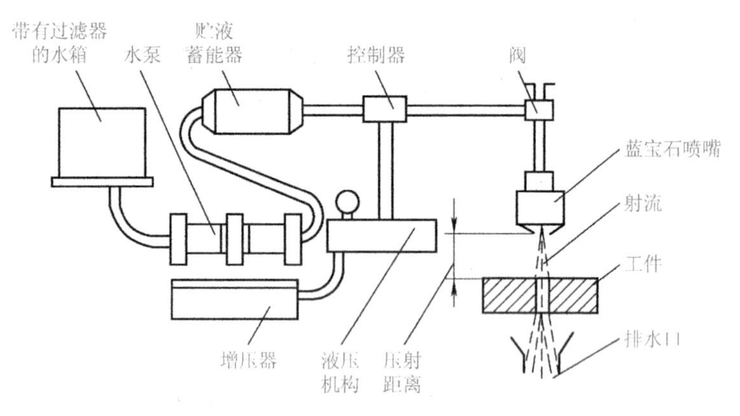

图3-57　水射流切割原理

水射流切割的加工深度取决于水流喷射的速度、压力以及压射距离；切割速度取决于工件材料，并与所用的加工功率成正比，与材料厚度成反比；切割精度主要受喷嘴轨迹精度的影响；切缝大约比所采用的喷嘴孔径大0.025mm，在水中加入添加剂能改善切割性能并减小切割宽度。在水中混入磨料细粉，可提高切割速度，增大切割厚度。另外，压射距离对切口斜度的影响很大，压射距离越小，切口斜度也越小。

4. 水射流切割的特点及应用

（1）水射流切割的特点

1）集成化技术。水射流切割是集机械、电子、计算机、自动控制技术于一体的冷态切割工艺，是目前世界上先进的切割工艺方法之一。

2）加工质量好。和传统的切割工艺相比，水射流切割具有切缝窄（0.075～0.40mm），切口平整，无热变形，无边缘毛刺，切割速度快，效率高等特点，可节约材料和加工成本。另外，水射流切割不破坏材料内部组织，可延长被切割材料的疲劳寿命。

3）适用范围广。水射流切割对切割材料无选择，适用材料范围较广，目前已广泛用于铝、铅、铜、钛合金、不锈钢、复合材料、陶瓷、玻璃、石棉、混凝土、岩石、软木、胶合板、橡胶、棉布、纸、塑料、皮革等近80种材料的切割。

4）工作条件较好。水射流切割时无尘、无味、无毒、无火花，振动小、噪声低，切割过程中无污染。

5）使用成本较高。影响水射流切割广泛应用的主要因素是一次性初期投资较高。其喷嘴的成本较高，设备使用寿命、切割速度和精度仍有待进一步提高。

（2）水射流切割的应用

1）替代刀具进行切割加工。水射流切割可以代替硬质合金切槽刀具，用于加工厚度从几毫米到几百毫米的材料，还可以在经化学加工的零件保护层表面上划线。

2）可对各种材料进行切割。水射流切割可以切割各种金属、非金属材料，各种硬、脆、韧性材料和复合材料等。由于加工温度较低，水射流切割还可用于加工木板和纸品。

3）应用于各种加工环境。水射流切割适用于各种环境，尤其适合于恶劣的工作环境和有防爆要求的危险环境。

第七节　再制造工程

一、再制造工程的概念

再制造工程（Remanufacturing Engineering，RE）是以产品全生命周期理论为指导，以报废设备及其零部件的循环使用和反复利用为目的，以报废产品为毛坯，采用先进再制造成形技术（包括高新表面工程技术、数控化改造技术、快速成形技术及其他加工技术），使报废设备及其零部件恢复尺寸、形状和性能，形成再制造产品的一系列技术措施或工程活动的总称。再制造是循环经济的重要技术支撑，其工艺路线如图3-58所示。

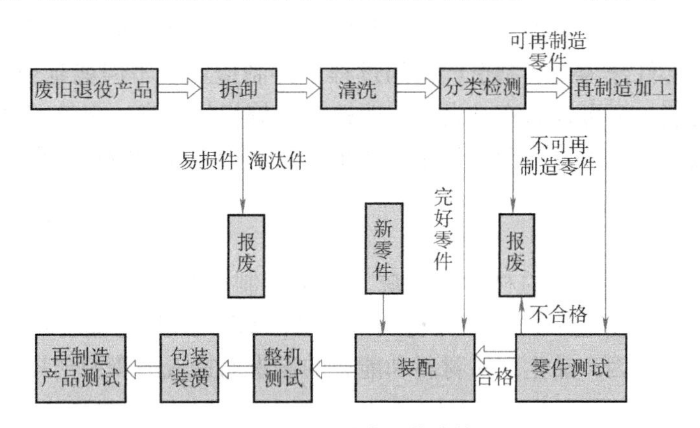

图3-58　再制造工艺路线图

在20世纪的100年间，人类创造的物质财富超过了以往5000年的历史总和，与此同时也极大地消耗了地球资源，所造成的环境污染超出了大自然的恢复能力。随着资源的日益枯竭和环境污染的加剧，人们逐渐认识到可持续发展战略的重要意义，并不断探索实现可持续发展的手段。再制造工程就是在人类对资源要求日益增长和对环境保护的迫切需要的情况下，形成的一门新的工程学科。因其巨大的资源、环境、社会效益而受到世界各国的重视，成为落实可持续发展战略的重要技术支撑，已经在工业发达国家得到了广泛的研究和应用。

再制造工程是废旧装备高技术维修的产业化工程，再制造出来的产品是新产品而不是旧产品，其重要特征是再制造产品质量和性能可以达到或超过新品，而成本只有新品的50%，制造过程节能60%，节材70%，对环境的不良影响显著降低。传统产品的全生命周期是“研制-使用-报废”，其物流是一个开环系统。而再制造产品的全生命周期是“研制-使用-再生”，其物流是一个闭环系统（图3-59），这是对全生命周期理论的深化和发展。再制造工程的迅速发展是可持续发展战略的必然要求，因其在产品中明显的后发优势及巨大的资源、环境、社会效益而得到了广泛的重视，也必将在更多的产品领域得到应用。

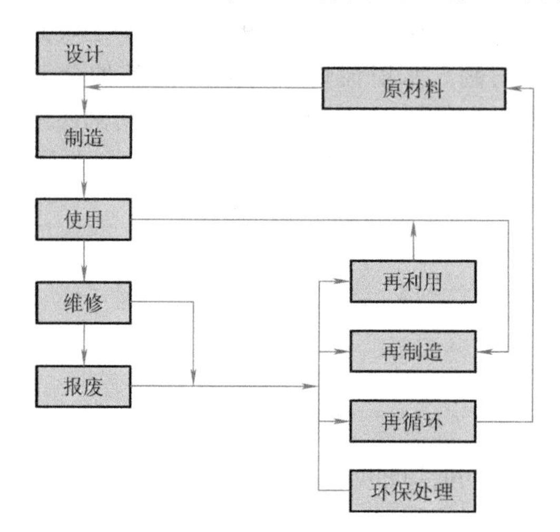

图 3-59　再制造产品的物流系统

二、再制造工程的特点

传统制造是将原材料经过加工制造成产品的过程，而再制造是以废旧产品中可继续使用或可修复再用的零部件作为毛坯制造产品的过程。再制造工程不但能延长产品的使用寿命，提高产品的技术性能，还可以为产品设计、改造和维修提供信息，最终达到产品的全生命周期费用最合理，最大限度地发挥产品作用的效果。再制造工程的特点主要体现在以下几个效益上。

1. 资源效益

再制造工程能够节约大量的材料和能源。由于再制造是直接利用产品的零部件进行生产，所以原产品第一次制造中的大部分材料（85% ~95%）和能源（约 85%）得以保留，因此再制造工程减少了因产品生产对材料和能源的需求而造成的资源消耗。

2. 环保效益

再制造工程使大量的废旧产品得到了再生，减少了掩埋土地使用量和直接掩埋对环境造成的污染，而且再制造工程避免了采用再循环等低效益的回收处理方式对环境造成的二次污染。由于再制造生产是从零部件开始的，减少了零部件本身的加工，从而大大减少了产品生产过程中对环境的污染和危害。再制造工程已被看作是减少温室气体排放量、改善气候的一个重要措施。

3. 社会经济效益

再制造工程的社会经济效益表现在多个方面。

1）再制造工程是一个巨大的产业，能够创造可观的经济收入。现在美国每年在再制造领域生产的产品价值约为 1.4 万亿美元，为再制造产品原有价值的 26 倍。可见，再制造业未来的发展潜力十分巨大。

2）再制造业是一个劳动密集型产业，能够创造大量的就业机会。进行再制造生产的企业可作为培训产业工人并促进就业的重要场所。

3）再制造减少了废旧产品的环保处理量和新产品的生产量，减少了环境污染，避免了处理产品废弃物所耗费的巨额开支。

4）由于再制造生产的起点是原产品的零部件，因而保留了大量原制造过程中注入的材料、能源、设备磨损、劳动力等附加值。而且再制造产品一般能够直接再用原产品中50%～90%的零件，所以在保证性能与新品相当的情况下，再制造产品价格一般是新品的40%～70%。物美价廉的再制造产品可以极大地促进人们生活水平的提高。

三、再制造工程的发展历程

（1）国外发展状况

欧美等国的再制造是在原型产品制造工业基础上发展起来的，现已形成了巨大的产业。欧美国家的再制造，在再制造设计方面，主要结合具体产品，针对再制造过程中的重要因素，如拆卸性能、零件的材料种类、设计结构与紧固方式等进行研究；在再制造加工方面，对于机械产品，主要通过换件修改法和尺寸修理法来恢复零部件的尺寸。对于电子产品，将仍有使用价值的零部件予以直接的再利用。

美国于20世纪90年代建立了国家再制造与资源回收中心、再制造研究所以及再制造工业协会。美国军方高度重视再制造，将武器系统的再制造列为国防工业的重要研究领域。通过再制造，美军一方面使大量濒临报废的装备重新焕发生机，以很低的费用维持了武器装备的战备完好率；另一方面大大提高了现有武器的战术技术性能，也为先进技术提供了一个十分难得的应用和检验的机会。

欧洲的一些国家通过了有利于再制造工程的相关法律和法规。德国大众汽车公司（Volkswagen）销售的再制造发动机及其配件和新机的比例达9∶1。

日本注重对工程机械的再制造研究，再制造的工程机械除了由国内用户使用外，还出口到国外。

（2）国内发展状况

中国特色的再制造工程是在维修工程、表面工程基础上发展起来的，主要基于寿命评估技术、复合表面工程技术、纳米表面技术和自动化表面技术。这些先进的表面技术是国外再制造时所不曾采用的。

2000年3月，在瑞典哥德堡市召开的第15届欧洲维修团体联盟学术会议上，中国工程院院士徐滨士发表了题为“面向21世纪的再制造工程”的会议论文，这是我国学者首次在国际上提出“再制造”的概念。

2000年12月，由24位院士牵头完成的中国工程院咨询报告《绿色再制造工程及其在我国应用的前景》呈报国务院，国务院办公厅批转10个部委研究参阅，标志着再制造工程在我国正式起步。

2009年1月，《中华人民共和国循环经济促进法》生效，该法在第二条、第四十条及第五十六条中六次阐述再制造，标志着再制造已进入国家法律。

在我国，再制造工程研究受到了政府等有关部门的高度重视，并将机电设备和国防装备再制造中的有关重要技术，如再制造设备失效行为分析及寿命评估、设备再制造的纳米复合及原位自修复生长成形技术、再制造部件和产品综合性能在线检测和计算机模拟等，列入先进制造技术发展前瞻和国家自然科学基金机械学科优先资助项目，优质、高效、低耗、清洁、具有中国特色的再制造工程在我国蓬勃发展。

四、再制造与维修、再循环的区别

1. 再制造不同于维修

维修是在产品的使用阶段为了保持其良好状况及正常运行而采取的技术措施，常具有随机性、原位性、应急性等特性。维修的对象是有故障的产品，多以换件为主，辅以单个或小批量的零（部）件修复，难以形成批量生产。且维修后的产品多数在质量、性能上难以达到新品水平。

再制造是规模化、批量化生产，将大量相似的废旧产品回收拆卸后，按零部件的类型进行收集和检测，将有再制造价值的废旧产品作为再制造毛坯，利用先进技术和现代生产管理，对其进行批量化修复、性能升级，所获得的再制造产品在技术性能上能达到甚至超过新品。

2. 再制造不同于再循环（回收利用）

再循环是通过熔化钢铁或溶解纸张等加工方式，得到原材料的过程。原先制造时注入零件中的能源价值和劳动价值等附加值全面丢失，所获得的产品只能作为原材料使用，在回炉及以后的成形加工中还要消耗能源，对环境有较大的影响。

再制造是以废旧零部件为毛坯，通过高新技术加工获得高品质、高附加值产品的过程，其消耗的能源少，最大限度地保留了废旧零部件中蕴含的价值，且成本远远低于新品。

再制造产品既包括质量与性能等同于或高于原产品的复制品，也包括改造升级的换代产品。技术进步的加快和人们需求的提高，使得产品的使用时间缩短。通过再制造工程以最低成本和资源消耗来升级换代产品将是一条重要途径。例如，美国 B-52H 轰炸机，原机设计始于 1948 年，1961—1962 年生产，1980 年、1996 年两次应用技术改造和再制造工程，使其战术技术性能至今仍保持先进。

通过修复与改造，再制造工程充分提取投入到原产品中的附加值。一般来说，产品的附加值要远远高于原材料成本。如光学镜片，其原材料成本不超过产品成本的 5%，另外的 95% 则是产品的附加值。而通常所说的再循环不但不能回收产品的附加值，还需要增加劳动力、能源和加工成本，才能将报废产品变为原材料。

思考与练习

1. 现代加工技术的种类有哪些?
2. 现代加工技术有何特点?
3. 简述现代加工技术的发展历程及发展趋势。
4. 什么叫超高速加工技术?超高速加工有什么特点?
5. 通过查找资料，了解超高速加工关键技术的发展现状。
6. 试对传统机床和并联机床进行比较。
7. 什么叫超精密加工技术?
8. 通过查找资料，了解超精密加工技术的应用现状。
9. 简述超精密加工的发展历程及发展趋势。
10. 什么叫微细加工技术?微细加工技术有什么特点?
11. 通过查找资料，了解微型机械加工技术的最新成果。
12. 通过查找资料，了解国内外当前最新的微细加工技术。
13. 什么叫快速成形技术?快速成形技术的原理是什么?
14. 快速成形技术与传统切削加工技术相比有何特点?
15. 有人说材料是快速成形技术的核心，你是如何理解这一说法的?
16. 常用快速成形技术有哪些?各有什么特点?
17. 简述4D打印的特点及应用。
18. 简述4D打印与3D打印的区别。
19. 通过查找资料，了解目前国内外最新的快速成形技术。
20. 什么叫特种加工技术?特种加工技术有何特点?
21. 你是如何理解技术领域的“塞翁失马”，坏事变成好事的?
22. 除了电火花加工的发明外，你还了解哪些来源于“意外”的发明创造?
23. 特种加工与传统加工相比，有哪些不同之处?
24. 为什么特种加工能用来加工难加工材料和形状复杂的工件?
25. 通过查找资料，了解除了教材所述内容之外，国内外当前还有哪些特种加工技术。
26. 通过查找资料，了解电火花线切割中快走丝、慢走丝和中走丝三种加工形式的具体内容。
27. 为什么激光可以作为加工能源，而普通的可见光却不能?
28. 在日常学习和生活中，有哪些物品是用快速成形或特种加工方法制造的?
29. 什么叫再制造工程?再制造工程有何意义?
30. 再制造工程与传统的废品回收相比有何异同?

4

第四章　制造自动化技术

学习目标

知识目标

1. 掌握制造自动化技术的概念，了解制造自动化技术的发展历程及发展趋势。

2. 掌握计算机辅助制造的概念，掌握数控技术的概念，了解数控加工的特点，了解数控机床的分类，了解数控技术的发展历程和发展趋势，了解CAD/CAM系统的组成及功能，了解CAD/CAM系统主要专用软件。

3. 掌握工业机器人的概念，了解工业机器人的分类及应用，了解工业机器人的发展历程及发展趋势。

4. 掌握柔性制造系统的概念，了解柔性制造系统的组成及功能，了解柔性制造系统的特点，了解柔性制造系统的发展历程及发展趋势。

5. 掌握计算机集成制造、计算机集成制造系统的概念，了解计算机集成制造系统的特点，了解计算机集成制造系统的发展历程及发展趋势。

能力目标

1. 能借助信息查询手段查找有关制造自动化技术的资料。

2. 具备知识拓展能力及适应发展的能力。

素养目标

1. 具有社会责任感，爱党报国、敬业奉献、服务人民。

2. 具有批判质疑的理性思维和勇于探究的科学精神。

3. 拥有信息素养，培养创新思维能力。

4. 具备将制造自动化技术应用于具体制造领域的能力。

第一节　概　　述

制造自动化技术是制造业发展的重要表现和重要标志，代表着先进制造技术的水平，也体现了一个国家科技水平的高低，推动了社会的发展和科技进步。制造自动化技术促使制造业逐渐由劳动密集型产业向技术密集型和信息知识密集型产业转变，采用制造自动化技术不仅可显著地提高劳动生产率、大幅度提高产品质量、降低制造成本、提高经济效益，还能有效地改善劳动条件、提高劳动者的素质、有利于产品更新、带动相关技术的发展，大大提高企业的市场竞争能力。

一、制造自动化技术概述

1. 制造自动化

制造自动化是在广义的制造过程的所有环节采用自动化技术，实现制造全过程的自动化。

自动化是美国福特汽车公司（FORD）机械工程师哈德（D. S. Harder）在1946年提出来的。他认为在生产过程中，机械零部件在不同机器间转移时不用人工搬运就实现了自动化，这是早期“制造自动化”的概念。

制造自动化的概念经历了一个动态的发展过程。按哈德的描述，早期人们对自动化的理解或者说对自动化功能的期待，只是以机械的动作代替人力操作，自动地完成特定的工作。这实质上是认为自动化就是用机械代替人的体力劳动。随着电子技术和信息技术的发展，特别是随着计算机的出现和广泛应用，自动化的概念扩展为：用机器（包括计算机）不仅代替人的体力劳动，而且还代替或辅助人的脑力劳动，自动地完成特定的工作。

2. 制造自动化技术

制造自动化技术是研究对制造过程的规划、运作、管理、组织、控制与协调优化等的自动化的技术，以使产品制造过程实现高效、优质、低耗、及时和洁净的目标。

与制造自动化概念的发展相类似，制造自动化技术也经历了一个长期的发展过程，从早期的刚性自动化、数控加工等阶段，发展到目前的柔性制造、计算机集成制造等阶段。其中最重要的技术为数控技术、工业机器人技术、柔性制造技术和计算机集成制造技术等。

制造自动化技术是现代制造技术的重要组成部分，也是人类在长期的生产活动中不断追求的目标。制造自动化技术是当今制造科学与制造工程领域中涉及面非常广泛、研究十分活跃的领域。

二、制造自动化技术的发展历程

1. 制造自动化技术发展的阶段

自动化技术的发展历史是一部人类以自己的聪明才智延伸和扩展自身器官功能的历史，自动化是现代科学技术和现代工业的结晶，其发展充分体现了科学技术的综合作用。

制造自动化技术的发展与制造技术的发展密切相关。制造自动化技术的发展过程可以通过图4-1来加以说明，它体现了制造自动化技术发展的5个阶段。

（1）刚性自动化技术阶段

刚性自动化技术在20世纪四五十年代已相当成熟，是指应用传统的机械设计与制造工

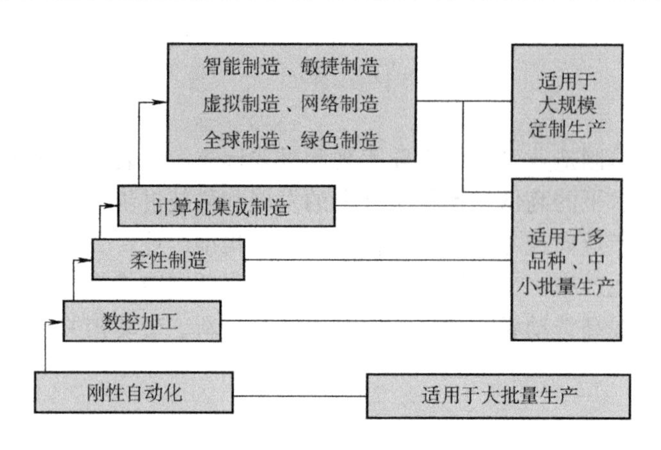

图4-1　制造自动化技术的发展阶段

艺方法，采用专用机床和组合机床、自动单机或刚性自动化生产线进行大批量生产。其引入的新技术有继电器程序控制、组合机床等。刚性自动化技术具有生产率高的优势，但难以适应生产产品的改变。

(2) 数控加工技术阶段

数控加工技术包括数字控制技术和计算机数字控制技术，使用数控机床作为加工设备。数控加工技术的特点是柔性好、加工质量高，适用于多品种、中小批量（包括单件）产品的生产。

(3) 柔性制造技术阶段

柔性制造技术强调制造过程的柔性和高效率，适用于多品种、中小批量的生产。柔性制造技术涉及的主要技术包括成组技术、计算机直接数控和分布式数控技术、柔性制造单元、柔性制造系统、仿真技术、制造过程监控技术及计算机控制与通信网络等。

(4) 计算机集成制造技术阶段

计算机集成制造技术强调制造全过程的系统性和集成性，以解决现代企业生存与竞争的TQCSE，即时间、质量、成本、服务和环保问题。计算机集成制造技术涉及的技术非常广泛，包括现代制造技术、管理技术、计算机技术、信息技术、自动化技术和系统工程技术等。

(5) 新的制造自动化技术阶段

为适应社会发展的需要，实施大规模定制生产，这一阶段诞生了许多全新的制造模式，如智能制造、敏捷制造、虚拟制造、网络制造、全球制造、绿色制造等。

2. 国外的发展状况

第一次工业革命，以机械化形式的自动化来减轻、延伸或取代人的体力劳动；第二次工业革命即电气化，进一步促进了自动化的发展。据统计，1870—2000年，加工效率提高了20倍，即体力劳动得到了有效的缓解，但管理效率只提高了1.8~2.2倍，设计效率只提高了1.2倍，这表明脑力劳动远没有得到有效的解放。

20世纪40年代是自动化技术和理论形成的关键时期，一批科学家为了解决军事上提出的火炮控制、鱼雷导航、飞机导航等技术问题，逐步形成了以分析和设计单变量控制系统为主要内容的经典控制理论与方法。机械、电气和电子技术的发展为生产自动化提供了技术手段。1946年哈德首先提出用“自动化”一词来描述生产过程的自动操作。1947年美国建立了第一个生产自动化研究部门。1952年迪博尔德（J. Diebold）编写的第一本以自动化命名的《自动化》一书出版，他认为“自动化是分析、组织和控制生产过程的手段”。20世纪50年代，自动控制作为提高生产率的一种重要手段开始推广应用，在机械制造中的应用形成了机械制造自动化；在石油、化工、冶金等连续生产过程中应用，对大规模的生产设备进行控制和管理，形成了过程自动化；电子计算机的推广和应用，使自动控制与信息处理相结合，出现了业务管理自动化。

20世纪50年代末到60年代初，大量的工程实践，尤其是航天技术的发展，涉及大量的多输入多输出系统的最优控制问题，经典的控制理论已难于解决，于是产生了以极大值原理、动态规划和状态空间法等为核心的现代控制理论。现代控制理论提供了满足发射第一颗人造卫星的控制手段，保证了其后的若干空间计划（如导弹的制导、航天器的控制）的实施。

20世纪60年代中期，现代控制理论在自动化中的应用，特别是在航空航天领域的应用，产生了一些新的控制方法和结构，如自适应和随机控制、系统辨识、微分对策、分布参数系统等。与此同时，模式识别和人工智能也发展起来，出现了智能机器人和专家系统。现代控制理论和电子计算机在工业生产中的应用，使生产过程控制和管理向综合最优化发展。

20世纪70年代中期，自动化的应用开始面向大规模、复杂的系统，如大型电力系统、交通运输系统、钢铁联合企业、国民经济系统等，不仅要求对现有系统进行最优控制和管理，而且还要对未来系统进行最优筹划和设计，运用现代控制理论方法已不能满足需要，于是出现了大系统理论与方法，并广泛地应用到国防、科学研究和经济等各个领域。

20世纪80年代初，随着计算机网络的迅速发展，管理自动化取得较大进步，出现了管理信息系统（Management Information System，MIS）、办公自动化（Office Automation，OA）、决策支持系统（Decision Support System，DSS）。与此同时，开始综合利用传感技术、通信技术、计算机技术、系统控制和人工智能等新技术和新方法来解决当时社会所面临的工厂自动化（Factory Automation，FA）、办公自动化、医疗自动化（Medical Automation，MA）、农业自动化（Agricultural Automation，AA）以及各种复杂的社会经济问题，研制出了柔性制造系统、决策支持系统、智能机器人和专家系统等高级自动化系统。

3. 国内的发展状况

我国第一条机械加工自动线于1956年投入使用，是用于加工汽车发动机气缸体端面孔的组合机床自动线。1959年建成的加工轴承内外圈的自动线是我国第一条加工环套类零件的自动线。第一条加工轴类零件的自动线是1969年建成的加工电动机转子轴自动线。1964—1974年，我国机床制造厂为第二汽车制造厂（东风汽车集团公司）提供了57条自动线和8000多台自动化设备。

我国制造自动化的发展以立足国情、瞄准世界先进水平、提高竞争力为前提，采用人机结合的适度自动化技术，将自动化程度较高的设备（如数控机床、工业机器人等）和自动化程度较低的设备有效地组织起来。在此基础上，实现以人为中心，以计算机为重要工具，建成具有柔性化、智能化、集成化、快速响应和快速重组特点的制造自动化系统。

我国工业自动化行业相对于国外发达国家起步较晚，直到进入21世纪才开始普及，在技术积累和产品的性能、稳定性及可靠性方面与国外领先企业仍有较大差距，尤其是在高端产品领域差距更大，目前只有少数领先的本土品牌在产品技术和性能上接近甚至达到了国外知名品牌的水平，正逐步涉足高端应用领域。

三、制造自动化技术的发展趋势

1. 敏捷化

敏捷化是指产品制造的整个过程要具备敏捷性和主动的综合应变能力，包括柔性、重构能力、快速化的集成制造工艺等内容。

2. 网络化

制造的网络化，特别是基于 Internet/Intranet 的制造已成为制造自动化技术重要的发展趋势，主要包括以下几个方面：制造环境内部的网络化，以实现制造过程的集成；制造环境与整个制造企业的网络化，以实现制造环境与企业中工程设计、管理信息系统等各子系统的集成；企业与企业间的网络化，以实现企业间的资源共享、组合与优化利用。通过制造网络，企业还可以实现异地制造。

3. 虚拟化

基于数字化的虚拟技术主要包括虚拟现实技术、虚拟产品开发技术、虚拟制造技术和虚拟企业。制造虚拟化指将现实制造环境及其制造过程，通过建立系统模型，映射到计算机及其相关技术所支撑的虚拟环境中，在虚拟环境下模拟现实制造环境及其制造过程的一切活动和产品制造全过程，并对产品制造及制造系统的行为进行分析和评价。

4. 智能化

智能化是制造系统在柔性化和集成化基础上的进一步发展和延伸，研究的重点是具有自律、分布、智能、仿生、敏捷等特征的新一代自动化制造系统。智能制造技术的宗旨在于通过人与智能机器的合作共事，去扩大、延伸和部分地取代人类专家在制造过程中的脑力劳动，以实现制造过程的优化。

5. 全球化

智能制造系统和敏捷制造战略的发展和实施，促进了制造业的全球化。随着网络全球化、市场全球化、竞争全球化、经营全球化等概念的出现，制造全球化的研究和应用发展迅速，全球化制造的体系结构正在逐步形成。

6. 绿色化

如何使制造业尽可能少地产生环境污染是当前环境问题研究的一个重要方面，最有效地利用资源和最低限度地产生废弃物，是当前世界环境问题的治本之道。对制造环境和制造过程而言，绿色制造主要涉及资源的优化利用、清洁生产和废弃物的最少化及综合利用。绿色制造已成为全球可持续发展战略对制造业的具体要求和体现。

第二节　计算机辅助制造

一、计算机辅助制造的概念

计算机辅助制造（Computer Aided Manufacturing，CAM）有广义和狭义两种定义。广义 CAM 一般是指利用计算机辅助完成从生产准备到产品制造整个过程的活动，包括工艺过程设计、工装设计、数控自动编程、生产作业计划、生产控制、质量控制等。狭义 CAM 通常是指数控程序编制，包括刀具路径规划、刀具文件生成、刀具轨迹仿真及数控代码生成。

二、数控技术

机床是人类进行生产劳动的重要工具，也是一个社会生产力发展水平的重要标志。普通机床经历了两百年的发展历史，随着电子技术、计算机技术、自动化技术、精密机械与测量等技术的发展与综合应用，产生了机电一体化的新型机床——数控机床。数控机床一经使用就显示出了其独特的优越性和强大的生命力，使原来不能解决的许多问题，都找到了科学解决的途径。有人曾总结说，20 世纪人类社会最伟大的科技成果是计算机的发明与应用，而计算机及控制技术在机械制造设备中的应用，则是 20 世纪制造业取得的最大的技术进步。由此可见数控技术在现代制造技术中的地位。

1. 数控技术的概念

数控技术是数字控制技术的简称，是将加工工件的全部过程以数字化信号的形式记载在存储介质（早期多为穿孔带、穿孔卡、磁带、磁盘等，现多为固态硬盘、U 盘等）上，并输入到机床的数控装置，由数控装置自动控制机床各运动部件的动作顺序、运动速度、位移量及各种辅助功能（如切削液开关、换刀）等，以实现加工过程自动化。数控技术是综合了计算机技术、微电子技术、电力电子技术及现代机械制造技术等的柔性制造自动化技术。

采用数控技术的控制系统称为数控系统。数控机床（图 4-2）就是采用了数控技术的机床，或者说是装备了数控系统的机床。

2. 数控加工的特点

与常规加工相比，数控加工具有如下特点。

数控技术的概念和特点

（1）自动化程度高，劳动强度降低

数控机床对于工件的加工是按事先编制好的程序自动完成的，加工过程中不需要人的干预，加工完毕后自动停止，这可以降低操作者的劳动强度，改善劳动条件。

（2）加工精度高，产品质量稳定

数控机床能达到很高的加工精度，且加工时不受工件形状复杂程度的影响，可以在加工中消除操作者的人为误差，提高同批工件精度的一致性，从而使产品质量保持稳定。

（3）对加工对象的适应性强

加工程序是数控机床上用以实现自动加工的控制信息。在进行数控加工时，当加工对象改变后，除了相应地更换刀具、改变工件装夹方式外，只需重新编写并输入该工件的加工程序，机床便可自动加工出新的工件，不必对机床做任何复杂的调整。这就缩短了生产准备周期，为新产品的研制开发以及产品的改进、改型提供了捷径。

（4）生产率高

数控机床的加工效率高，这一方面是由于其自动化程度高，在一次装夹中能完成较多表面的加工，省去了划线、多次装夹、检测等工序；另一方面是因为数控机床的运动速度高，空行程时间短。

（5）有利于生产管理信息化

数控机床按加工程序自动进行加工，可以精确计算加工工时、预测生产周期；同时还具

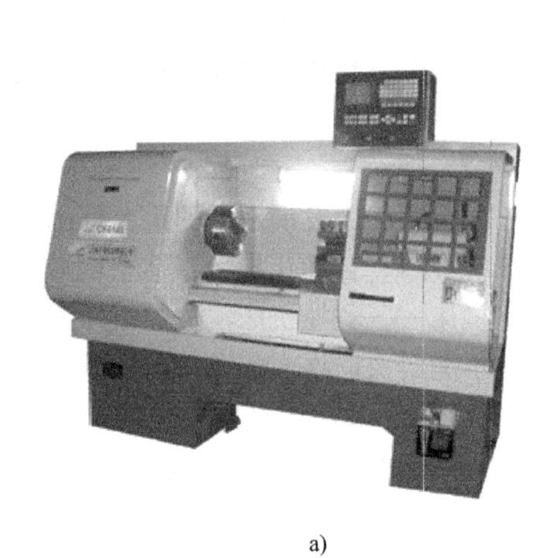
a)

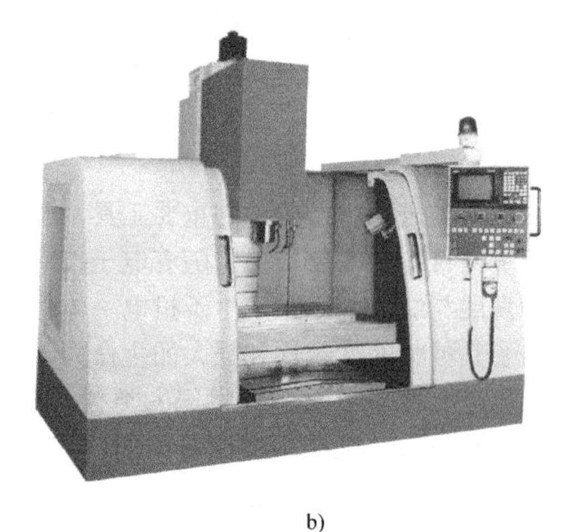
b)

图 4-2　数控机床
a）数控车床　b）数控铣床

有所用工艺装备简单的特点，采用的刀具已标准化，有效地简化了检验工装夹具和半成品的管理工作，这都有利于实现生产管理的信息化。另外数控机床使用数字信息作为控制信息，易与 CAD 系统连接，形成 CAD/CAM 一体化系统，也有利于生产管理的信息化，为企业制造信息化奠定了基础。

（6）数控加工的不足之处

数控机床价格相对较高，加工成本高；技术复杂，对工艺和加工程序编制要求较高；加工过程中难以调整；数控机床是复杂的机电一体化设备，维修较困难。当然，随着科学技术的发展，这些不足之处正在不断被克服，数控加工的应用越来越广泛。

3. 数控机床的分类

数控机床从诞生以来至今，已发展成品种齐全、规格繁多、能满足现代化生产要求的主流机床。目前，人们在对数控机床进行分类时，常采用下列几种方法。

（1）按工艺用途分类

1）普通数控机床。普通数控机床还可以进一步细分，分类方法与普通机床分类方法一样，可分为数控车床、数控铣床、数控钻床、数控磨床等。

2）数控加工中心。数控加工中心简称加工中心（Machining Center，MC），是在普通数控机床上加装刀库和自动换刀装置而组成的数控机床，可在工件一次装夹后进行多个工序的加工。

3）金属成形及特种加工数控机床。这类机床指金属切削类机床以外的数控机床，如数控线切割机床、数控电火花加工机床、数控激光切割机床、数控压力机等。

（2）按运动方式分类

1）点位控制数控机床。这类数控系统只控制刀具从一点到另一点的准确定位，在坐标运动过程中不进行加工，对刀具的运动轨迹没有要求。这类机床主要有数控钻床、数控坐标镗床、数控压力机等。图 4-3a 所示为数控钻床加工示意图。

2）直线控制数控机床。这类数控系统控制机床工作台或刀具以要求的进给速度，沿着平行于坐标轴的方向（一般还包括与坐标轴成 45°的斜线方向）进行直线移动和切削加工。

简易数控车床、数控镗铣床等就属于此类机床。图 4-3b 所示为数控铣床加工示意图。

3）轮廓控制数控机床。这类数控系统能对两个或两个以上运动坐标的位移及速度进行联动控制，使合成的运动轨迹满足加工的要求。这类机床主要有数控车床、数控铣床等。图 4-3c所示为轮廓控制加工示意图。

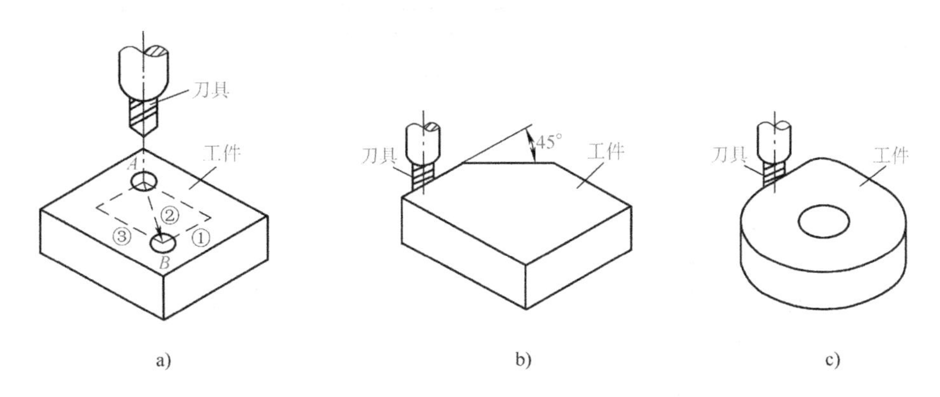

图 4-3 控制运动方式
a）点位控制 b）直线控制 c）轮廓控制

（3）按伺服系统的控制方式分类

1）开环控制数控机床。配备开环控制系统的数控机床没有位置检测装置，只按照数控装置的指令进行工作，对移动部件的实际位移不进行检测和反馈（图 4-4）。这种系统结构简单、调试方便、价格低廉、易于维修，但精度较低，多用于经济型数控机床。

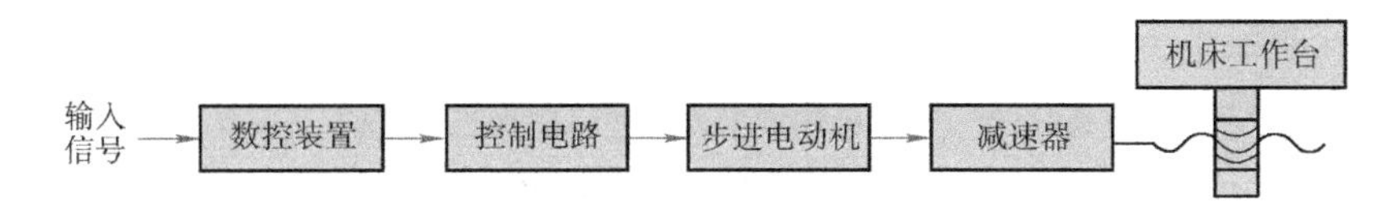

图 4-4 开环控制系统

2）闭环控制数控机床。配备闭环控制系统的数控机床在机床移动部件上装有位置检测装置，在加工过程中，位置检测装置随时将测量到的位移量反馈给数控装置的比较器，与输入指令进行比较，用差值控制运动部件，使其严格按实际需要的位移量运动（图 4-5）。配备这种系统的数控机床加工精度高、移动速度快，但安装调试比较复杂，且位置检测装置造价较高，多用于高精度数控机床和大型数控机床。

3）半闭环控制数控机床。与闭环控制数控机床不同，半闭环控制数控机床不是对工作台的实际位置进行检测，而是用安装在进给丝杠轴端或电动机轴端的角位移测量元件来测量进给丝杠或电动机轴的旋转角位移，以代替对工作台直线位移的检测（图 4-5）。这种测量装置简单，安装调试方便，并具有良好的系统稳定性。半闭环控制数控机床可以获得比开环控制数控机床更高的加工精度，但其位移精度比闭环控制数控机床要低，多用于中档数控机床。

4. 数控加工编程

数控机床与普通机床最明显的区别，是数控机床可以按事先编制的加工程序自动地对工件进行加工，而普通机床的整个加工过程必须通过技术工人的控制来完成，图 4-6 形象地说明了两者的主要区别。

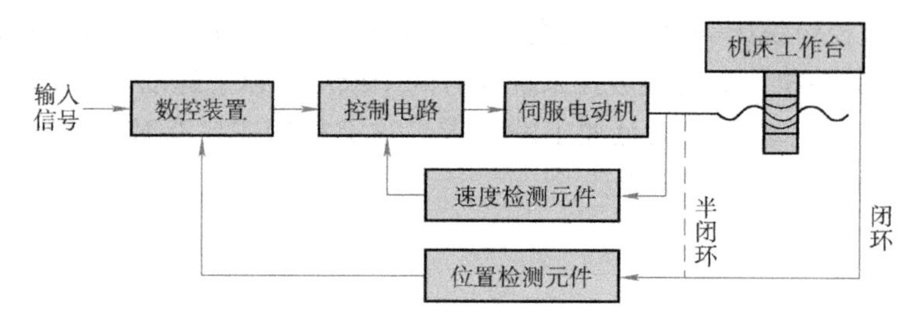

图 4-5　闭环控制系统和半闭环控制系统

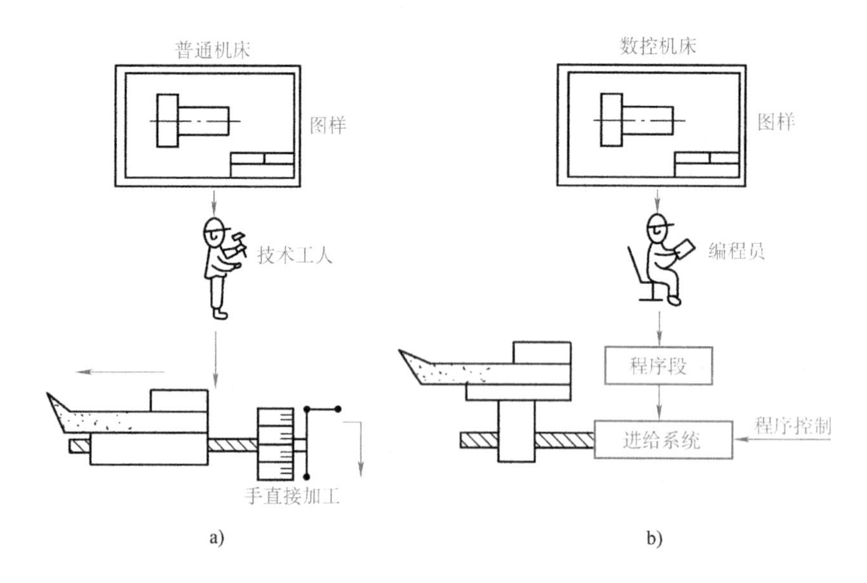

图 4-6　普通机床加工与数控机床加工的区别

a）普通机床加工　b）数控机床加工

（1）数控加工编程的概念

数控加工编程指在数控机床上加工工件时，编程人员根据图样要求，将加工工艺过程、工艺参数、刀具位移量及位移方向、其他辅助动作（刀具选择、切削液开关、工件夹紧等），按运动顺序、所用数控系统规定的坐标系、指令代码及程序格式编成加工程序单，经校核、试切无误后，制备在可存储的介质（称控制介质）上，然后再由相应的阅读器将程序输入数控装置中，从而控制数控机床运行的工作过程。

理想的数控加工程序不仅应保证加工出符合图样要求的合格工件，而且应能使数控机床的效能得到合理的应用和充分的发挥。

（2）数控加工编程的方法

1）手工编程。手工编程是指主要由人工来完成数控加工程序编制的编程方法。对于几何形状不太复杂的工件，由于其所需要的加工程序不长，计算也比较简单，出错机会较少，所以这时用手工编程既经济又方便。因而，手工编程广泛地用于几何形状简单工件的点位加工及平面轮廓加工中。

2）自动编程。自动编程是指由计算机完成数控加工程序编制中大部分或全部工作的编程方法。在自动编程中，编程人员只需按图样要求将加工信息输入到计算机中，计算机进行数值计算和后置处理后，便可自动编制出工件加工程序单。

自动编程可以大大减轻编程人员的劳动强度，与手工编程相比，编程效率提高了几十倍甚至上百倍，同时解决了手工编程无法解决的复杂工件的编程难题。自动编程是提高编程质量和效率的有效手段，有时甚至是实现某些工件加工程序编制的唯一手段。因此，除了少数情况下采用手工编程外，其余的数控加工都应采用自动编程。但是，手工编程是自动编程的基础，自动编程中的许多核心经验，都来源于手工编程。所以，对于数控编程的初学者来说，仍应从学习手工编程入手。

5. 数控技术的发展历程

（1）数控技术发展的阶段

1946 年，诞生了世界上第一台电子计算机，这是人类创造的可增强和局部代替脑力劳动的工具。它与人类之前创造的那些只是增强体力劳动的工具相比，有了质的飞跃，为人类进入信息社会奠定了基础，掀开了信息自动化的新篇章。1952 年，计算机技术被应用到了机床上，在美国诞生了第一台数控机床，使传统机床发生了质的变化。数控系统经历了两个阶段和七代的发展。

1）数控系统阶段（1952—1970 年）。这一阶段由于计算机的运算速度慢，不能适应机床实时控制的要求，所以只能采用由数字逻辑电路制成的专用计算机作为数控系统，称为硬件连接数控，简称数控（Numerical Control，NC）系统。随着使用元件的不同，这个阶段的数控系统历经了三代。

1952 年开始的第一代数控系统，使用的电子元件为电子管。

1959 年开始的第二代数控系统，使用晶体管和印制电路板。1959 年 3 月，美国克耐·杜列克公司（Keaney & Trecker，简称 K&T）发明了带有自动换刀装置的数控机床，即加工中心。

1965 年开始的第三代数控系统，使用小规模集成电路，由于它体积小、功耗低，使数控系统的可靠性大大提高。

2）计算机数字控制系统阶段（1970 年至今）。1970 年，通用小型计算机已出现并成批生产，开始作为数控系统的核心部件，从此进入了计算机数字控制阶段。随着计算机硬件软件的发展，数控系统也在不断升级。

1970 年开始的第四代数控系统，使用的是采用大规模集成电路的小型通用计算机。这一代数控系统是用小型计算机代替专用硬接线装置，以控制软件来实现数控功能的计算机数字控制（Computer Numerical Control，CNC）系统，简称计算机数控系统。

小型计算机功能很强，控制一台机床能力有富余，故当时出现了用一台计算机控制与管理数台数控机床，从而进行多种工件、多个工序自动加工的数控系统。这就是计算机群控系统，即直接数控（Direct Numerical Control，DNC）系统。

1974 年开始的第五代数控系统，使用微处理器。1971 年，美国英特尔公司（Intel）首次将计算机的两个最核心部件——运算器和控制器，采用大规模集成电路技术集成在一块芯片上，称为微处理器，也称中央处理器（Central Processing Unit，CPU）。1974 年开始以微处理器为核心的数控系统的使用，真正解决了之前的数控机床可靠性低、价格高和应用不方便等棘手问题，使数控机床真正进入实用阶段，得到了广泛的应用，这就是微机数控（Microcomputer Numerical Control，MNC）系统，目前仍习惯称为 CNC。现在使用的数控系统大多属于这一代系统。

1990 年开始的第六代数控系统，是基于计算机的数控系统。自 1987 年美国政府资助进行新一代数控系统（Next Generation Controller，NGC）项目以来，数控系统不断取得新的进展。20 世纪 90 年代后，基于 PC-NC 的智能数控系统得到了发展和应用，即在 PC 上安装 NC 软件系统。智能数控系统的显著特点是以微型计算机系统为数控系统的硬件平台，在通用操作系统环境下开发和运行，数控功能全部通过软件来实现，因此其柔性更大，操作界面更加宜人，体积更小，成本更低。

第七代数控系统是开放式 CNC 系统。国际电气与电子工程师学会（IEEE）关于开放式系统的定义是：开放式系统应保证使开发的应用软件能在不同厂商提供的不同的软硬件平台上运行，且能与其他应用软件系统协调工作。目前的数控技术采用开放式结构，具有模块化、可重新配置的特点，能根据用户的特殊需求进行配置，其内涵可以扩展，可融入其他的控制技术，也可以作为单项控制技术融入工厂自动化系统中。

数控技术的这些发展，使数控系统从早期只能解决单机柔性自动化加工问题，发展到目前能满足现代生产系统和控制系统配置需要的系统级控制器。

（2）国外发展状况

20 世纪中期，随着电子技术的发展，自动信息处理、数据处理以及计算机的出现，为自动化技术带来了新的概念，用数字化信号对机床运动及其加工过程进行控制，推动了机床自动化的发展。采用数字技术进行机械加工，最早是在 1948 年美国密歇根州北部一个小型飞机工业承包商帕森斯公司（Parsons）实现的。他们在制造飞机的框架及直升机的机翼时，提出了采用电子计算机对加工轨迹进行控制和数据处理的设想，后来得到美国空军的支持，并与麻省理工学院（MIT）合作，于 1952 年研制出了第一台三坐标数控铣床，这台数控机床被大家称为世界上第一台数控机床。帕森斯的设想，考虑了刀具直径对加工路径的影响，使加工精度达到了 ±0.0381mm（±0.0015in），是当时的最高水平，帕森斯因此获得了专利。

1954 年底，美国本迪克斯公司（Bendix）在帕森斯专利的基础上生产出了第一台工业用的数控机床，其控制系统（专用电子计算机）采用的是电子管。这是第一代数控系统，其体积庞大、功耗高，仅在一些军事部门中承担普通机床难于加工的形状复杂工件的加工任务。

数控技术虽经历了几十年的发展，但目前绝大部分数控技术仍封闭在系统框架内部，不具备移植性、兼容性和进行二次开发的可能，导致系统维护、技术升级极为困难，而且各厂商之间的数控系统软件、硬件模块和体系结构遵循各自独特的标准，系统之间不能相互替代和共享。为适应数控系统在控制性能上向智能化发展的趋势，美国、欧盟、日本等纷纷采取措施，联合各企业，甚至多国进行合作，投入大量的人力、财力，组织优势力量研究与开发新一代开放式体系结构和具有智能型功能的数控系统，包括美国的 NGC 和 OMAC 计划、欧盟的 OSACA 计划、日本的 OSEC 计划等。

随着数控系统性能的不断提升，数控机床的高速化成效显著。德国、美国、日本等各国争相开发新一代的高速数控机床，加工中心的主轴转速、工作台移动速度、换刀时间等性能都有较大的提升。一些数控系统推出了纳米轮廓控制、纳米高精度控制、纳米平滑加工、非均匀有理样条/非均匀有理 B 样条曲线（Non-Uniform Rational B-Splines，NURBS）插补等先进功能，能够提供以纳米为单位的插补指令，大大提高了工件加工表面的平滑性和表面质量。

经过持久研发和创新，德国、美国、日本等国已基本掌握了数控系统的领先技术。目前，在数控技术研究应用领域主要有两大阵营：一个是以发那科（FANUC）、西门子（SIEMENS）为代表的专业数控系统厂商；另一个是以山崎马扎克（Mazak）、德玛吉（DMG）为代表的自主开发数控系统的大型机床制造商。

（3）国内发展状况

我国从1958年开始研制数控机床，同年研制成功数控立式铣床，虽与日本研制数控车床和数控铣床的时间接近，但由于数控系统和相关的电、液元件未得到相应的发展，并没能形成数控机床产业。

20世纪60年代，一些高等院校、科研单位、企业从采用电子管着手，研究出部分样机，1965年开始研制晶体管数控系统。20世纪70年代初，研究出数控劈锥铣床、非圆插齿机、数控立铣床，以及数控车床、数控镗床、数控磨床、加工中心等。这一时期国产数控系统的稳定性、可靠性尚未得到很好的解决，因而限制了国产数控机床的发展。但数控线切割机床由于结构简单，价格低廉，使用方便，得到了较快的发展。

20世纪80年代初，随着改革开放政策的实施，我国从国外引进技术，开始批量生产微处理器数控系统，推动了我国数控机床新的发展高潮，开发了立式、卧式加工中心，立式、卧式数控车床，数控铣床，数控钻镗床，数控磨床，先后研制出了直径4m的数控立式车床，镗杆直径达160mm的数控落地镗铣床，以及40t的数控冲模回转头压力机。

20世纪90年代，我国加强了自主知识产权数控系统的研制工作，取得了一定的成效，在五轴联动数控系统（分辨率为0.02μm）、高精度车床数控系统、数字仿形系统、中低档数控系统等方面都取得了较多的成果。

我国数控技术经过1981—1985年技术引进、1986—1990年消化吸收和1991—1995年开发自主知识产权的数控系统三个阶段的发展，已建立起了两个具有自主知识产权的数控平台，即以PC为基础的总线式、模块化、开放型单处理器平台和多处理器平台；开发出了4个具有自主知识产权的基本系统：中华Ⅰ型、蓝天Ⅰ型、华中Ⅰ型、航天Ⅰ型，并在此基础上开发了数控车床和加工中心6个典型系统及针对数控磨齿机、齿轮机床、电加工机床、锻压机床、仿形机床、三坐标测量机等特定功能要求的16种派生系列。“十五”和“十一五”期间，我国数控技术的自主创新能力取得了显著提高。

经过几十年的发展，我国已形成具有一定技术水平和生产规模的产业体系，建立了武汉华中数控股份有限公司、沈阳数控机床有限责任公司、北京航天数控系统有限公司、广州数控设备有限公司和北京精雕科技集团有限公司等一批国产数控系统产业基地。虽然国产高端数控系统与国外相比在功能、性能和可靠性方面仍存在一定差距，但近年来在多轴联动控制、功能复合化、网络化、智能化和开放性等领域还是取得了一定的成绩。

多轴联动控制技术是数控系统的核心和关键，也是制约我国数控系统发展的一大瓶颈。近年来，在国家政策支持和多方不懈努力下得到了快速发展，逐渐形成了较为成熟的产品。武汉华中数控股份有限公司、北京航天数控系统有限公司、北京市机电研究院有限责任公司、北京精雕科技集团有限公司等已成功研发出五轴联动数控系统。2013年，应用华中数控系统，武汉重型机床集团有限公司成功研制出CKX5680七轴五联动车铣复合数控加工机床，用于大型高端舰船推进器关键部件——大型螺旋桨的高精、高效加工。同年，北京精雕科技集团有限公司推出了JD50数控系统，具备高精度多轴联动加工控制能力，可满足微米级精度产品的多轴加工需求，可用于加工航空航天精密零部件——叶轮。

目前，国际主流数控系统厂商大多推出了集成CAD/CAM技术的复合式数控系统。北京精雕科技集团有限公司推出的JD50数控系统，是集CAD/CAM技术、数控技术、测量技术为一体的复合式数控系统，具备在机测量自适应补偿功能，可在工件加工过程中实时测量，并根据测量结果构建工件实际轮廓，将其与理论轮廓间的偏差值自动补偿至加工路径中。该功能有效解决了产品加工过程中由于来料变形、装夹变形、装夹偏位等因素影响导致后续加工质量不稳定的问题。图4-7所示为利用JD50数控系统在鸡蛋表面进行图案雕刻。

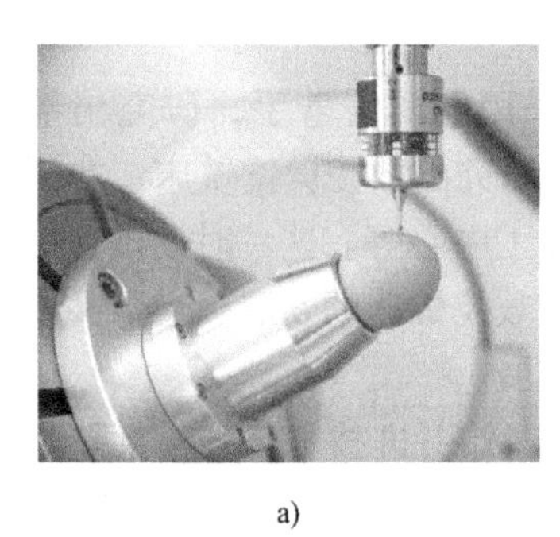

a)

b)

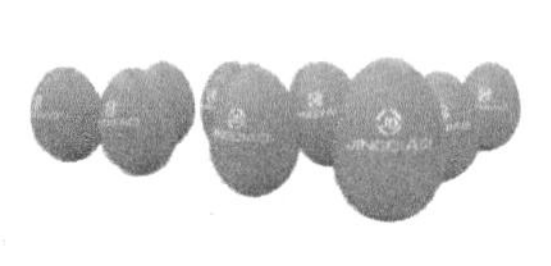

c)

图4-7　在鸡蛋表面雕刻图案

a）加工前检测实际轮廓　b）经自适应补偿后进行加工　c）存在形状差异对象的完美加工

6. 数控技术的发展趋势

（1）高速度、高精度

随着控制技术的发展，数控装置能高速处理输入的指令数据并计算出伺服机构的位移量，伺服电动机能快速做出反应，为数控机床向高速度、高精度方向发展提供了技术支撑。

（2）智能化

随着人工智能在计算机领域的不断渗透和发展，数控系统的智能化将不断提高。

智能化伺服驱动装置可以通过自动识别负载而自动调整参数，使驱动系统获得最佳的运行状态。

自适应控制技术可通过数控系统检测加工过程中的一些重要信息，并自动调整系统的有关参数，达到改进系统运行状态的目的。

引入专家系统指导加工，将熟练工人和专家的经验，加工的一般规律与特殊规律存入系统中，以工艺参数数据库为支撑，建立具有人工智能的专家系统。当前已开发出模糊逻辑控制和带自学习功能的人工神经网络的数控系统和其他数控加工系统。

（3）可靠性与故障自诊断

数控系统的可靠性是一个至关重要的指标，一般以平均故障间隔时间/平均无故障时间（Mean Time Between Failure，MTBF）作为可靠性的衡量指标，国外有的系统可达到10000h，而国内自主开发的数控系统仅能达到3000～5000h。

数控系统应尽量缩短修复时间，即维修性能要好，要有自诊断功能，有良好的检测方法，能快速确定故障的部位，以及时更换相应的模块。数控系统除了具有软件、硬件的故障自诊断程序，以快速确定故障部位外，还要具有远程诊断服务功能，用户可通过远距离诊断接口和联网功能与远程维修服务中心联系并取得支持，解决故障中的疑难问题。

（4）配置多种遥控接口和智能接口

数控系统除配置各种传统接口外，为适应网络技术的需要，许多数控系统带有与工业局域网络通信的功能。近年来不少数控系统还带有制造自动化协议（Manufacturing Automation Protocol，MAP）等高级工业控制网络接口，以实现不同厂家和不同类型机床联网的需要。

（5）系统的开放性

目前，以个人微机为平台的开放式数控系统有了很大的发展，数控系统生产厂家都在进行开放式数控系统的研究。理想的开放式系统为数控软件、硬件均可选择、可重组、可添加，这就要求具有统一的软、硬件规范化标准。目前美国、欧洲、日本的几大公司关于开放数控系统的计划正在执行中，已有样机产品。

三、CAD/CAM 集成技术

1. CAD/CAM 系统的组成

集成化是 CAD/CAM 技术发展的一个最为显著的趋势，是将 CAD、CAE、CAPP、CAM 以及 PPC（Production Planning and Control，生产计划与控制）等各种功能不同的软件有机地结合起来，用统一的控制程序来组织各种信息的提取、交换、共享和处理，保证系统内部信息流的畅通并协调各个系统有效地运行（图 4-8）。

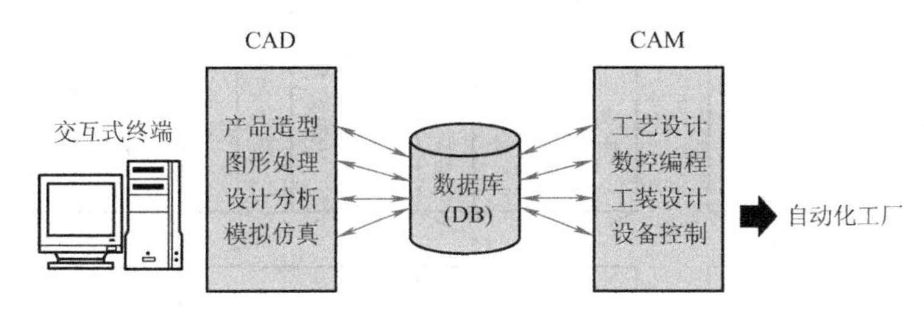

图 4-8　CAD/CAM 集成系统模式

CAD/CAM 系统由硬件系统和软件系统两部分组成（图 4-9），硬件系统包括计算机和外围设备；软件系统包括系统软件、应用软件（基础软件）和专业软件。系统软件主要包括操作系统、程序设计语言处理系统、数据库管理系统（Database Management System，DBMS）和网络系统。应用软件主要包括数据库分析处理软件、几何造型系统软件、图形处理软件和有限元分析计算软件等。专业软件是指针对不同应用领域而开发的 CAD/CAM 软件产品。

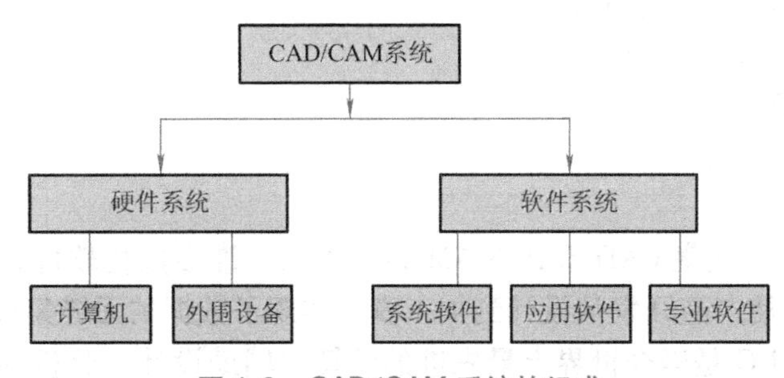

图 4-9　CAD/CAM 系统的组成

CAD/CAM 集成系统有不同的集成方式，有多种结构形式，图 4-10 所示为一种典型的 CAD/CAM 集成系统体系结构，整个系统分为应用系统层、基本功能层和产品数据管理层三个层次。

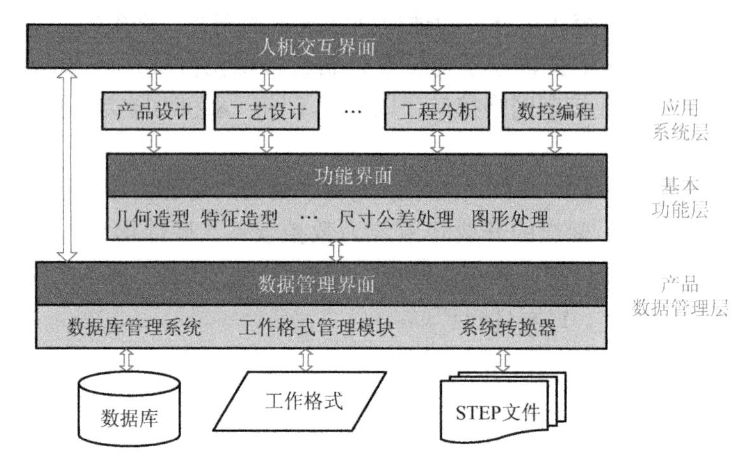

图 4-10　一种典型的 CAD/CAM 集成系统体系结构

经过集成后的 CAD/CAM 产品生产过程及 CAD/CAM 过程链如图 4-11 所示。

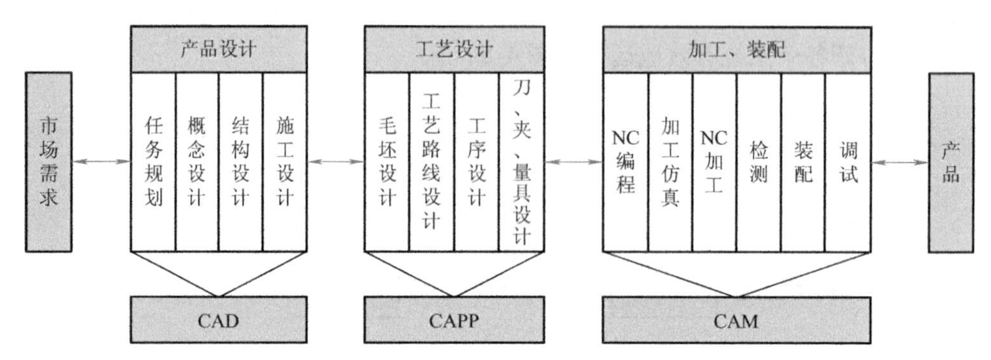

图 4-11　产品生产过程及 CAD/CAM 过程链

2. CAD/CAM 系统的主要功能

CAD/CAM 系统基本采用人机交互的工作方式，主要功能如下。

1）交互图形输入及输出功能。

2）几何建模功能，包括线框建模、表面建模和实体建模。

3）物性计算及工程分析功能。

4）处理数控加工信息的功能。

5）数据管理功能。

3. CAD/CAM 系统主要专用软件

（1）Unigraphics

Unigraphics（UG）是集 CAD/CAE/CAM 为一体的三维参数化软件，提供了一个基于过程的产品设计环境，使产品开发从设计到加工真正实现了数据的无缝集成，从而优化了企业的产品设计与制造。UG 是当今世界上最先进的计算机辅助设计、分析和制造软件，广泛应用于航空航天、汽车、船舶、通用机械和电子等工业领域。

美国全球服务公司（UGS）是全球领先的产品生命周期管理软件和服务提供商，其拳头产品UG是从二维绘图、数控加工编程、曲面造型等功能发展起来的软件。UG于1990年成为美国麦道飞机公司［McDonnell Douglas，现在的美国波音公司（Boeing）］的机械CAD/CAM/CAE标准。20世纪90年代初，美国通用汽车公司（GM）将其作为全公司的CAD/CAE/CAM/CIM主导系统。2007年UGS公司被德国西门子公司（SIEMENS）收购，更名为西门子PLM软件公司，并作为西门子自动化与驱动集团的一个全球分支机构展开运作。

（2）Pro/Engineer

Pro/Engineer（Pro/E）是美国参数技术公司（PTC）于1988年开发的一款CAD/CAM/CAE功能一体化的综合性三维软件，在目前的三维造型软件领域中占有重要地位，是现今最成功的CAD/CAM软件之一。

PTC提出的单一数据库、参数化、基于特征、全相关的概念改变了机械CAD/CAE/CAM的传统观念，这种全新的概念已成为当今世界机械CAD/CAE/CAM领域的标准并得到业界的认可和推广。利用该概念开发出来的第三代机械CAD/CAE/CAM产品Pro/E能将设计至生产全过程集成到一起，让所有的用户能够同时进行同一产品的设计制造工作，实现了所谓的并行工程。

2010年10月29日，PTC宣布推出Creo设计软件，Pro/E正式更名为Creo。

（3）AutoCAD

AutoCAD是美国欧特克公司（Autodesk）于20世纪80年代初为在微机上应用CAD技术而开发的绘图程序，在设计、绘图和相互协作方面展示了强大的技术实力。由于该软件具有易于学习、使用方便、体系结构开放等优点，深受广大工程技术人员的喜爱。经过不断的完善，AutoCAD现已成为国际上广为流行的绘图工具和应用最广的CAD软件。

AutoCAD在航空航天、机械、船舶、建筑、电子、化工、美工、纺织、地理等领域得到了广泛的使用，在全世界150多个国家和地区广为流行，占据了近75%的国际CAD市场。

（4）CATIA

CATIA是法国著名飞机制造商达索公司（Dassault）于1977年开发，现由国际商业机器公司（IBM）负责销售的CAD/CAM/CAE/PDM集成化应用系统，在世界CAD/CAM/CAE/PDM领域处于领先地位。

CATIA起源于航空业，被广泛应用于航空航天、汽车、船舶、机械、电子、电器及消费品行业。

CATIA最大的标志性客户是波音公司（Boeing），通过它建立起了一套无纸飞机生产系统，取得了巨大成功。波音777客机除了发动机以外的所有零件的生产，包括零件预装配，都是由CATIA软件完成的。CATIA也是汽车工业的事实标准，是欧洲、北美和亚洲顶尖汽车制造商采用的核心系统。CATIA在造型风格、车身及发动机设计方面具有独特的长处。

（5）SolidWorks

SolidWorks是美国SolidWorks公司于1995年推出的世界上第一个基于Windows开发的三维CAD系统，是基于Windows平台的全参数化特征造型软件，可以十分方便地实现复杂的三维零件实体造型、复杂装配并生成工程图。该软件可以应用于以规则几何形体为主的机械产品设计及生产准备工作中。1997年，Solidworks被达索公司收购，作为达索公司中端主流市场的主打品牌。

SolidWorks 的图形界面友好，用户上手快，实现了三维 CAD 技术的普及，目前广泛应用于航空航天、机车、食品、机械、国防、交通、模具、电子通信、医疗器械、娱乐、日用品/消费品、离散制造等行业。

（6）I-DEAS

I-DEAS 是美国机械软件行业先驱——结构动力研究公司（SDRC）于 1979 年发布的世界上第一款完全基于实体造型技术的大型 CAD/CAE 软件。SDRC 以参数化技术为蓝本，提出了一种比参数化技术更先进的实体造型技术——变量化技术。由于实体造型技术能够精确表达零部件的全部属性，在理论上有助于统一 CAD/CAE/CAM 的模型表达，给设计带来了惊人的方便性，代表着未来技术的发展方向。

I-DEAS 集产品设计、工程分析、数控加工、塑料模具仿真分析、样机测试及产品数据管理于一体，是高度集成的 CAD/CAE/CAM 一体化工具。I-DEAS 成为福特汽车公司（FORD）首选的 CAD/CAM 软件，在我国也有不少用户。

SDRC 于 2001 年被美国电子数据系统公司（EDS）收购并和 UGS 重组，随后 UGS 又被西门子收购重组为 Siemens PLM Software。

（7）Cimatron

Cimatron CAD/CAM 系统是以色列 Cimatron 公司的 CAD/CAM/PDM 产品，是较早在微机平台上实现三维 CAD/CAM 全功能的系统。该系统提供了比较灵活的用户界面，优良的三维造型和工程绘图功能，全面的数控技术，各种通用、专用数据接口以及集成化的产品数据管理系统。

Cimatron CAD/CAM 系统自从 20 世纪 80 年代进入市场以来，在模具制造业备受欢迎。近年来，Cimatron 为了在设计制造领域发展，着力增加了许多适合设计的功能模块。该软件从 8.0 版本起进行了汉化，以满足我国企业不同层次技术人员的应用需求。

（8）国内 CAD/CAM 系统

我国 CAD 技术起源于国外 CAD 平台技术基础上的二次开发。随着我国企业对 CAD 应用需求的提升，我国众多 CAD 技术开发商纷纷通过开发基于国外平台软件的二次开发产品，让我国企业真正普及了 CAD，并逐渐涌现出一批优秀的 CAD 开发商。

20 世纪 90 年代，在国家“甩图板”工程的推动下，机械 CAD 的发展如雨后春笋一般，涌现出很多品牌：凯思（中国科学院软件研究所）、开目（原华中理工大学）、CAXA（早期称北航海尔、华正，发源于北京航空航天大学）、中国 CAD（深圳市乔纳森科技有限公司）、高华 CAD（清华大学）等自主平台的二维 CAD 系统，以及基于 AutoCAD 二次开发的 InteCAD（天喻 CAD 的前身，原华中理工大学）、艾克斯特（清华大学）、天河 CAD（清华大学）、浪潮 CAD（华天软件的前身，山东大学）、大天 CAD（浙江大学）、中望 CAD、天舟 CAD、大恒 CAD 等系统，开创了一段国产二维机械 CAD 发展的黄金时代。

CAXA 电子图板是一套高效、方便、智能化的通用中文设计绘图软件，可帮助设计人员进行零件图、装配图、工艺图表、平面包装的设计，适合所有需要二维绘图的场合，使设计人员可以把精力集中在设计构思上，彻底甩掉图板，满足现代企业快速设计、绘图、信息电子化的要求。CAXA 电子图板由北京航空航天大学华正软件研究所开发，1998 年后由北京北航海尔软件有限公司负责研发，北京数码大方科技有限公司负责运营。

第三节　工业机器人

机器人作为20世纪人类最伟大的发明之一，自20世纪60年代初问世以来，其研制和应用有了飞速的发展，并取得了长足的进步。

根据不同的应用领域，机器人大致可分为工业机器人、服务机器人和特种机器人三类。其中，工业机器人占比最大，是智能制造行业发展的重要推动力。工业机器人技术是一门涉及机械学、电子学、计算机科学、控制技术、传感器技术、仿生学、人工智能、生命科学等学科领域的交叉性科学，其发展依赖于这些相关学科技术的发展和进步。

工业机器人的出现是人类社会生产史上一个重要的里程碑。工业机器人的过去、现在和未来都与制造业发展密切相关。工业机器人技术是先进制造技术中的重要组成部分，机器人的研究和应用水平是衡量一个国家制造业及其工业自动化水平的标志之一。当前国内外对机器人的研究十分活跃，应用领域日益广泛，机器人大规模走进生产和生活已经不再是科幻片中的假想场景，正在和必然成为现实。

一、工业机器人的概念

工业机器人（Industrial Robot，IR）是面向工业领域的多关节机械手或多自由度的机器装置，能自动执行工作，是靠自身动力和控制能力来实现各种功能的一种机器（图4-12）。工业机器人可以接受人的指挥，也可以按照预先编制的程序运行，现代的工业机器人还可以根据人工智能技术制定的原则纲领行动。

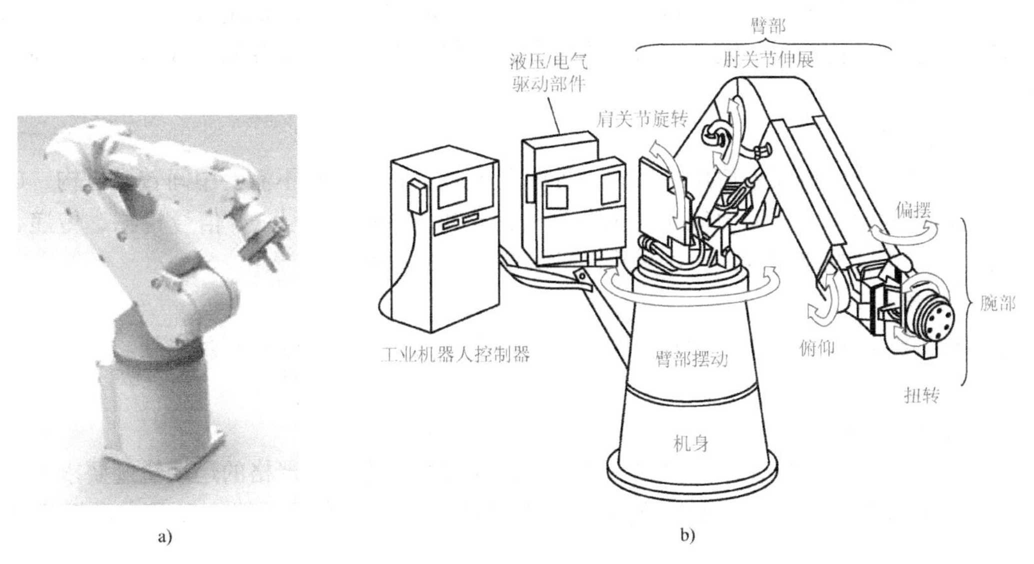

图4-12　工业机器人的外观和基本结构

a）工业机器人的外观　b）工业机器人的基本结构

二、工业机器人的分类

目前还没有统一的工业机器人的分类标准，根据不同的要求可进行不同的分类。

1. 按系统功能分类

（1）专用机器人

专用机器人是在固定地点以固定程序工作的机器人。其结构简单，无独立控制系统，造价低廉，如附设在加工中心上的自动换刀机械手。

（2）通用机器人

通用机器人具有独立的控制系统，通过改变控制程序能完成多种作业。其结构复杂、工作范围大、定位精度高、通用性强，适用于不断变换生产品种的柔性制造系统。

（3）示教再现式机器人

示教再现式机器人具有记忆功能，在操作者的示教操作后，能按示教的顺序、位置、条件与其他信息反复重现示教作业，适用于多工位和经常变换工作路线的作业。

（4）智能机器人

智能机器人采用计算机控制，具有视觉、听觉、触觉等多种感觉功能和识别功能，通过比较和识别，能自主做出决策和规划，自动进行信息反馈，完成预定的动作。

2. 按驱动方式分类

（1）液动式

液动式机器人通常由液压机（各种液压缸、液压马达）、伺服阀、液压泵、油箱等组成驱动系统，由驱动机器人的执行机构进行工作，通常具有很大的抓举力（高达几百千克以上），其特点是结构紧凑、动作平稳、耐冲击、耐振动、防爆性好，但液压元件要求有较高的制造精度和密封性能，否则会影响工作的稳定性，且漏油会污染环境。

（2）气动式

气动式机器人的驱动系统通常由气缸、气阀、气罐和空气压缩机组成。其特点是气源方便、动作迅速、结构简单、造价较低、维修方便，但难以进行速度控制，气压不可太高，故抓举力较小。

（3）电动式

电力驱动是目前机器人使用最多的一种驱动方式。其特点是不需要中间转换机构，电源方便，机械结构简单，驱动力较大（关节型的持重可达400kg以上），信号检测、传递、处理方便，响应快，控制精度高，可采用多种灵活的控制方案。

（4）混合驱动

液-气或电-液混合驱动，能充分发挥各种驱动方式的优势，弥补不足之处。

3. 按用途分类

（1）搬运机器人

这种机器人用途很广，一般只需点位控制，即被搬运零件无严格的运动轨迹要求，只要求起点和终点位置准确。如机床上的上、下料机器人，工件堆垛机器人以及产品搬运机器人等。

（2）喷涂机器人

这种机器人多用于喷漆生产线上，重复位姿精度要求不高。由于喷雾易燃，一般这类机器人采用液压驱动或交流伺服电动机驱动。

（3）焊接机器人

这是目前应用最多的一类机器人，又可分为点焊机器人和弧焊机器人两类。点焊机器人负荷大、动作快，工作点位姿要求较严，一般要有6个自由度。弧焊机器人负荷小、速度低，通常有5个自由度即能进行焊接作业。为了更好地满足焊接质量对焊枪姿态的要求，伴随机器人的通用化和系列化，现在大多使用6个自由度的机器人。弧焊对机器人的运动轨迹要求较严，必须实现连续路径控制，即在运动轨迹的每一点都必须实现预定的位置和姿态要求。

（4）装配机器人

这类机器人要有较高的位姿精度，手腕具有较大的柔性，目前大多用于机电产品的装配作业。

（5）专门用途机器人

这类机器人用于一些有特殊需要的工作场合，比如航天机器人、探险作业机器人、军事用途机器人等。

4. 按结构形式分类

（1）直角坐标型机器人

这类机器人由三个相互正交的平移坐标轴组成，各个坐标轴运动独立（图4-13a），具有控制简单、定位精度高等特点。

（2）圆坐标型机器人

这类机器人由立柱和一个安装在立柱上的水平臂组成。立柱安装在回转机座上，水平臂可以自由伸缩，并可沿立柱上、下移动（图4-13b）。该类机器人具有一个旋转轴和两个平移轴。

（3）球（极）坐标型机器人

这类机器人由回转机座、俯仰铰链和伸缩臂组成，具有两个旋转轴和一个平移轴（图4-13c）。其可伸缩摇臂的运动结构与坦克的转塔类似，可实现旋转和俯仰运动。

（4）关节型（拟人）机器人

其运动类似人的手臂，由大、小两臂和立柱等机构组成。大、小臂之间用铰链连接形成肘关节，大臂和立柱连接形成肩关节，可实现三个方向的旋转运动（图4-13d）。这种结构能抓取靠近机座的物件，也能绕过机座和目标间的障碍物去抓取物件，具有较高的运动速度和极好的灵活性，使其成为最通用的机器人。

5. 按操作机的位置机构形式和自由度数量分类

操作机本身的轴数（自由度数）最能体现机器人的工作能力，也是机器人分类的重要依据。按这一分类方法，机器人可分为4轴（自由度）、5轴（自由度）、6轴（自由度）和7轴（自由度）机器人等。

6. 其他方式分类

按其他的分类方式，机器人还可分为点位控制机器人和连续控制机器人；按负荷大小可分为重型、中型、小型、微型机器人；按机座形式可分为固定式和移动式机器人：按操作机运动链的形式可分为开链式、闭链式、局部闭链式机器人。

三、工业机器人的应用

工业机器人的平均故障间隔期达6万h以上，比传统的自动化设备更加可靠。目前，工业机器人主要用于以下几个方面。

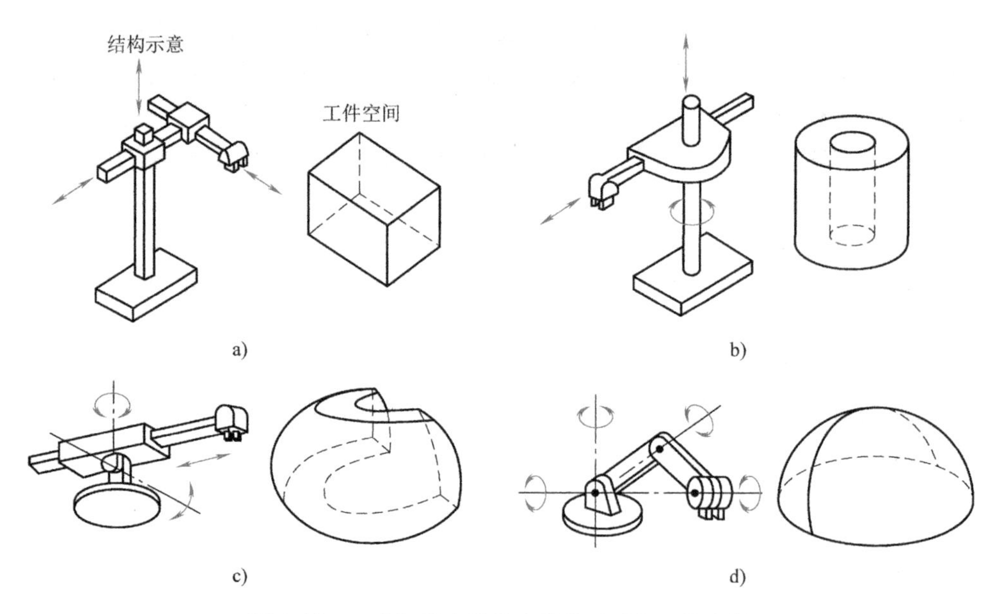

图 4-13　工业机器人的基本结构形式和工作空间

a）直角坐标型　b）圆坐标型　c）球坐标型　d）关节型

1. 恶劣工作环境及危险工作

工业机器人在工业生产中能代替人做某些单调、频繁和重复的长时间作业，或是危险、恶劣环境下的作业，例如在冲压、压力铸造、热处理、焊接、喷涂、塑料制品成型、机械加工、装配等工序上，以及在原子能工业等部门中，完成对人体有害物料的搬运或工艺操作。军事领域有些作业是有害于人体健康并危及生命的，或不安全因素很大而不宜由人去做的作业，可由工业机器人去完成。

2. 特殊作业场合和极限作业

火山探险、深海探秘和空间探索等领域对于人类来说是力所不能及的，可由工业机器人进行作业。如航天飞机上用来回收卫星的操作臂；用于海底采矿和打捞的遥控海洋作业机器人等。

3. 自动化生产领域

早期的工业机器人在生产上主要用于机床上下料、点焊和喷漆。用得最多的制造业包括电机制造、汽车制造、塑料成型、通用机械制造和金属加工等领域。随着柔性自动化技术的出现，工业机器人在自动化生产领域扮演了更重要的角色。工业机器人有利于稳定和提高产品质量，提高生产率，改善劳动条件，降低人工操作带来的残次件风险，对促进制造业的自动化和柔性化发展发挥了巨大的作用，是现代制造业的基础设备。

四、工业机器人的发展历程

1. 工业机器人的由来

捷克作家查培克（Karel Capek）1920 年在科学幻想剧《罗萨姆的万能机器人》中叙述了一个名为罗萨姆的公司将机器人作为替代人类劳动的工业品推向市场的故事，剧中机器人“Robot”这个词的本义是苦力，即剧作家笔下的一个具有人的外表、特征和功能的机器，是一种人造的劳力。这是最早的工业机器人的设想。

2. 国外发展状况

(1) 第一代工业机器人——示教再现机器人

20 世纪 50 年代，美国橡树岭国家实验室（ORNL）开始研究能搬运核原料的遥控操纵机械手，这是一种主从型控制系统，主机械手的运动系统中加入了力反馈，可使操作者获知施加力的大小，主从机械手之间用防护墙隔开，操作者可通过观察窗或闭路电视对从机械手操作机进行有效的监视。主从机械手系统的出现为机器人的产生、近代机器人的设计与制造做了铺垫。

1954 年，美国发明家戴沃尔（George Devol）最早提出了工业机器人的概念，并申请了专利。该专利的要点是借助伺服技术控制机器人的关节，利用人手对机器人进行动作示教，机器人能实现动作的记录和再现，即示教再现机器人，这是第一代工业机器人。现有的机器人基本上都是采用这种控制方式。

1956 年，戴沃尔和物理学家英格柏格（Joe Engelberger）成立了尤尼梅申公司（Unimation），1959 年发明了世界上第一台工业机器人（图 4-14），并将其命名为尤尼梅特（Unimate），意思是“万能自动”。Unimate 将数字控制技术与机械臂相结合，克服了串联机构积累的系统误差，以达到较高的空间定位精度，从而将重复定位精度比绝对定位精度提高了将近一个数量级。Unimate 重达 2t，外形像一个坦克的炮塔，基座上有一个大机械臂，大臂上又伸出一个可以伸缩和转动的小机械臂，通过记录在磁鼓上的程序来控制，采用液压执行机构进行驱动，能进行一些简单的操作，代替人做一些诸如抓放工件的工作。1961 年，Unimation 生产的工业机器人在美国特伦顿的通用汽车公司（GM）生产线上安装运行，用于生产汽车的门、车窗把手、换档旋钮、灯具固定架，以及汽车内部的其他部件等。

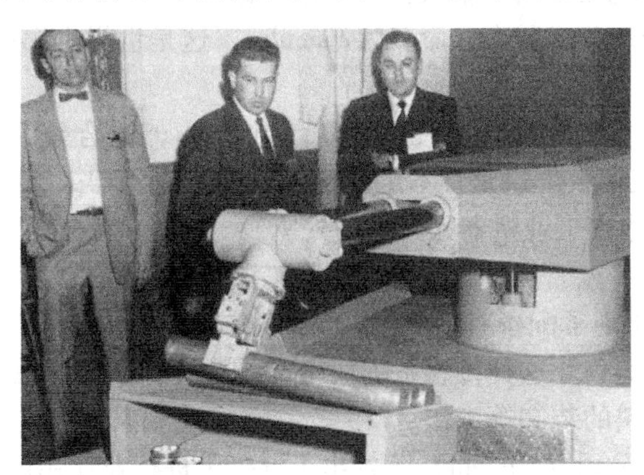

图 4-14　世界上第一台工业机器人 Unimate

1962 年，美国机械与铸造公司（AMF）制造出了世界上第一台圆柱坐标型工业机器人（图 4-15），并将其命名为沃尔萨特兰（Verstran），意思是“万能搬动”。1962 年，AMF 制造的 6 台 Verstran 机器人应用于美国坎顿的福特汽车（FORD）生产厂。

1969 年，通用汽车公司（GM）在洛兹敦的装配厂安装了首台点焊机器人。这台 Unimation 生产的机器人大大提高了生产率，90% 以上的车身焊接作业可通过它来自动完成。

美国的机器人技术一直处于世界领先水平。在 1967—1974 年的几年时间里，因政府对机器人的发展重视不够，且机器人处于发展初期，价格昂贵，适应性不强，所以发展缓慢。

图4-15　世界上第一台圆柱坐标型工业机器人

此后，由于美国机器人协会（RIA）、制造工程师协会（SME）积极主动地进行机器人技术推广工作，且美国制造行业有高效生产、适应市场变化的需要，以机器人为核心的柔性自动化生产线刚好能满足这些需求，所以机器人技术得以迅猛发展。

1967 年，一台 Unimate 安装运行于瑞典，这是欧洲安装运行的第一台工业机器人。

1967 年，挪威使用机器人来喷涂独轮手推车，第一款商用喷漆机器人由此发展而来。1969 年，挪威特拉尔法公司（Trallfa）（后并入 ABB）提供了第一台商业化应用的喷漆机器人。

1972 年，意大利菲亚特汽车公司（FIAT）和日本日产汽车公司（Nissan）安装运行了点焊机器人生产线，这是世界首次出现的点焊机器人生产线。

1973 年，第一台机电驱动的 6 轴机器人面世。德国库卡公司（KUKA）将其使用的 Unimate 研发改造成第一台产业机器人，命名为 Famulus，这是世界上第一台机电驱动的 6 轴机器人。

1968 年，日本川崎重工业株式会社（KHI）与 Unimation 合作，于 1969 年成功开发了 Kawasaki-Unimate2000 机器人。这是日本生产的第一台工业机器人，日本川崎重工业株式会社（KHI）因此成为日本在工业机器人领域的先驱。

（2）第二代工业机器人——具有传感功能的工业机器人

20 世纪 70 年代，出现了配备有感觉传感器的第二代工业机器人。它最主要的特征是带有传感系统，可以离线编程。这种传感系统使得机器人具有视觉、触觉等功能，可以完成精密元件检测、装配，物料的装卸等工作。

1973 年，日本日立公司（Hitachi）开发出了混凝土桩行业使用的自动螺栓连接机器人，这是第一台安装有动态视觉传感器的工业机器人。

1974 年，第一台小型计算机控制的工业机器人走向市场。

1974 年，日本川崎重工业株式会社（KHI）将用于制造川崎摩托车框架的 Unimate 点焊机器人改造成弧焊机器人。同年，该公司开发了世界上首款带精密插入控制功能的机器人，并将其命名为“Hi-T-Hand”，该机器人具备触摸和力学感应功能。

1974 年，瑞典通用电机公司（ASEA，ABB 公司的前身）开发出了世界上第一台全电力驱动、由微处理器控制的工业机器人 IRB 6。

1975 年，意大利好利获得公司（Olivetti）开发出了直角坐标机器人西格玛（SIGMA），在意大利的一家组装厂用于组装领域。

1978 年，Unimation 推出通用工业机器人（Programmable Universal Machine for Assembly，PUMA），应用于通用汽车（GM）装配线，这标志着工业机器人技术已经完全成熟。PUMA 至今仍然工作在工厂第一线。

1978 年，日本山梨大学（YU）的牧野洋（Hiroshi Makino）发明了选择顺应性装配机器手臂（Selective Compliance Assembly Robot Arm，SCARA），这是世界第一台 SCARA 工业机器人。

1978 年，德国徕斯机器人公司（REIS）开发了首款拥有独立控制系统的 6 轴机器人 RE15。

1981 年，美国卡内基梅隆大学（CMU）教授金出武雄（Takeo Kanade）设计开发出世界上第一个直接驱动机器人手臂（Direct Drive Robotic Arms，DDRA）。

1981 年，美国 PaR Systems 公司推出第一台龙门式工业机器人。

1984 年，ABB 生产出当时速度最快的装配机器人 IRB1000。

1985 年，KUKA 开发出一款新的 Z 形机器人手臂，其设计摒弃了传统的平行四边形造型。

（3）第三代工业机器人——智能工业机器人

具有智能功能的第三代工业机器人是 20 世纪 80 年代开始研制的，这一代的工业机器人不仅具有感知功能和简单的自适应功能，而且还具有灵活的思维功能和自治能力。可以自己按任务编制程序、执行作业的第三代智能工业机器人目前尚处于开发之中，现在广泛应用的为第一代和第二代工业机器人，它们能根据工作环境的变化自动改变程序，且能完成生产中的物料搬运直至检测、装配等各项生产任务。因此，它们已成为柔性制造系统和计算机集成制造系统中的重要设备。

3. 国内发展状况

我国于 1972 年开始研制自己的工业机器人，大致经历了三个阶段：20 世纪 70 年代的萌发期、20 世纪 80 年代的开发期和 20 世纪 90 年代的适用化期。

进入 20 世纪 80 年代后，随着改革开放的不断深入，我国工业机器人技术得到了较快发展，目前我国已掌握了机器人操作机的设计制造技术、控制系统设计和软件编程技术，可以生产部分机器人的关键器件，开发出了喷漆、弧焊、点焊、装配、搬运、特种（水下、爬壁、管道遥控）机器人。

1985 年，工业机器人被列入了国家“七五”科技攻关计划研究重点，目标锁定在工业机器人基础技术、基础器件开发、搬运、喷涂和焊接机器人的开发研究五个方面。

1985 年，上海交通大学机器人研究所完成了“上海一号”弧焊机器人的研究，这是我国自主研制的第一台 6 自由度关节机器人。1988 年，该研究所完成了“上海三号”机器人的研制。

从 20 世纪 90 年代初期起，我国的工业机器人在实践中迈出了一大步，形成了一批机器人产业化基地，为我国机器人行业的腾飞奠定了基础。我国已连续多年成为全球工业机器人最大市场，工业机器人在我国呈现蓬勃发展的态势。

1990 年，工业喷漆机器人 PJ－1 如期完成，这是我国第一台喷漆机器人。

1997 年 6 月 18 日，我国 6000m 无缆水下机器人试验应用成功，标志着我国水下机器人技术已达到世界先进水平。

2000 年，我国独立研制的第一台具有人类外形、能模拟人类基本动作的类人型机器人在国防科技大学问世。

工业机器人应用最广泛的是汽车制造业，快速增长的汽车制造业已经成为工业机器人产业发展的巨大推动力。在芯片、光伏、发光二极管（Light Emitting Diode，LED）、生化制药等领域，工业机器人的优势也开始显现。伴随卫浴、厨具、陶瓷等行业面临招工难、劳动力成本上升等问题，工业机器人的大量进入将成为必然。

尽管当前我国工业机器人在制造和工业设施领域的应用变革势头迅猛，但无论是从制造还是应用来看，我国与发达国家之间依然存在较大差距。国产工业机器人凭借性价比、渠道等优势，已经占据了国内很多细分领域的大部分市场，但在关键技术、材料、零部件等方面与国际的先进水平还有一定的差距。外资机器人几乎垄断了汽车制造、焊接等高端行业市场，国产机器人主要应用还是以搬运和上下料机器人为主，处于行业的低端领域。新安装的机器人中，有 71% 的零部件皆来源于国外，国产化率不足 30%。其中，在上游最重要的三大零部件——减速器、伺服电动机和控制器中，国产化率分别约为 30%、22% 和 35%，相对较低，在产品精度、稳定性等方面依旧存在很大成长空间。

五、工业机器人的发展趋势

1. 智能化

智能化是工业机器人一个重要的发展方向。目前，机器人的智能化研究分为两个层次，一是利用模糊控制、神经元网络控制等智能控制策略，利用被控对象对模型依赖性不强的特点来解决机器人的复杂控制问题，或者在此基础上增加轨迹或动作规划等内容，这是智能化的最低层次；二是使机器人具有与人类类似的逻辑推理和问题求解能力，面对非结构性环境能够自主寻求解决方案并加以执行，这是更高层次的智能化。使机器人具有复杂的推理和问题求解能力，以便模拟人的思维方式，目前还很难有所突破。智能技术领域有很多的研究热点，如虚拟现实、智能材料（如形状记忆合金）、人工神经网络、专家系统、多传感器集成和信息融合技术等。

2. 标准化

机器人的标准化有利于制造业的发展，但目前不同厂家的机器人之间很难进行通信和零部件的互换。机器人的标准化问题不是技术层面的问题，主要是不同企业之间的认同和利益问题，这是一项十分重要而又非常艰巨的任务。

3. 模块化

智能机器人和高级机器人的结构力求简单紧凑，其驱动采用交流伺服电动机，向小型和高输出方向发展；其控制装置向小型化和智能化方向发展；其软件编程也在向模块化方向发展。

4. 微型化

微型机器人是 21 世纪的尖端技术之一。目前，已经开发出手指大小的微型移动机器人，预计将生产出毫米级大小的微型移动机器人和直径为几百微米甚至更小（纳米级）的医疗和军事机器人。微型驱动器、微型传感器等是开发微型机器人的基础和关键技术，它们将对精密机械加工、现代光学仪器、超大规模集成电路、现代生物工程、遗传工程和医学工程等领域产生重要影响。介于大中型机器人和微型机器人之间的小型机器人也是机器人发展的一个趋势。

5. 多机协调化

由于生产规模不断扩大，对机器人的多机协调作业要求越来越迫切。在很多大型生产线上，往往要求很多机器人共同完成一个生产过程，因而每个机器人的控制就不单纯是自身的控制问题，需要多机协调动作。此外，随着 CAD/CAM/CAPP 等技术的发展，更多地把设计、工艺规划、生产制造、零部件储存和配送等有机地结合起来，在柔性制造、计算机集成制造等现代加工制造系统中，机器人已经不再是一个个独立的作业机械，而是成了其中的重要组成部分。这些都要求多个机器人之间、机器人和生产系统之间必须协调作业。多机协调也被认为是智能化的一个分支。

6. 人机协作化

传统的工业机器人在作业时需与人类保持安全距离，以免人类受到伤害。目前人机协作的安全控制方案基本可分为基于外部监控的外部控制系统方案和基于机器人本体设计的内部控制系统方案两种，包括安装激光距离传感器和机器人本体轻量化等具体方法。未来随着机器人稳定性和智能水平的不断提高，人机协作可以将人类的认知判断与机器人的高效结合在一起，这是工业机器人的重要发展方向。

第四节　柔性制造系统

一、柔性制造系统的概念

柔性制造系统的概念、组成及功能

柔性制造系统（Flexible Manufacturing System，FMS）是由数控加工设备、物流储运装置和计算机控制系统等组成的自动化制造系统（图 4-16）。它包括多个柔性制造单元（Flexible Manufacturing Cell，FMC）（图 4-17），柔性制造系统能根据制造任务或生产环境变化迅速做出调整，适用于多品种、中小批量产品的生产。

柔性制造系统本质上是许多柔性制造单元结合成的一个大规模的、高柔性的、制造一个新产品需要较少劳动力和时间的、能为多品种中小批量生产提供高效率生产模式的、可降低生产成本的制造系统。柔性制造系统的“柔性”即灵活性，适应变化的能力，可以从多方面进行理解和评价，如图 4-18 所示。

二、柔性制造系统的组成及功能

1. 柔性制造系统的组成

柔性制造系统包括加工系统、物流系统和信息流系统，各组成部分及功能如图 4-19 所示。

（1）加工系统

加工系统的功能是保证柔性制造系统能以任意顺序自动加工各种工件，并能自动地更换工件和刀具。从硬件上看，通常包括两台以上的数控机床、加工中心或柔性制造单元以及其他的加工设备、清洗机、动平衡机和各种特种加工设备等；从软件上看，主要包括柔性制造

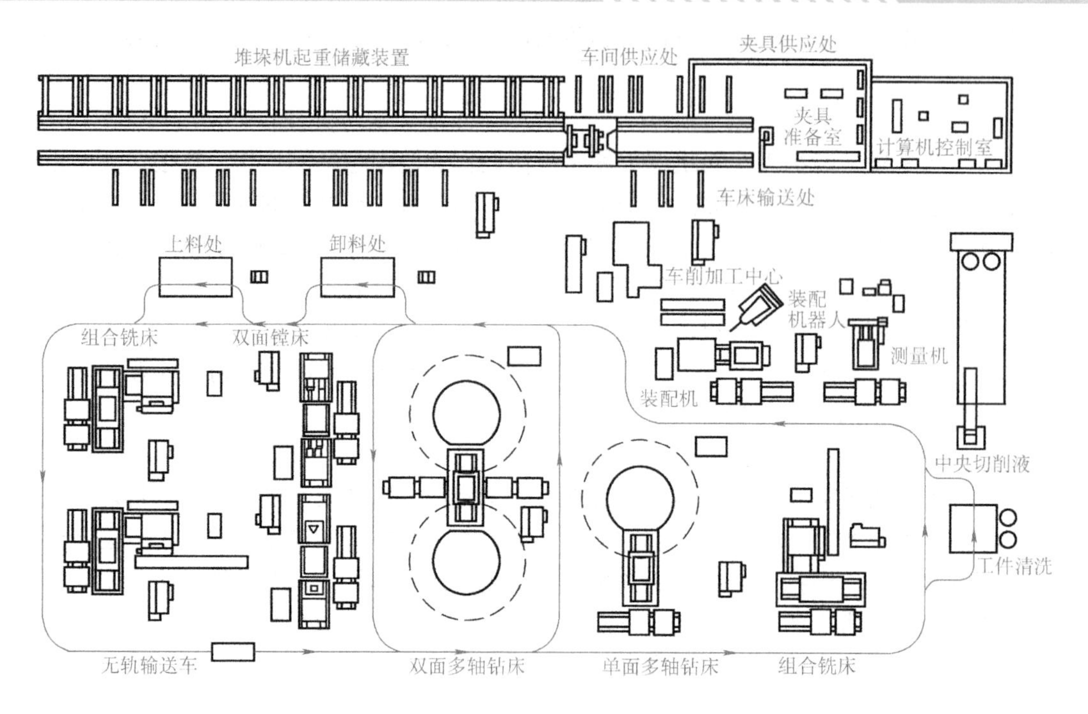

图4-16 柔性制造系统

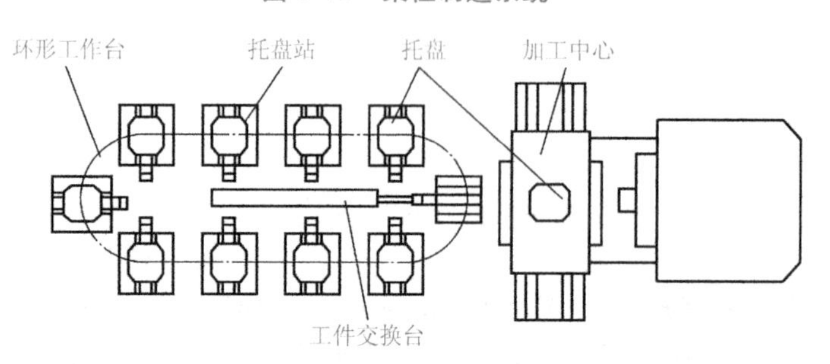

图4-17 柔性制造单元

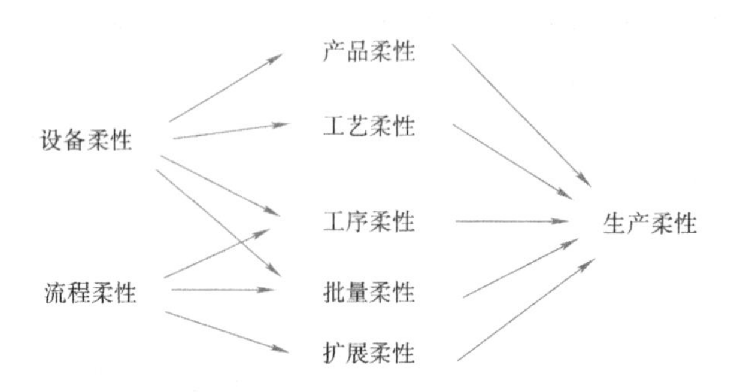

图4-18 柔性制造系统的各种柔性评价

系统的运行控制、质量保证以及数据管理和通信网络。

（2）物流系统

物流系统即物料储运系统，是柔性制造系统的重要组成部分。物流系统由储存系统、输送系统和搬运系统组成，通常包含传送带、有轨运输车（Rail Guided Vehicle，RGV）、自动

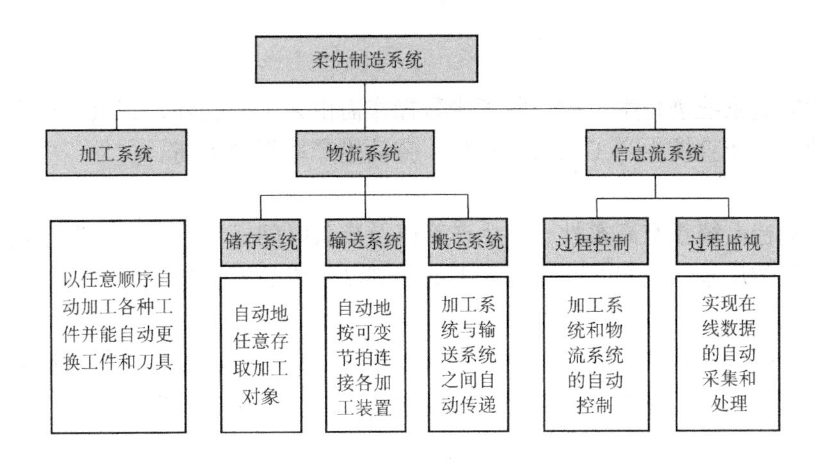

图 4-19　柔性制造系统的组成部分及功能

导向小车（Automated Guided Vehicle，AGV，也称无轨运输车）、搬运机器人、上下料托盘、交换工作台等设备，能对刀具、工件和原材料等物料进行自动装卸和运储。柔性制造系统中的物流系统与传统的自动线或流水线有很大区别，整个物料输送系统的工作状态是可以进行随机调整的，而且都设置有储料库以调节各工位上加工时间的差异。

（3）信息流系统

信息流系统也称控制系统，包括过程控制及过程监视两个子系统。信息流系统能够实现对柔性制造系统的运行控制、刀具监控和管理、质量控制以及数据管理和网络通信。

2. 柔性制造系统的功能

柔性制造系统各组成部分的功能是在计算机系统的控制下协调一致地、连续地、有序地实现的。在进行柔性制造时，柔性制造系统运行所必需的作业计划以及加工或装配信息，预先存放在计算机系统中。根据作业计划，物流系统会从仓库中调出相应的毛坯，刀、夹具，并将它们装夹到对应的机床上。在计算机系统的控制下，机床依据传送来的数控程序，执行预定的制造任务。可以说，柔性制造系统的“柔性”是计算机系统赋予的。因此，当被加工工件的种类发生改变时，柔性制造系统只需变换其程序而不必变动设备，就可以再次进行生产。

三、柔性制造系统的特点

1. 有很强的柔性制造能力

由于柔性制造系统备有较多的刀具、夹具，因而柔性很高，能对多种工件进行加工，能大幅度降低中小批量工件的生产成本。柔性制造系统的这一特点对新产品的开发特别有利。

2. 提高设备利用率

在柔性制造系统中，工件是安装在托盘上输送的，通过托盘，工件能够快速地在机床上进行定位和夹紧，节省了许多工件装夹时间。此外，借助计算机管理，柔性制造系统可以使加工工件的准备时间大为减少，很多准备工作可在机床工作时间内进行，因而工件在加工过程中的等待时间大大减少，这可使机床的利用率提高 75% ~90% 。

3. 减少设备数量

机床利用率的提高可以使每台机床的生产率得到提高，相应地可以减少设备成本与占地面积。

4. 生产率高

利用柔性制造系统进行生产时，除了少数操作需由人工控制外，其余工作完全可以实现计算机自动控制，使直接生产工人大为减少，劳动生产率得到提高。

5. 快速响应市场

由于柔性制造系统具有高柔性、高生产率以及准备时间短等特点，制造企业能够对市场的变化做出较快的反应，没有必要保持较大的在制品和成品库存量。

6. 产品质量提高

柔性制造系统自动化水平高，工件装夹次数减少，夹具的寿命长，所以技术工人可把注意力更多地放在机床和工件的调整上，从而有助于工件加工质量的提高。

7. 柔性制造系统可以逐步地实施计划

若建一条刚性自动生产线，制造企业要等全部设备安装调试完毕后才能投入生产，因此对刚性自动生产线的投资必然是一次性投资。而柔性制造系统在生产过程中可分步实施，每一步实施后都能独立地进行产品的生产，因为柔性制造系统的各个加工单元都具有相对独立性。

四、柔性制造系统的发展历程

1. 国外的发展状况

20 世纪 30—50 年代，人们主要在大批量生产领域里建立由自动车床、组合机床或专用机床组成的刚性自动化生产线。这些自动化生产线具有固定的生产节拍，要改变生产产品的品种是非常困难和昂贵的。20 世纪六七十年代，计算机技术得到了飞速发展，由计算机控制的数控机床在自动化领域中逐渐取代了机械式的自动机床，使建立适合于多品种、小批量生产的柔性加工生产线成为可能。

英国学者威廉逊（David Williamson）于 20 世纪 50 年代提出了柔性制造系统的概念。1967 年英国莫林斯公司（Molins）研制出了世界上第一个柔性制造系统的雏形——Molins System－24，意为全天 24h 无人值守自动运行。美国、日本、德国分别于 1968 年、1970 年和 1971 年开发了首套柔性制造系统。到 20 世纪 70 年代末 80 年代初，柔性制造系统走出实验室，实现了商品化，逐渐成为先进制造企业的主力装备，其应用也从起初单纯的机械加工领域向焊接、装配、检验及无屑加工等领域综合发展。

20 世纪 80 年代中期以来，柔性制造系统得到了迅猛发展，成为生产自动化的热点技术。这一方面是由于单项技术如加工中心、工业机器人、CAD/CAM、资源管理及高新技术等的发展，提供了集成一个整体系统所需要的技术基础；另一方面是由于世界市场发生了重大变化，由过去传统的、相对稳定的市场，发展为动态多变的市场。为了在市场中求生存、求发展，提高企业对市场需求的应变能力，人们开始探索新的生产方法和经营模式。作为一种现代化工业生产的科学理念和制造自动化的先进模式，柔性制造系统已为国际上所公认，并成为 21 世纪机械制造业的主要生产模式。

柔性制造系统应用初期，只是用于非回转体箱体类零件的机械加工，通常用来完成钻、镗、铣及螺纹加工等工序。后来，随着技术的发展，柔性制造系统不仅能完成非回转体类零件的加工，还可以完成回转体类零件的车削、磨削及齿轮加工。从机械制造行业看，目前柔性制造系统不仅能完成机械加工，而且还能完成钣金、锻造、焊接、铸造、装配和激光加工、电火花加工等特种加工以及涂装、热处理、注塑和橡胶模制等工作。从整个制造业所生产的产品来看，柔性制造系统的应用已不再局限于汽车、机床、飞机、坦克、船舶等产品的生产，还应用到了半导体、服装、食品、药品和化工制品等产品的生产中。

2. 国内的发展状况

我国从20世纪80年代起，逐步形成了完整的数控机床产业，在立式、卧式加工中心的基础上，配置了10个工件位置的自动交换工作台（托盘）（Automatic Pallet Change，APC），组成了柔性制造单元，可以获得夜间（二、三班）无人（或少人）看管自动加工，可以安装不同工件，实现混流加工，用软件控制工作台的任选交换，识别工件，并按工件自动调出相应的加工程序。我国自主研制了以国产设备为主组成的箱体加工柔性制造系统和板材冲压成形柔性制造系统等，并为国内汽车行业和摩托车行业研制了柔性自动化生产线，发展了DNC独立制造岛和车间集成信息管理系统等。

1987年以后，我国陆续从国外引进10余套柔性制造系统。与此同时，还自行研制了国产柔性制造系统，并结合我国国情，采取适用、先进的技术解决方案。从第一条由湖南大学与浦沅工程机械总厂联合研制开发的准柔性制造系统P-FMS，到由北京市机电研究院为株洲南方航空动力机械公司设计制造的摩托车曲轴箱柔性生产线，都取得了成本低、投产快、操作方便、运行可靠、实用性强的效果。在当时我国机械制造业的中长期发展规划中，已把实用化的P-FMS列为发展柔性自动化技术的三个层次之一。

目前，无论是在柔性自动化生产设备的应用广泛性方面，还是在满足国内市场需要方面，我国与工业发达国家相比仍有不足，国内使用的柔性制造系统仍有较大的技术提升空间。

五、柔性制造系统的发展趋势

1. 小型化

为了适应众多中小型企业的需要，柔性制造系统向小型、经济、易操作和易维护的方向发展，得到了众多用户的认可。

2. 模块化、集成化和标准化

为了利于用户按需要有选择地分期添置设备，逐步扩展和集成柔性制造系统，其软硬件都向模块化方向发展，这样也有利于后期以柔性制造系统为基础进一步集成到计算机集成制造系统。为便于对柔性制造控制软件进行修改、扩展或集成，控制软件模块化、标准化已成为柔性制造控制系统的主要发展趋势。

3. 性能不断提高

这体现在采用各种新技术，提高加工精度和加工效率，综合利用先进的检测手段、网络、数据库和人工智能技术，提高柔性制造系统各个环节的自我诊断、自我纠错、自我积累、自我学习能力。

4. 发展新型控制体系结构

柔性制造控制系统的体系结构早期参照传统的生产管理方式，采用集中控制体系结构。这种结构控制功能的实现比较困难，顶层控制系统出现故障时系统将全部瘫痪，所以逐渐发展为多级分布控制体系结构。这种控制结构虽然易于实现各种控制功能，可靠性也比较高，但由于控制层数比较多，工作效率和灵敏性相对较差。后来又发展出自治协商式控制体系结构，虽然还是采用分布控制，但响应速度快、柔性好。

5. 应用人工智能技术

柔性制造单元控制系统功能的增强除了控制技术本身的发展外，还有赖于人工智能技术的进步，专家系统在控制、检测监控和仿真等单元控制技术中得到了越来越广泛的应用。

第五节　计算机集成制造系统

一、计算机集成制造系统概述

1. 计算机集成制造

计算机集成制造（Computer Integrated Manufacturing，CIM）是随着计算机技术在制造领域中的广泛应用而产生的一种生产模式。它主要体现两个重要的观点：一是系统的观点，即企业生产的各个环节（从产品规划、概念设计、产品设计、生产计划、加工制造、经营管理、售后服务、报废回收等）的全部生产活动是一个不可分割的整体，它们应当被统一考虑；二是信息化的观点，即整个生产过程实质上是一个数据的采集、传递和加工处理的过程，最终形成的产品可以看作是数据的物质表现。

计算机集成制造是有关企业组织、管理与运行的一种理念。它借助计算机软硬件，综合运用现代管理技术、制造技术、信息技术、自动化技术、系统工程技术等，将企业生产经营全过程中的三要素（人员、技术、管理）以及“三流”（信息流、物流、价值流）有机地集成起来，以使之更好地运行，从而实现产品的高质量、低成本、短交货期，提高企业对市场的应变能力和综合竞争能力。

2. 计算机集成制造系统

计算机集成制造系统（Computer Integrated Manufacturing System，CIMS）是在计算机集成制造理念下建立的数字化、信息化、智能化、绿色化、集成优化的制造系统，是信息时代的一种组织、管理与运行企业的新型生产制造模式。

计算机集成制造系统是一个相当宽泛的概念，其特征表现为，尽管各企业的具体情况存在差异，如企业的类型不同、规模不同、经营方式不同等，但其计算机集成制造系统的基本构成是相近的。如图4-20所示，计算机集成制造系统的中心是用户——以顾客为中心；第二层是企业的组织架构和人力资源；第三层是企业的信息（知识）共享系统；第四层是企业的制造活动；最外层是企业的其他制造资源，包括企业所处的整个外部环境。

3. 计算机集成制造系统的集成优化

CAD、CAPP和CAM合称为3C工程，它们之间的集成是计算机集成制造系统的信息集成主体和关键技术。系统集成优化是计算机集成制造系统的核心技术，从企业生产经营三要素和“三流”集成发展的角度，可以将计算机集成制造系统的发展划分为三个阶段：信息集成、过程集成和企业集成，由此在企业生产经营中又产生了并行工程、敏捷制造、虚拟制造等新的生产模式。

（1）信息集成

由于一般企业在产品设计加工制造及自身管理上存在着大量的自动化孤岛，所以在生产

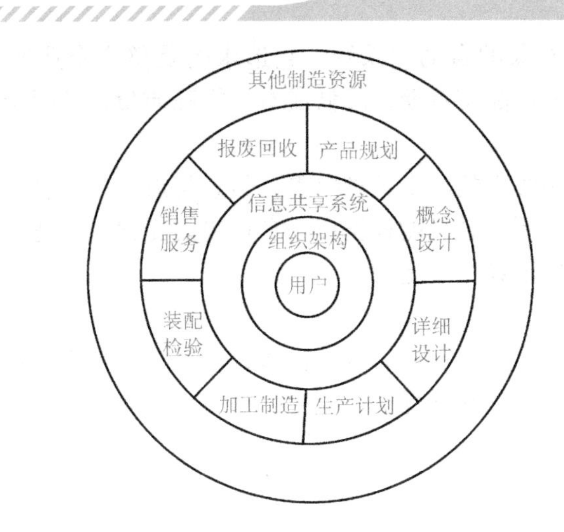

图 4-20 计算机集成制造系统的基本构成

经营过程中企业实现信息正确、高效地共享和交换，是其改善技术和管理水平必须首先解决的问题。信息集成的主要内容如下。

1）企业建模、系统设计方法。没有企业的模型就很难科学地分析和综合企业各部分的功能关系、信息关系以及动态关系。企业建模及系统设计方法解决了一个制造企业的物流、信息流、价值流（如资金流）、决策流的关系，是企业信息集成的基础。

2）异构环境下的信息集成。所谓异构环境是指企业生产经营过程中的计算机系统中包含了不同的操作系统、控制系统、数据库及应用软件。异构环境下的信息集成主要解决三个问题：通信协议的共存及向 ISO/OSI（开放式系统互联）的过渡，不同数据库的相互访问，不同应用软件之间的接口。

（2）过程集成

企业为了尽快实现制造自动化，除了可以采用信息集成这一技术手段外，还可以对制造过程进行集成，如将产品设计中的各个串行过程尽可能多地转变为并行过程，在进行产品设计时尽可能考虑下游工序中的可制造性、可装配性，以减少设计的反复，缩短产品开发时间。

（3）企业集成

为充分利用全球制造资源，企业必须采用能够适应经济全球化的全球制造新模式。为尽早应用全球制造新模式，计算机集成制造系统必须解决资源共享、信息服务、虚拟制造、并行工程、资源优化、网络平台等关键技术，以更快、更好、更经济地响应市场。

二、计算机集成制造系统的特点

计算机集成制造系统不同于企业的一般自动化，从其内容、广度、深度、追求目标和工作模式来看，主要有以下特点。

1. 人员、技术、管理三要素统一协调

计算机集成制造系统是以经营管理过程为应用对象，人为主导，技术为实现手段，三者相互协调一致的系统，而不是单纯的技术系统，其涉及范围要比一般自动化系统广泛得多。

2. 以集成为基础追求全局优化

计算机集成制造系统是以计算机为工具，以物流集成和信息集成为主要特征，以整个企

业的主要生产经营活动为对象的自动化系统。它追求的是整个企业经营、管理、运行的全局、全过程优化，从而缩短产品交货期，降低成本，提高质量，获得全局效益。

3. 高柔性

人是计算机集成制造系统中的一个关键要素，信息集成为生产管理者灵活组织生产提供了有效的帮助。计算机集成制造系统能根据市场和环境的变化，快速组织生产，以使企业具有较快的应变能力和较强的市场竞争能力。

4. 科学的生产模式

计算机集成制造系统是以信息集成为基础，通过信息自动采集、加工、转换、处理、资源分配和调度等手段来组织生产和进行有关经营活动，使企业在现代化、科学化的生产模式下进行各类生产经营活动的。

三、计算机集成制造系统的发展历程

1. 国外发展状况

计算机集成制造的概念是由美国学者哈灵顿（Joseph Harrington）于1973年提出的。20世纪80年代中期以来，计算机集成制造系统逐渐成为制造业的热点。计算机集成制造系统以生产率高、生产周期短以及在制品少等极有吸引力的优点，给一些大公司带来了显著的经济效益。世界上很多国家和企业都把发展计算机集成制造系统定为全国制造业或制造企业的发展战略，制定了很多有政府或企业支持的计划，用以推动计算机集成制造系统的开发应用。

美国在第二次世界大战后，制定了战略防御计划，这是一个高科技发展研究计划，其中计算机集成制造占有重要的份额。美国政府于1981年在国家标准局（NBS）建立了自动化制造实验基地（AMEF），为工业企业提供各项计算机集成制造系统的单项技术实验场所。另外，美国许多著名大学和企业，如杨百翰大学（BYU）、通用汽车公司（GM）和通用电气公司（GE）等，也都在开展计算机集成制造系统的研究和实施，并在各个相关领域取得了长足的进步，发展十分迅速。

英国、德国等都将计算机集成制造系统作为各自国家战略目标中的重要部分。英国提出的ALVEY计划，德国提出的集成信息系统体系结构（ARIS）都各具特色。

日本自20世纪80年代中期开始，为了与美国、西欧争夺市场，在通产省的帮助下，多个国家研究所和实验室开始研究开发计算机集成制造系统新技术，各大公司开始组织实施计算机集成制造系统，也取得了一定的成效。

2. 国内发展状况

从1987年开始，我国在计算机集成制造系统技术领域的研究和推广应用得到了极快的发展，单元应用技术也取得了一批研究和应用成果，研究范围覆盖了系统集成技术、CAD/CAM、管理决策信息系统、质量系统工程和数据库等。同时也开展了一系列关键技术的研究，包括复杂工业系统的模拟设计、异构环境的信息集成、基于产品模型数据交换标准的CAD/CAM集成系统、并行工程构架和应用集成平台，某些研究达到了世界先进水平，为探索我国发展高技术及其产业化道路，提供了可供借鉴的经验和教训。一些实施计算机集成制造系统的企业具有应用高技术、提高综合竞争能力的意识，推动企业应用信息技术，提高了生产率和经营管理水平，取得了一定的经济效益和社会效益。

1994 年清华大学国家 CIMS 工程技术研究中心荣获美国制造工程师学会（SME）颁发的“大学领先奖”；1995 年北京第一机床厂荣获 SME 颁发的“工业领先奖”；1999 年原华中理工大学也获得 CIMS 颁发的“大学领先奖”。上述成果的取得使我国在 CIMS 自动化制造系统的研究和应用方面积累了一定的经验。

我国学者还提出了现代集成制造系统（Contemporary Integrated Manufacturing System，CIMS），这一概念已在广度和深度上拓展了原来的 CIM/CIMS 内涵。现代集成制造系统是一种基于计算机集成制造系统哲理的计算机化、信息化、智能化、集成化的制造系统。

我国在计算机集成制造系统应用上面临的主要问题是解决国内企业的自动化孤岛问题。

四、计算机集成制造系统的发展趋势

1. 集成化

计算机集成制造系统已从企业内部的信息集成和功能集成，发展到过程集成（以并行工程为代表），并正在步入实现企业集成的阶段（以敏捷制造为代表）（图 4-21）。

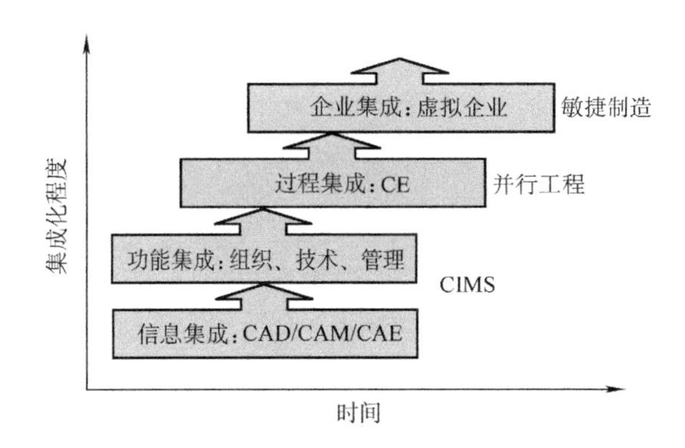

图 4-21　制造集成化发展趋势

2. 智能化

智能化是计算机集成制造系统在柔性化和集成化基础上的进一步发展与延伸，当前和未来的研究重点是研制出具有自我管理、智能、仿生、敏捷等特点的下一代计算机集成制造系统。

3. 网络化

计算机集成制造系统中的计算机网络由基于局域网发展到基于 Internet/Intranet/Extranet（外联网，也称外部网、企业间网络）的分布网络制造，发展企业间动态联盟技术、柔性制造系统等，以实现敏捷制造和支持全球制造策略的实现。

4. 全球化

随着网络全球化、市场全球化、竞争全球化、经营全球化的出现，许多企业正积极采用“全球制造”和“网络制造”的策略。

5. 数字化/虚拟化

从产品的数字化设计开始，发展到产品全生命周期中各类活动、设备及实体的数字化。在数字化基础上，虚拟化技术（主要包括虚拟现实、虚拟产品开发、虚拟制造和虚拟企业等）正在迅速发展。

6. 标准化

在制造业向全球化、网络化、集成化、智能化发展的过程中，标准化技术已显得越来越重要，它是信息集成、功能集成、过程集成和企业集成的基础。

7. 绿色化

绿色设计、绿色制造、生态工厂、清洁化生产等概念是全球可持续发展战略在制造业中的体现，是现代制造业面临的一个崭新而又十分紧迫的课题。

思考与练习

1. 制造自动化技术经历了哪几个发展阶段？
2. 制造自动化技术的发展趋势如何？
3. 什么叫计算机辅助制造？
4. 什么叫数控技术？数控加工有什么特点？
5. 数控机床是如何分类的？
6. 数控加工编程有哪些方法？各用于什么场合？
7. 数控技术的发展经历了哪几个阶段？
8. 通过查找资料，了解我国数控产业的发展现状。
9. 通过查找资料，了解数控技术的最新发展状况。
10. CAD/CAM 系统包含了哪些内容？CAD/CAM 系统的主要功能有哪些？
11. 通过查找资料，了解更多的 CAD/CAM 软件，并说明其应用特点。
12. 什么叫工业机器人？工业机器人是如何分类的？
13. 工业机器人的发展历程及发展趋势如何？
14. 到目前为止，工业机器人共发展了几代？各有何特点？
15. 通过查找资料，了解工业机器人在现代制造业中的最新应用。
16. 什么叫柔性制造系统？如何理解柔性制造系统的“柔性”？
17. 柔性制造系统与传统的刚性制造系统相比有哪些特点？有何应用？
18. 通过查找资料，了解我国目前在柔性制造系统方面有哪些具体应用。
19. 什么叫计算机集成制造？什么叫计算机集成制造系统？
20. 计算机集成制造系统有何特点？
21. 计算机集成制造系统的发展趋势如何？

第五章　现代制造管理技术

学习目标

知识目标

1. 掌握现代制造管理技术相关的概念，了解现代制造管理技术的特点，了解现代制造管理技术的发展历程及发展趋势。

2. 掌握全面质量管理的概念，了解全面质量管理的特点及发展历程。

3. 掌握六西格玛管理的概念，了解六西格玛管理的特点及发展历程。

4. 掌握成组技术的概念，了解成组技术的应用及发展历程。

5. 掌握即时生产的概念，了解即时生产的特点，了解实施即时生产的条件及其发展历程。

6. 掌握精益生产的概念，了解精益生产的特点、应用及发展历程。

7. 掌握物流管理的概念，了解物流管理的作用及发展历程。

8. 掌握物料需求规划、制造资源规划、企业资源规划的概念，了解企业资源规划的管理思想及特点。

能力目标

1. 能借助信息查询手段查找有关现代制造管理技术的资料。

2. 具备知识拓展能力及适应发展的能力。

素养目标

1. 具有社会责任感，爱党报国、敬业奉献、服务人民。

2. 具有批判质疑的理性思维和勇于探究的科学精神。

3. 拥有信息素养，培养创新思维能力。

4. 具备将现代制造管理技术应用于具体领域的能力。

第一节　概　　述

市场竞争不仅推动着制造业的迅速发展，也促进了企业生产管理模式的变革。现代制造管理技术是现代制造技术的重要组成部分，产品的开发过程实际上是现代设计技术、现代制造技术和现代制造管理技术的有机集成。现代制造管理技术作为一项综合性系统技术，在制造业中占据重要的地位。

一、现代制造管理技术概述

1. 管理

管理的概念具有多义性，不仅有广义和狭义之分，而且还因时代、社会制度和学科领域的不同，有不同的解释和理解。随着生产方式社会化程度的提高和人类认识领域的拓展，人们对管理的认识和理解的差别还会更为明显。

一般认为管理是指把各个分散的元素有力地、合理地结合成整体，从而使各个元素的资源得到最大化利用的过程。

2. 现代制造管理技术

现代制造管理技术是以计算机为手段，以用户为中心，调动企业的一切积极因素，来实现柔性化生产，提高企业的市场竞争能力，使企业取得尽可能高的经济效益的先进管理方法和模式。现代制造管理技术是在传统管理科学、行为科学、工业工程等多种学科思想和方法的基础上，结合不断发展的先进制造技术形成并不断发展起来的。

生产技术诞生与发展是为了更好地利用资源，更有效地再造资源。没有先进的生产技术，便得不到更高级、更有用的可以满足人们需求的资源；没有合理的生产管理技术，资源就不会得到优化合理的分配利用，会造成资源的无谓浪费，甚至使人们无法得到想要的资源。如果把技术比作人的手足，那么管理就是控制手足的大脑。所以，在追求更为先进的生产技术的同时，更要优化制造管理技术。

3. 管理理论发展的阶段

（1）传统管理阶段

从18世纪80年代到19世纪末，这个阶段的主要特点是一切凭经验办事。

（2）科学管理阶段

从20世纪初至20世纪40年代，这个阶段的主要特点是出现了单独的管理者阶层，对过去积累的管理经验进行系统化、科学化、理论化。

（3）现代管理阶段

20世纪50年代中期以后，新的理论不断应用于生产活动，管理对生产活动起到监控、协调和指挥作用。

（4）信息管理阶段

这个阶段所有的管理活动都是基于信息的管理。诸如客户关系管理（Customer Relationship Management，CRM）、业务流程重组（Business Process Reengineering，BPR，也称业务流程再造）、供应链管理（Supply Chain Management，SCM）、知识管理、虚拟企业、战略联盟等管理理论已应用于管理实践。

二、现代制造管理技术的特点

1. 科学化

现代制造管理技术是以科学管理思想和方法为基础的，每种新的管理模式都体现了新的管理哲理。

2. 信息化

信息技术是现代制造管理技术的重要支持，管理信息系统是先进管理技术与信息技术结合的产物。

3. 集成化

现代企业管理系统集成了以往孤立的单项管理系统的功能和信息，能按照系统观点对企业进行全面管理。

4. 智能化

随着人工智能技术在企业管理应用中的不断深入，智能化管理系统已成为先进管理技术的重要标志。

5. 自动化

管理信息系统和办公室自动化系统功能的完善，促使企业管理的自动化程度不断提高。

6. 网络化

随着企业范围的不断扩大和计算机网络的迅速发展，推进了企业管理系统的网络化发展。

三、现代制造管理技术的发展历程

1. 国外发展状况

在制造技术不断发展的同时，制造管理技术也在同步发展。20 世纪初出现的以福特汽车公司（FORD）的流水生产线为标志的大批量生产方式，正是建立在专业化分工和标准化等管理思想的基础上的。

20 世纪 50 年代以后，制造领域先后出现了成组技术、全面质量管理、物料需求规划、即时生产、产品数据管理、企业资源规划等科学的管理思想和管理方法。

20 世纪 80 年代以来，在并行工程、敏捷制造、虚拟制造、绿色制造等先进制造技术中，更是蕴藏了丰富的管理科学理念和新型管理模式。

20 世纪 90 年代初，美国著名的咨询公司嘉德集团在制造资源规划的基础上，提出了企业资源规划。

2. 国内发展状况

我国作为世界文明古国，历史上有许多举世瞩目的工程，如秦始皇统一中国后修筑的长城、战国时期李冰父子设计修建的都江堰水利工程、北宋真宗年间丁谓修复皇宫的工程、河北的赵州桥、北京的故宫等。从今天的角度来看，这些工程都堪称是极其复杂的大型项目。对于这些工程的实施，如果不进行系统的规划和管理，要取得成功是非常困难的。但是，当时的管理还没有进行科学的归纳和总结，更多的是凭借个别人的经验、智慧和直觉，还谈不上科学管理方法。

20 世纪 60 年代初，我国著名数学家华罗庚引进和推广了当时在美国军界和各大企业中广泛使用的网络计划技术，并结合我国“统筹兼顾，全面安排”的指导思想，将这一技术称为“统筹法”。当时华罗庚组织并带领小分队深入重点工程项目中推广应用统筹法，取得了良好的经济效益。20世纪80年代，随着现代化管理方法在我国的推广，进一步促进了统筹法的应用。

1987年，在我国国防工业领域，提出了技术状态管理，用于军工产品的质量控制。

第一汽车集团公司在引进国外生产技术的同时，还引进了国外公司的管理技术，并结合自身特点推行现代管理，从20世纪80年代推行即时生产，到90年代全面推行精益生产，将精益思想从生产管理扩展到产品开发、质量控制、采购协作、营销服务、工厂组织、财务管理等各领域。该公司推行精益生产的规模和深度，特别是其实用性，不仅在国内领先，从世界范围看也很出色。

现代制造管理技术不仅可以适应工厂先进制造技术的需求，优化协调企业内外部自动化技术要素，提高制造系统的整体效益，而且在生产工艺装备自动化水平不高的情况下，也能通过对企业经营战略、生产组织、产品过程的优化及质量工程等的实施，在一定程度上提高生产率和企业效益。因此，现代制造管理技术对于我国制造业和众多企业来说具有重大的现实意义。

发达国家的制造管理技术经历了几十年乃至上百年管理理论与实践的发展，我国的制造管理技术同样也要经历由低到高、由小到大、由弱到强的发展过程。然而，激烈的市场竞争要求国内企业要在尽可能短的时间内实现规模效益、成本效益、质量效益等管理目标。因此，国内企业要立足于现实，在扎扎实实做好基础性工作的同时，必须加快改革步伐，尽快地实现规模、成本、质量等的市场竞争优势和综合经济效益。

四、现代制造管理技术的发展趋势

进入21世纪后，人类社会步入了知识经济时代。随着管理科学的不断发展，先进制造技术向着柔性化、集成化、网络化、虚拟化、智能化、绿色化、全球化的方向发展，现代制造管理也迎来了新的发展时期。

1. 落实以人为本的思想

以人为本是现代管理科学的基本特征，是现代制造系统中管理技术的重要思想。在制造系统的所有资源中，人是最宝贵和最重要的资源，是一切制造活动的主体。在工业化生产过程中，人们在利用制造技术追求生产的高效率和高利润的过程中，往往容易忽视人的作用与价值，在这方面也曾有过教训与代价。不断提高企业人员的素质，调动人的积极性，是企业快速与长期发展的基础。因此，现代制造管理技术在不断发展的过程中，越来越重视人力资源的作用和意义，强调人的巨大价值，以充分发挥人在制造系统中的积极作用。

2. 重视发挥信息技术的作用

由于现代制造过程中蕴含的信息量大、信息种类繁多，其储存、加工、交换都要求实时、准确，因此信息处理技术是企业制造系统管理的基础。在制造企业的组织与管理中，建立高效完善的信息化系统是一项非常重要的工作。事实上，制造系统中的许多重要管理技术，如全面质量管理、产品数据管理、企业资源规划、并行工程、电子商务、敏捷制造、虚拟制造等，都需要信息技术作为其支撑技术与关键技术。

3. 强调企业生产经营三要素的集成与配套

按照系统工程的观点，只有将系统中的诸多要素进行协调与统筹，才能实现系统的最优化目标。在现代制造系统中，制造技术的发展日新月异，企业组织结构及管理模式也在不断变革，如何实现企业生产经营三要素即人员、技术与管理等的协调发展和有效应用，就显得尤为重要。因此，现代制造系统中的管理技术，比过去任何时期都更加重视三要素的协调与集成。

4. 强调以用户为中心

采取面向用户的策略，强调以用户为中心，不断调查研究用户和市场当前及未来的需求，及时做出正确的决策，是企业成功的关键。

第二节　全面质量管理

一、全面质量管理的概念

全面质量管理的概念及发展历程

全面质量管理最早是由美国全面质量控制之父、质量大师费根堡姆（Armand Vallin Feigenbaum）于20世纪60年代初提出来的，它是在传统的质量管理基础上，随着科学技术的发展和经营管理的需要而发展起来的现代化质量管理，现已成为一门系统性很强的科学。

全面质量管理（Total Quality Management，TQM）是指在全社会的推动下，企业中所有部门、所有组织、所有人员都以产品质量为核心，把制造技术、管理技术、数理统计技术集合在一起，建立起一套科学、严密、高效的质量保证体系，控制生产过程中影响质量的因素，从而以优质的工作、最经济的办法来提供满足用户需求的产品的全部活动。

质量是设计和制造出来的，而不是检验出来的，产品质量有一个逐步实现的过程。如图5-1所示，产品质量形成的全过程包括若干环节，这些环节构成了一个质量系统。系统目标的实现取决于每个环节质量职能的落实和各个环节间的协调。因此，必须对质量形成的全过程进行计划、组织和控制，开展全面质量管理。

二、全面质量管理的特点

1. 采用科学的、系统的方法满足用户需求

在全面质量管理中，“用户至上”是十分重要的指导思想。“用户至上”思想的应用就是要在企业全体员工中树立以用户为中心的理念，使产品质量和服务质量全面地满足用户需求；产品质量的衡量要以用户的满意程度为标准。

2. 以预防为主的事先控制

预防性质量管理是全面质量管理区别于质量管理初级阶段的特点之一。进入20世纪90年代以后，新的生产模式，包括即时生产、精益生产、敏捷制造等对事先控制提出了更高的要求。在产品的生产阶段，除了统计过程控制，新的基于计算机的预报、诊断技术及控制技术受到越来越广泛的重视，使生产过程的预防性质量管理更为有效。

3. 计算机支持的质量信息管理

及时、准确的质量信息是企业制定质量相关政策，确定质量相关目标和实施质量相关措

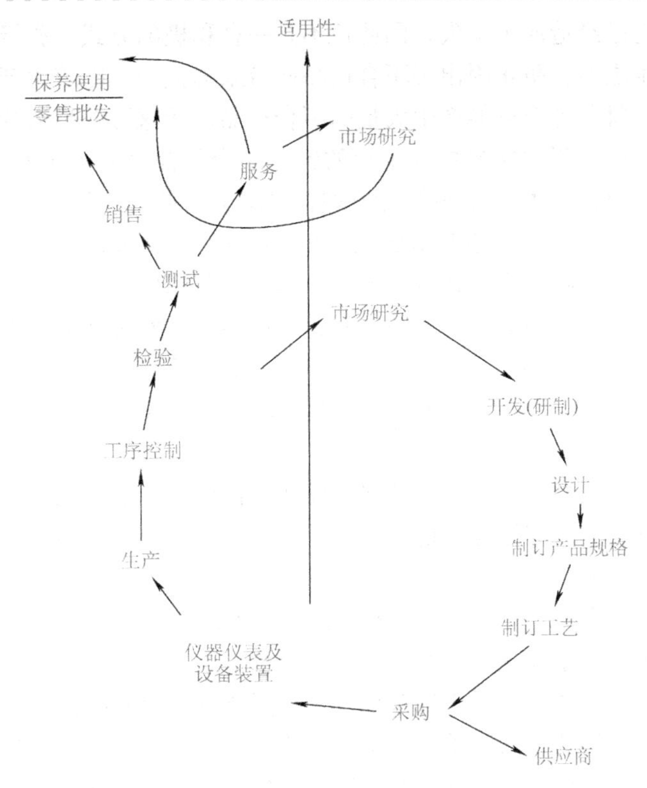

图 5-1　产品质量形成的全过程曲线

施的依据，质量信息的及时处理和传递是生产过程质量控制的必要条件。在这种背景下，信息技术、计算机集成制造等技术的发展，为企业实施全面质量管理提供了有力的支持。

4. 突出人的因素

与产品质量检验和统计质量控制相比较，全面质量管理格外强调调动人的积极性的重要性。即实现全面质量管理必须充分调动人的积极性，加强人的质量意识，发挥人的主观能动性。

三、全面质量管理的发展历程

质量管理是一门科学，是随着整个社会生产的发展而发展的，同时它与科学技术的进步、管理科学的发展密切相关。回顾质量管理的发展过程，可将其分为如下三个阶段。

1. 产品质量检验阶段

产品质量检验阶段是指从大工业生产方式出现直至 20 世纪 40 年代，其特征是按照规定的技术要求，专门安排单独的质量检验环节，对已完成的产品进行检验，以控制和保证出厂或转入下道工序的产品的质量。

这个阶段的质量管理是通过事后把关性质的质量检查，对已生产出来的产品进行筛选，把不合格品与合格品分开。这对于确保不合格品不流入下一工序或出厂送到用户手中是必要和有效的，至今在制造类企业仍是不可缺少的环节。但这种被动检验的方法，缺乏对检验费用和质量保证问题的研究，对预防不合格品的出现等管理问题的作用较为薄弱。

2. 统计质量控制阶段

把合格品与不合格品分开的事后把关检查方法是基于不合格品已经出现的情况，即使不合格品被检查出来也已经造成了损失，因此这不是一种积极的方式。积极的方式应该是，把不合格品消灭在发生之前，防止因出现不合格品而带来的损失。随着生产规模的迅速扩大和生产率的不断提高，每分钟都可能产生大量的不合格品，而这可能带来的经济损失往往难以估量。因此需要在生产过程中探寻更为主动的预防不合格品产生的办法。1924 年，美国学者休哈特（W. A. Shewhart）根据数理统计原理，提出了一种统计质量控制（Statistical Quality Control，SQC）方法——质量控制图法，其基本思路是：应用数理统计的方法，对生产过程进行控制，即在生产过程中定期地进行抽查，通过控制图发现或检查生产过程是否出现了不正常情况，并把抽查结果当成一个反馈信号，以便能及时发现和消除不正常的原因，防止不合格品的产生。之后，美国学者道奇（H. F. Dodge）和罗米格（H. G. Romig）于 1929 年提出了抽样检验法，这对于那些必须通过破坏性试验进行质量检验的产品，具有特别重要的意义。

统计质量管理方法的主要特点是：在质量管理的指导思想上，由事后把关变为事前预防；在质量管理的方法上，广泛深入地应用统计的思想方法和统计的检查方法。

3. 全面质量管理阶段

20 世纪 60 年代初以来，随着科学技术的迅速发展和市场竞争的日趋激烈，新技术、新工艺、新设备、新材料大量涌现，工业产品的技术水平迅速提高，产品更新换代的速度大大加快，新产品层出不穷，特别是对于许多综合多种门类技术成果的大型、精密、复杂的现代工业产品来说，影响质量的因素已不是几十个、几百个，而是成千上万个。对任何一个细节的忽略，都会造成全局性损失。这种情况必然对质量管理提出新的更高的要求，那种单纯依靠事后把关或主要依靠生产过程控制的质量管理方法，已经不能适应工业发展的需要。美国学者费根堡姆和朱兰（M. Juran）先后提出了全面质量控制（Total Quality Control，TQC）的概念。该理论不断深入人心，进而发展为全面质量管理。从此，制造企业的产品质量管理逐渐进入了全面质量管理时代。

质量管理三个阶段的对比见表 5-1。

表 5-1 不同质量管理阶段的对比

对比内容	产品质量检验阶段	统计质量控制阶段	全面质量管理阶段
生产特点	手工、半机械生产	大批量生产	现代化生产
管理特点	事后消极控制	事前积极预防	防检结合，全面管理
管理范围	生产过程	制造过程	产品质量形成全过程
参与人员	检验部门人员	技术与检验部门人员	企业全体员工

第三节 六西格玛管理

一、六西格玛管理的概念

六西格玛（Six Sigma，6Sigma，6σ，6Σ）管理是一种管理技术，是一种能够严格、集中、高效地改善企业流程管理质量的实施原则。六西格玛管理包含了众多管理领域内的先进成果，以“零缺陷”的完美追求，带动成本的大幅度降低，最终实现财务成效的显著提升与企业竞争力的重大突破。六西格玛管理的体系结构如图 5-2 所示。

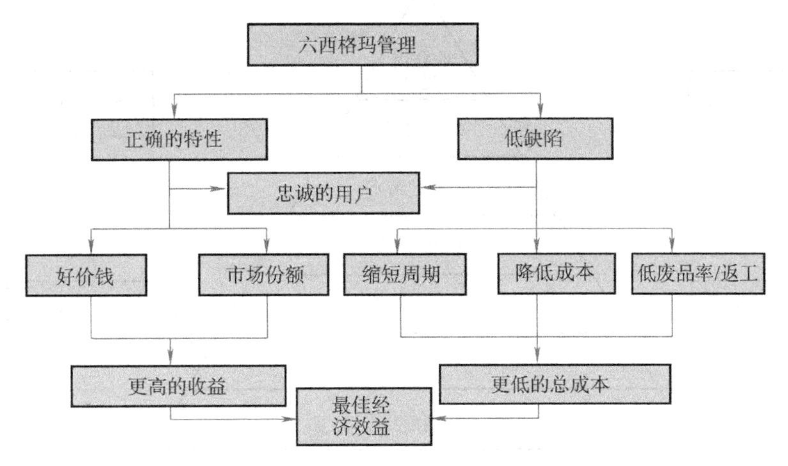

图 5-2 六西格玛管理的体系结构

西格玛是希腊字母 σ 的译音，是统计学上用来衡量工艺流程中的变化性而使用的代码。企业也可以用西格玛的级别来衡量其在生产流程管理方面的表现。一般公司对产品品质要求已提升至 3σ 水平，产品的合格率为 99.73%，即每 10000 件产品中只有 27 件为不合格品。很多人认为产品合格率达到这个水平已非常令人满意。但研究结果表明，如果产品合格率只能达到 99.73%，以下事件便会持续地在现实中发生：每年有 20000 次配错药事件；每年有超过 15000 个婴儿出生时会被抛落到地上；每年平均有 9h 没有水、电、暖气供应；每星期有 500 起手术事故……由此可以看出，随着人们对产品质量要求的不断提高和现代生产管理流程的日益复杂化，企业越来越需要像六西格玛这样的高端流程质量管理标准，以保持在激烈市场竞争中的优势地位。企业如果不断追求产品品质的改进，达到六西格玛的程度，就几近于完美地满足了用户的要求，在 1000 万件产品中，只有 34 件有瑕疵。

二、六西格玛管理的特点

作为持续性的质量改进方法，六西格玛管理具有如下特点。

1. 对用户需求的高度关注

六西格玛管理以广泛的视角，关注生产中影响用户满意度的所有方面。六西格玛管理的绩效评估首先从用户开始，其改进的程度用用户满意度和对价值的影响来衡量。六西格玛质量代表了产品对用户要求的极高满足度和极低的缺陷率，将用户的期望作为目标，并且不断超越这种期望（图 5-3）。

2. 高度依赖统计数据

统计数据是实施六西格玛管理的重要工具，即以数字说明一切，所有的生产表现、执行能力等，都量化为具体的数据，成果一目了然。决策者及经理人可以从各种统计报表中找出问题所在，真实掌握产品不合格情况和用户抱怨情况等。而改善的成果，如成本节约、利润增加等，也都以统计资料和财务数据为依据。

3. 重视改善业务流程

传统的质量管理理论和方法往往侧重于结果，通过在生产的终端加强检验以及开展售后

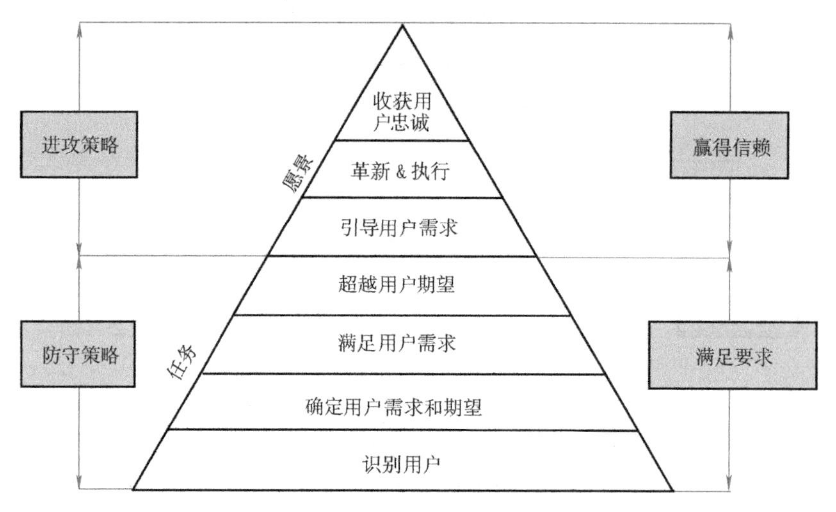

图 5-3　六西格玛管理对用户的关注层次

服务来确保产品质量。然而，生产过程中产生的不合格品对企业来说已经造成了损失，售后维修需要花费企业额外的成本支出。更为糟糕的是，由于生产中允许出现一定比例的不合格品已司空见惯，人们逐渐丧失了主动改进产品质量的意识。

六西格玛管理将质量管理的重点放在产生缺陷的根本原因上，认为质量是靠流程的优化，而不是通过严格地对最终产品的检验来实现的。企业应该把质量管理的重点放在认识、改善和控制产生产品缺陷的原因上，而不是放在质量检查、售后服务等活动上。质量管理不是企业内某个部门和某个人的事情，而是每个部门、每个人的工作，追求完美应成为企业每一个成员的目标。六西格玛管理通过一整套严谨的工具和方法，来帮助企业推广实施流程优化工作，识别并排除那些不能给用户带来价值的成本浪费，消除无附加值活动，缩短生产、经营循环周期。

4. 积极开展主动改进型管理

掌握了六西格玛管理方法，就好像找到了一个重新观察企业的放大镜。人们惊讶地发现，缺陷犹如灰尘，存在于企业生产中的各个角落。这使管理者和员工感到不安，都想要变被动为主动，努力为企业做点什么。员工会不断地问自己：现在到达了几个 σ？问题出在哪里？能做到什么程度？通过努力产品质量提高了吗？这样，企业就始终处于一种不断改进的过程中。

5. 倡导无界限合作、勤于学习的企业文化

六西格玛管理扩展了合作的机会，当人们确实认识到流程改进对于提高产品品质的重要性时，就会意识到工作流程中各个部门、各个环节的相互依赖性，进而加强部门之间、上下环节之间的合作和配合。基于六西格玛的共同价值观如图 5-4 所示。由于六西格玛管理所追求的品质改进是永无止境的，而这种持续的改进必须以员工素质的不断提高为条件，因此实施六西格玛管理有助于形成勤于学习的企业氛围。事实上，在企业中导入六西格玛管理的过程，本身就是一个不断培训和学习的过程，通过组建推行六西格玛管理的骨干队伍，对全员进行分层次的培训，可以使全员都了解和掌握六西格玛管理的要点，充分发挥员工的积极性和创造性，在实践中不断进取。

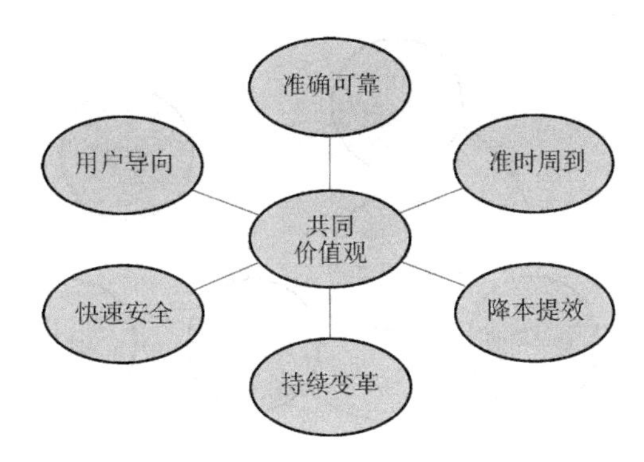

图 5-4　基于六西格玛的共同价值观

三、六西格玛管理的发展历程

六西格玛管理作为品质管理概念，最早是由美国摩托罗拉公司（Motorola）的史密斯（Bill Smith）于1986年提出的，其目的是设计一个目标：在生产过程中降低失误次数，防止产品出现质量问题，提升产品品质。

20世纪90年代中期，六西格玛开始被通用电气公司（GE）从一种全面质量管理方法，演变成为一种高度有效的企业流程设计、改善和优化的技术，并提供了一系列同样适用于设计、生产和服务的新产品开发工具，继而与该公司的全球化、服务化、电子商务等战略齐头并进，成为全世界追求卓越管理企业的最为重要的战略举措。该管理法在摩托罗拉（Motorola）、通用电气公司（GE）、戴尔（Dell）、惠普（HP）、西门子（SIEMENS）、索尼（Sony）、东芝（Toshiba）等众多跨国企业得到了应用，且实践证明是卓有成效的。为此，我国一些部门和机构开始在国内企业中大力推广并引导开展六西格玛管理。

第四节　成组技术

成组技术的概念和发展历程

一、成组技术的概念

成组技术（Group Technology，GT）是一门生产技术科学，揭示和利用事物间的相似性，将许多具有相似信息的研究对象按照一定的准则分类成组，并用大致相同的方法来解决这一组研究对象的生产技术问题。这样就可以发挥规模生产的优势，达到提高生产率、降低生产成本的目的，以取得所期望的经济效益。成组技术的基本原理如图5-5所示。

成组技术应用于制造业，是将品种众多的零件按其工艺的相似性分类成组，以形成为数不多的零件族，从而把同一零件族中分散的小生产量汇集成较大的成组生产量，使小批量生产能获得接近于大批量生产的经济效益。这样，成组技术就巧妙地把品种多转化成了“少”，把生产量小转化成了“大”，为提高多品种、小批量生产的经济效益提供了一种有效的方法。比如，波音客机的客舱共有8个舱门（图5-6），虽然每个舱门的结构不一样，但是其中98%的机械零件都是通用的，使用成组技术可大大降低舱门的生产成本。

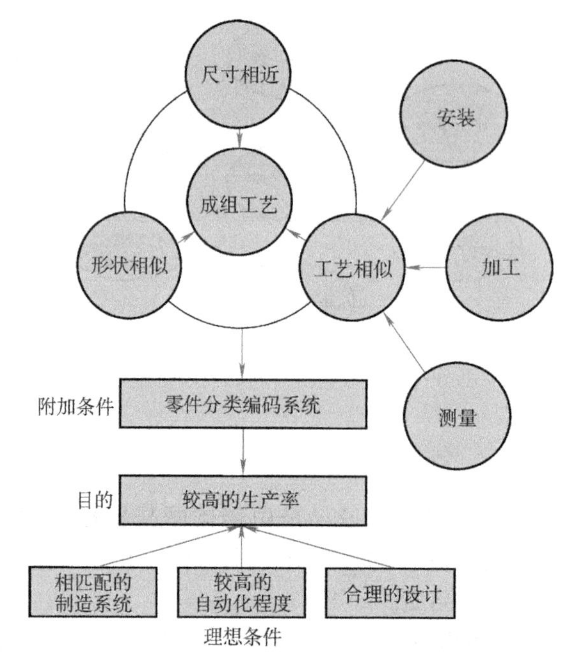

图5-5　成组技术的基本原理

图5-6　成组技术应用于飞机制造

a）波音客机　b）客机舱门

二、成组技术的应用

1. 产品设计方面

多年来，人们一直在孜孜不倦地追求用减少重复设计的方法来提高设计功效、缩短设计周期，提高设计的可靠性与继承性。产品“三化”（即零件标准化、部件通用化、产品系列化）是减少重复设计、减少基本件种数的基本方法，可以变单件小批量为中大批量生产，从而提高生产率。

用成组技术指导产品设计，赋予了各类零件更大的相似性，为在制造管理方面实施成组技术奠定了良好的基础，使之取得了更好的效果。此外，由于新产品具有继承性，以往累积并经过考验的有关设计和制造的经验可以再次应用，有利于保证产品质量的稳定。

以成组技术为指导的设计合理化和标准化工作为实现计算机辅助设计奠定了良好的基础，有利于设计信息最大限度地重复使用，加快设计速度、节约设计时间。据统计，当设计一种新产品时，往往有3/4以上的零件设计可参考借鉴或直接引用原有的产品图样，从而减少新设计的工作量。这不仅可免除设计人员的重复性劳动，也可以减少工艺准备工作和降低制造费用。

2. 制造工艺方面

成组技术在制造工艺方面最先得到广泛应用。成组技术最早用于成组工序，即把加工方法、安装方式和机床调整相近的零件归为一个零件组，设计出适用于全组零件的成组工序。成组工序允许采用同一设备和工艺装备，以及相同或相近的机床调整来加工全组零件。这样，只要能按零件组安排生产调度计划，就可以大大缩短由于零件品种更换所需要的机床调整时间。此外，由于零件组内各零件的安装方式和尺寸相近，工程技术人员可以设计出应用于成组工序的公用夹具——成组夹具。只要进行少量的调整或更换某些零件，成组夹具就可适用于全组零件的工序装夹。

成组技术也可应用于零件加工的全工艺过程。为此，应将零件按工艺过程相似性分类，以形成加工族，然后针对加工族设计成组工艺过程。成组工艺过程是成组工序的集合，可以按标准化的工艺路线，采用同一组机床加工全加工族的各个零件。

3. 生产组织管理方面

成组加工将零件按工艺相似性分类形成加工族，加工同一加工族零件时有其相应的一组机床设备。这为成组生产系统按模块化原理组织生产，即采取成组生产单元的生产组织形式创造了条件。在一个生产单元内，由一组工人操作一组设备，生产一个或若干个相近的加工族，在此生产单元内可完成各个零件全部或部分的生产加工。因此，可以认为成组生产单元是以加工族为生产对象的产品专业化或工艺专业化（如热处理等）的生产基层单位。

成组技术是计算机辅助管理系统技术得以应用的基础之一。这是因为成组技术可将大量信息分类成组，并使之规格化、标准化，有助于建立结构合理的生产系统公用数据库，大大减少信息的储存量。由于成组技术不再分别针对单个工程问题和任务设计程序，因而可优化程序设计。

近年来，成组技术与数控技术、计算机技术相结合，技术水平有了很大提高，应用范围不断扩大，在产品设计、制造工艺、生产组织与管理等方面均有显著的应用效果，如新零件设计数可减少52%、生产准备时间可缩短69%、劳动生产率可提高33%、生产周期可缩短70%、零件成本可降低43%。目前成组技术已发展成为柔性制造系统和计算机集成制造系统的基础。

三、成组技术的发展历程

随着人类生活水平的提高和社会的进步，人们追求个性化、特色化产品的现象日益普遍。在为人们提供日常生活所需各种产品的制造业中，大批量生产方式越来越少见，单件小批量生产方式越来越普遍。这种现状带来了生产中的一些改变：生产计划、组织管理复杂化；零件从投料到加工完成的总生产时间较长，生产准备工作量大；产量小，使先进制造技术的应用受到限制。

为此，制造技术的研究者提出了成组技术的科学理论及实践方法，从根本上解决了生产过程中由于品种多、产量小带来的困扰。

目前的成组技术是应用系统工程学的观点，把中、小批生产中的设计制造和管理等方面作为一个生产系统整体，统一协调生产活动的各个方面，全面实施成组技术，以提高综合经济效益。

第五节 即时生产

一、即时生产的概念

即时生产（Just In Time，JIT）也称准时生产，其基本思想可以简单地概括为：只在需要的时候、按需要的质和量生产所需的产品，其体系结构如图5-7所示。

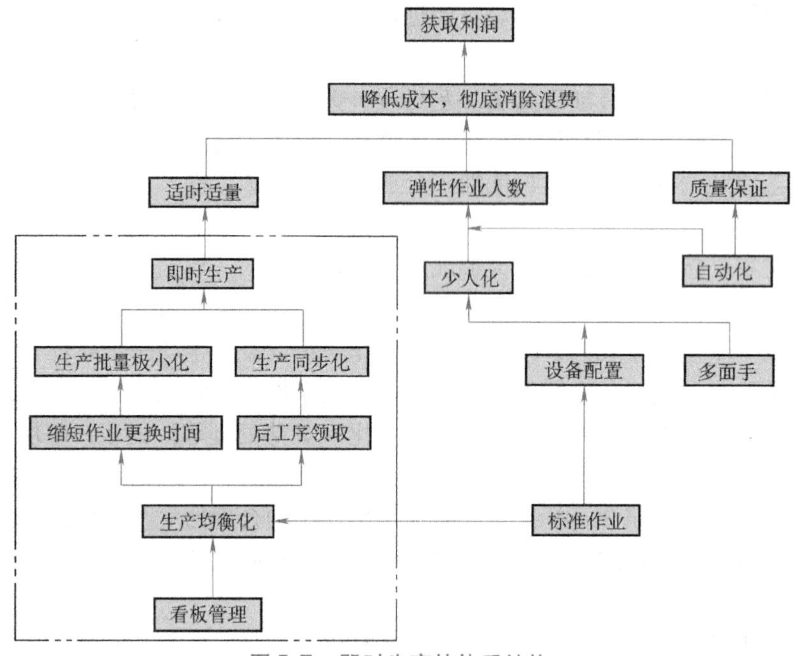

图5-7 即时生产的体系结构

二、即时生产的特点

1. 即时生产是一种积极的、动态的系统

与传统的“推动（push）”组织方式不同，即时生产采用“拉取（pull）”的组织方式。传统的生产系统采用的是由前向后推动式的生产方式，即由原材料仓库向第一道工序供应原材料，经过第一道工序加工和生产半成品，再交给第二道工序，以此向后推，直到制成成品并将其转入产成品仓库，等待销售。这种生产系统中，大量原材料、在制品、产成品的存在，必然导致生产费用的大量占用和浪费。即时生产的基本思想是以用户（市场）为中心，根据市场需求来组织生产，是一种倒拉式生产：订单→成品→组件→配件→零件→原材料→供应商。整个生产是动态的、逐个向前逼近的，上道工序提供的正好是下道工序所需要的，且时间上正好、数量上正好。即时生产系统要求企业的供、产、销各环节紧密配合，大大减

少了库存，从而降低了成本，提高了生产率和效益。两种生产模式的生产指令下达方式如图5-8所示。

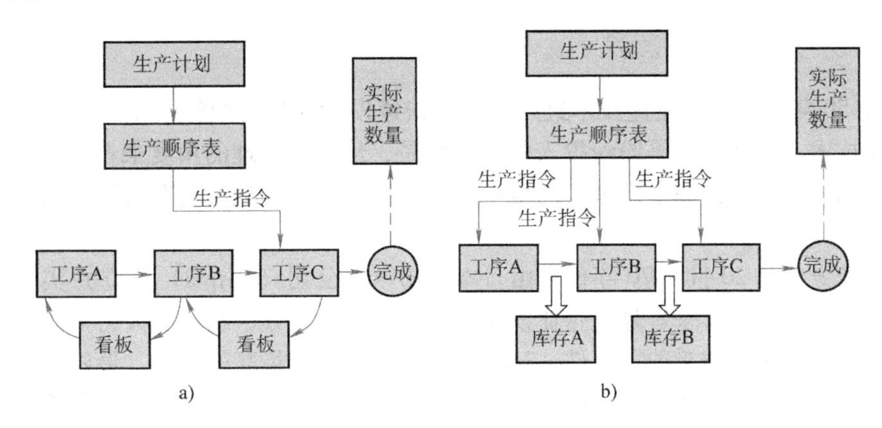

图5-8　即时生产和传统生产的生产指令下达方式

a）即时生产中的生产指令（物流与信息流方向相反，计划生产数量与实际生产数量相同）

b）传统生产中的生产指令（物流与信息流方向相同，计划生产数量与实际生产数量不同）

“拉取”思想的基本原则是从一个用户表示对一件产品的需要开始，然后倒推至生产领域，目标是把合意的产品交给用户，而不是把用户不想要的产品硬推给他们。“拉取”原则更深远的意义在于能抛开预测，直接按用户的实际需要进行生产。

2. 即时生产是实行全面质量管理的有效前提

采用“拉取”组织方式的即时生产中，上一工序的操作是把下一工序作为用户来对待的，下一工序用用户的眼光来检查上一道工序传来的半成品，工序间的这种关系是实现全面质量管理的有效前提。

3. 即时生产采用强制性方法解决生产中存在的不足

即时生产不仅是一种管理理念，而且是一种先进的生产组织方式。在生产过程中，一环扣一环，不允许任何一个环节出错。零库存和零缺陷是即时生产方式的追求目标，即时生产认为库存是万恶之源，库存将生产中的许多矛盾掩盖起来，使矛盾不易被发现而得不到及时解决。采用即时生产，由于库存已降低至最低状态，生产无法容忍任何中断，所以整个生产过程必须精心组织安排，避免任何可能出现的问题。

三、实施即时生产的条件

在理想的即时生产系统中，不存在提前进货的情况，因而可使库存费用降低至零点。即时生产要获得成功，需要具备以下条件。

1）完善的市场经济环境，信息技术发达。

2）可靠的供应商，可以按时、按质、按量地供应原材料，企业通过电话、传真、网络即可完成采购。

3）生产的合理组织，制订符合要求、易于产品流动的生产线。

4）生产系统要有很强的灵活性，要使为改变产品品种而进行的生产设备调整时间接近于零。

5）要求平时注重设备维修、检修和保养，以使生产中设备失灵的可能性为零。

6）要有完善的质量保证体系，做到产成品无返工，次品、不合格品为零。

7）生产中工作人员的注意力要高度集中，要保证各类生产事故的发生率为零。

四、即时生产的发展历程

20世纪50年代以后，制造技术进入了一个快速发展时期，数控技术、机器人技术、自动物料搬运技术、成组技术等纷纷投入使用。但是，从制造管理的角度来看，大部分技术都是通过减少加工时间来提高生产率，而很少从压缩库存和减少加工辅助时间等角度来提高生产率，降低生产成本。

即时生产方式是20世纪70年代末由日本丰田汽车公司（Toyota）创立并实施的一种现代企业生产管理模式，其宗旨是让企业使用最少的设备、装置、物料和人力资源，在规定的时间、地点，提供必要数量的零部件，达到以最低的成本、最高的效益、最好的质量、零库存进行生产的目的。为了实现这样的生产目的，丰田汽车公司（Toyota）开发了包括“看板管理”在内的一系列具体方法，并逐渐形成了一套独具特色的生产体系。看板管理利用卡片作为传递作业指示的一种控制工具，使生产、存储的各个环节按照卡片作业的指示，相互协调一致地进行无缝配合，有效地组织输入、输出物流，满足用户的需要，从而使整个物流过程实现准时化和库存储备最小化，即所谓零库存。

即时生产在最初引起人们注意时曾被称为“丰田生产方式”，后来，由于这种生产方式所具有的独特性和有效性，而被人们广泛认识、研究和应用，特别是引起西方国家的广泛关注后，开始被称为即时生产。

第六节　精益生产

一、精益生产的概念

精益生产（Lean Production，LP）是通过系统结构、人员组织、运行方式和市场供求关系等方面的变革，使生产系统能快速适应用户需求的不断变化，并能使生产过程中一切无用的、多余的或不增加附加值的环节被精简，将企业的所有功能系统地加以组合，实现以最少的资源、最低的成本，向用户提供高质量的产品和服务，同时使企业获得最佳的应变能力和最大的利润的生产方式。

精益生产方式是继单件生产方式和大批量生产方式之后，在丰田汽车公司（Toyota）诞生的全新生产方式。精益中的“精”是指更少的投入，“益”是指更多的产出。精益生产在组织结构上尽量去掉一切多余的环节与人员，实现纵向减少层次，横向打破部门壁垒，实行分布式网络管理结构。精益生产的体系结构如图5-9所示。

二、精益生产的特点

1. 以销售部门作为企业生产过程的起点

精益思想的出发点是价值，价值只能由最终用户来确定，即价值只有在由具有特定价格、能在特定时间内满足用户需求的特定产品来表达时才有意义。精益生产重视用户需求，强调以最快的速度和适合的价格提供质量优良的适销产品去占领市场，并向用户提供优质服

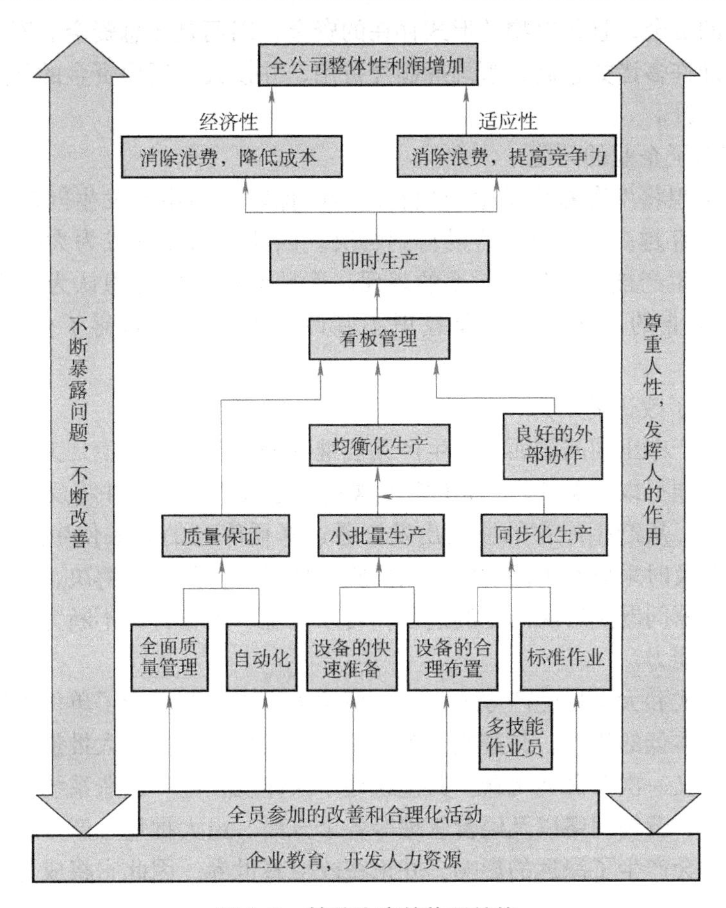

图 5-9　精益生产的体系结构

务。在精益生产模式下，产品开发与产品生产均以销售为起点。

2. 重视人的作用

精益生产强调一专多能，推行小组自治工作制，把责任下放到组织结构的各个层次，赋予每个员工一定的独立自主权，充分调动全体员工的积极性和聪明才智，把缺陷和浪费及时地消灭在每一个岗位上。

3. 精简生产中一切不创造价值的工作

精益生产的核心是消除一切无效劳动和浪费，将目标确定在生产的尽善尽美上。精益生产通过不断地降低成本、提高质量、增强生产灵活性、实现无不合格品和零库存等手段，确保企业在市场竞争中的优势。通过减少管理层次，精简组织结构，简化产品开发过程和生产过程，来减少非生产费用，强调全面质量管理。

4. 精益求精、持续不断地改进生产、降低成本

高库存是大批量生产方式的特征之一。在大批量生产过程中，由于设备运行的不稳定、工序安排的不合理、较高的不合格品率和生产的不均衡等原因，常常出现供货不及时的现象，库存被看作是必不可少的“缓冲剂”。但精益生产则认为库存是企业的“祸害”，主要是鉴于以下三个方面的理由。

（1）库存提高了经营的成本

库存是积压的资金，且是以物的形式存在的资金，因而是无息资金。库存不仅不会增加产出，反而会增加许多诸如仓储、管理等额外费用，并损失了货币资金的利息收入，从而使企业的经营成本上升。

（2）库存掩盖了企业的问题

传统的管理思想将库存看作是生产顺利进行的保障，当生产发生问题时，总可以用库存来缓解矛盾，库存越高，问题越容易得到解决。因此，高库存成为大批量生产方式的重要特征，超量超前生产被看作是高效率的表现。而精益生产的思想认为，恰恰是因为库存的存在，掩盖了企业的问题，使企业意识不到改进的需要，阻碍了生产经营的进一步改善。

（3）库存阻碍了改进的动力

为了避免因生产中出现问题而造成生产无法继续进行现象的发生，大批量生产方式采取高库存的方法使问题得以“解决”，而事实上这些问题依然存在，并将反复出现。精益生产采用逆向思维方式，从产生库存的原因出发，通过降低库存的方法使生产中的问题暴露出来，从而促使企业及时采取解决问题的有效措施，使问题得到根本解决，不再重复出现。如此反复地进行从暴露问题到解决问题的过程，可以使生产流程得到不断完善，从而改进企业的管理水平和经营能力。

与单件生产方式和大批量生产方式相比，精益生产方式既综合了单件生产方式品种多和大批量生产方式成本低的优点，又避免了单件生产方式生产率低和大批量生产方式僵化的缺点，是生产方式的又一次革命性飞跃。其优越性不仅体现在生产制造系统，同样也体现在产品开发、协作配套、营销网络以及经营管理等各个方面。由大批量生产方式向精益生产方式的转变，对人类社会产生了深远的影响，并正在改变着世界，因此它将成为标准的全球生产体系。

三、精益生产的应用

麻省理工学院沃麦克（James P. Womack）教授等人认为，精益生产方式为人们提供了一种全新的管理思想，不仅适用于汽车工业，各行各业都可借鉴。很多发达国家对精益生产方式的研究已涉及各种生产类型的许多行业中，形成了一股变革的浪潮。

1. 精益生产在国外的应用

通过应用精益生产方式，日本制造的国际竞争力大大提升，日本产品逐渐把许多美国产品挤出了市场。例如，作为数控机床、加工中心、柔性制造系统、计算机集成制造系统的诞生地，美国在1946—1981年一直是世界上最大的机床生产国，占有世界机床产值的29%以上。但到了1986年，美国已有一半的机床需要进口，1994年美国机床进口额位居世界第一，其中44.6%来自日本。再如美国的汽车工业，1955年占世界市场份额的75%，到了1990年急剧降到25%，日本抢占了30%的国际市场。

美国在制造业推广精益生产方式，如通用汽车公司（GM）、福特汽车公司（FORD），并逐步完善了自己的精益生产体制。美国采用精益生产方式生产战斗机、战斗运输机、导弹和卫星产品后，其研制周期大大缩短，费用也明显降低。

德国在1992年宣布以精益生产方式统一制造技术的发展方向，并取得了显著的成效。例如大众汽车公司（Volkswagen）推广精益生产方式，连续改进千余项工艺，1993年的生产率就提高了25%。

2. 精益生产在国内的应用

对于许多发展中国家来说，由于精益生产方式无须大量投资，是迅速提高企业管理和技术水平的一种有效手段。随着社会主义市场经济的逐步发展，尤其是我国加入世界贸易组织后，企业面临着更为严峻的挑战，精益生产方式为企业提供了一条发展之路。精益生产方式已先后在第一汽车集团公司、上汽大众汽车有限公司、跃进汽车集团有限公司等企业推广，均取得了很好的效果。

第一汽车集团公司铸造厂先后制订了实施精益生产方式的方案和细则，建立了以造型为中心、以生产工人为主体、全方位服务于现场的生产组织运行机制，看板管理、均衡生产、投入产出、在制品控制、优化生产线等工作，均已取得一定的效果。

精益生产也应用于我国的卫星集成化生产过程中，在产品开发初期阶段推行并行工程进行产品设计，利用成组技术进行快速变异设计；在制造阶段则利用成组技术进行生产重组，打破生产类型界限，按即时生产方式组织生产，并在产品开发全过程中实施全面质量管理，从而降低了卫星的生产成本，缩短了开发周期，提高了产品质量，增强了我国卫星的国际市场竞争力。

四、精益生产的发展历程

第一次世界大战后，美国的福特（Henry Ford）与斯隆（Alfred P. Sloan）开创了世界制造业的新纪元，把欧洲企业领先了若干世纪的单件生产方式转变为大批量生产方式，这使美国很快控制了世界经济。但随着市场需求日益多样化、多变化，大批量的生产方式日渐显露出了其缺乏柔性、不能迅速适应市场灵活变换的弱点。在这种情况下，起步于20世纪50年代，成熟于20世纪70年代，被世人肯定并广泛推广于20世纪90年代的精益生产方式越来越受到人们的关注。它兼备单件生产与大批量生产的优点，又能克服两者的缺点，是一种高质量、低成本、富有柔性的新型生产方式。

20世纪中叶，当美国的汽车工业处于发展顶峰时，以大野耐一（Taiichi Chno）为代表的丰田人对美国的大批量生产方式进行了彻底的分析，得出了两条结论：其一，大批量生产方式在削减成本方面的潜力要远远超过其规模效应所带来的好处；其二，大批量生产方式的纵向泰勒制组织体制不利于企业对市场的适应和企业员工积极性、智慧和创造力的发挥。因为泰勒制的管理方法是对工人的操作动作和工作时间进行仔细的分析并标准化，从而最大限度地提高工作效率。但这种管理模式只是将工人看作流水线上的一个“机器零件”，抑制了人性和情感。

基于这两点认识，丰田汽车公司（Toyota）根据自身面临需求不足、技术落后、资金短缺等严重困难的实际情况，同时结合日本独特的文化背景，逐步创立了一种全新的多品种、小批量、高效益和低消耗的生产方式。这种生产方式在1973年的石油危机中体现出了巨大的优越性，并成为20世纪80年代日本在汽车市场竞争中战胜美国的法宝，从而促使美国花费500万美元和5年时间对日本的这种生产方式进行考察和研究。1990年，麻省理工学院（MIT）的沃麦克（James P. Womack）教授等人撰写的《精益生产方式——改变世界的机器》一书中，在总结丰田汽车公司（Toyota）生产方式的基础上，提出了“精益生产”的概念。

第七节　物流管理

一、物流管理的概念

物流管理（Logistics Management，LM）是指在生产过程中，根据物质资源实体流动的规律，相关人员应用管理的基本原理和科学方法，对物流活动进行计划、组织、指挥、协调、控制和监督，使各项物流活动实现最佳的协调与配合，以降低物流成本，提高物流效率和经济效益的管理活动。

物流管理包括以下三个方面的内容。

1）对物流活动诸要素的管理，包括运输、储存等环节的管理。

2）对物流系统诸要素的管理，即对物流系统中的人、财、物、设备、方法和信息六大要素的管理。

3）对物流活动中具体职能的管理，主要包括对物流计划、质量、技术、经济等职能的管理等。

二、物流管理的作用

1. 使产品成本有进一步降低的可能

有关研究表明，在制造企业中，生产过程中的运输与传送成本占总成本的30%～75%，传送与等待时间占整个生产时间的95%。因此，有管理专家指出，物流管理是“降低成本的最后边界”，优良的物流管理可使产品成本得到进一步降低。

2. 实现服务优势和成本优势的动态平衡

实施物流管理的目的，是在尽可能低的总成本基础上，实现既定的用户服务水平，即寻求服务优势和成本优势的动态平衡，并由此确立企业在竞争中的优势地位。根据这个目标，物流管理要解决的基本问题，简单地说，就是把合适的产品以合适的数量和合适的价格，在合适的时间和合适的地点提供给用户（图5-10）。

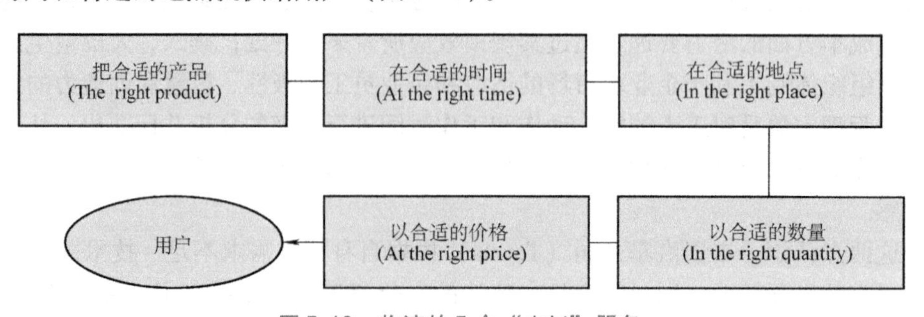

图5-10　物流的5个“right”服务

3. 运用系统方法解决问题

现代物流通常被认为是由运输、存储、包装、装卸、流通加工、配送和信息等环节构成，各环节都有各自的功能、利益和观念。系统方法就是利用现代管理方法和现代技术，使现代物流的各环节共享总体信息，把所有环节作为一个一体化的系统来进行组织和管理，以使系统能够在总成本尽可能低的条件下，提供有竞争优势的产品和服务。系统方法认为，系统的效益并不是各个局部环节效益的简单相加。系统方法意味着，对于出现的某个方面的问题，要对其全部的影响因素进行分析和评价。从这一思想出发，物流系统并不简单地追求各个环节的最低成本，因为物流各环节之间存在相互影响、相互制约的倾向，比如过分强调包装材料的节约，就可能因其易于破损而造成运输和装卸费用的上升。因此，系统方法强调要进行总成本分析，在总成本最低的前提下，达到既定的用户服务水平。

三、物流管理的发展历程

物流管理科学是20世纪80年代在国外兴起的一门建立在系统论、信息论和控制论基础上的新学科，它是管理科学的重要分支。随着生产技术和管理技术的发展，企业之间的竞争日趋激烈。人们逐渐发现，企业在降低生产成本方面的竞争似乎已经走到了尽头，产品质量的好坏也仅仅是一个企业能否进入市场参加竞争的敲门砖。这时，竞争的焦点开始从生产领域转向非生产领域，转向那些分散的、孤立的，被视为辅助环节而不被重视的诸如运输、存储、包装、装卸、流通等物流活动领域。人们开始研究如何在这些领域里降低成本，提高服务质量，以创造“第三个利润源泉”。此后，物流管理从企业传统的生产和销售活动中分离出来，成为独立的研究领域和学科。物流管理科学的诞生使原来在经济活动中处于潜隐状态的物流系统显现出来，它揭示了物流活动各个环节的内在联系，通过不断的发展和日臻完善，成了现代企业在市场竞争中制胜的法宝。

物流管理的发展经历了配送管理、物流管理和供应链管理三个层次。物流管理起源于第二次世界大战中军队输送物资装备所发展起来的储运模式和技术。第二次世界大战后，这些技术被广泛应用于工业界，并极大地提高了企业的运作效率，为企业赢得了更多的用户。当时的物流管理主要是针对企业的配送部分，即在产品生产出来后，如何快速而高效地通过配送中心把产品送交用户，并尽可能维持最低的库存量。在初级阶段，物流管理只是在既定数量的产品生产出来后，被动地去迎合用户需求，将产品运到用户指定的地点，并在运输领域实现资源最优化使用，合理设置各配送中心的库存量。准确地说，这个阶段物流管理并未真正产生，还只是运输管理、仓储管理和库存管理。

现代意义上的物流管理出现在20世纪80年代。人们发现利用跨职能流程管理的方式去观察、分析和解决企业经营中的问题非常有效。通过分析物料从原材料运到工厂，流经生产线上每个工作站，产出成品，再运送到配送中心，最后交付给用户的整个流通过程，企业可以消除很多看似高效率但实际上却降低了整体效率的行为。因为每个生产部门都想尽可能地利用其产能，没有任何产能节余，一旦产品需求增加，则每个生产环节都会成为生产的瓶颈，导致整个流程的中断；又比如运输部作为一个独立的职能部门，总是想方设法降低其运输成本，但如果因此而将一笔必须加快运输的订单交付海运而不是空运，虽然会省下运费，却很可能会失去用户，导致企业整体上的失利。所以，传统的垂直职能管理已不适应现代工业化生产，而横向的物流管理却可以综合管理生产流程中的不同职能，以取得整体的最优化。在这个阶段，物流管理的范围扩展到除运输外的需求预测、采购、生产计划、存货管理、配送与用户服务等，以系统化管理企业的运作，从而达到整体效益的最大化。

现代物流不仅考虑从生产者到消费者的货物配送问题，而且会考虑从供应商到生产者对原材料的采购问题，以及生产者在产品制造过程中的运输、保管和信息等各个方面的问题，以全面地、综合性地提高经济效益和效率。因此，现代物流是以满足消费者的需求为目标，把制造、运输、销售等统一起来考虑的一种战略措施。这与传统物流仅被定义为“后勤保障系统”和“销售活动中起桥梁作用”的定位相比，在深度和广度上有了很大的拓展。

第八节 企业资源规划

一、企业资源规划概述

在产品制造的全过程中，企业的各种资源必须要得到有效配置与合理使用，因此，企业资源规划成了制造管理技术的重要内容。企业资源规划发展到今天，经历了一个从物料需求规划、制造资源规划到企业资源规划的发展过程。

1. 物料需求规划

随着计算机技术的迅猛发展，使人们借助计算机信息管理系统对企业资源进行规划成为可能，物料需求规划就是这方面的早期代表。

物料需求规划（Material Requirement Planning，MRP）是指根据产品结构各层次物料的从属和数量关系，以每个物料为计划对象，以完成日期为时间基准倒排计划，按提前期长短区分各个物料下达计划时间的先后顺序，是一种工业制造企业的物资计划管理模式。物料需求规划是由美国库存协会（IA）于20世纪60年代提出的。物料需求规划根据市场需求预测和用户订单制订产品的生产计划，然后基于产品制订进度计划，生成产品的材料结构表和库存状况，通过计算机计算所需物资的需求量和需求时间，从而确定材料的加工进度和供货日程。通俗地讲，物料需求规划是一种“既要低库存，又要不出现物料短缺”的规划方法。

2. 制造资源规划

制造资源规划（Manufacturing Requirement Planning）是基于整体最优，运用科学方法，对企业的各种制造资源和企业生产经营各环节实行合理有效的计划、组织、控制和协调，达到既能连续均衡生产，又能最大限度地降低各种物品的库存量，进而提高企业经济效益的管理方法。制造资源规划是由美国著名生产管理专家怀特（Oliver W · Wight）于1977年9月提出的。物料需求规划作为生产管理系统，主要涉及物流，而资金流则未加考虑。因此，有必要将企业的生产、财务、采购和销售等各个子系统集成在一起，各个子系统集成后的集成化系统就称为制造资源规划。为了区别于MRP，同时考虑它是在MRP的基础上发展起来的，故将制造资源规划称为MRPⅡ。

作为一个以主生产计划库存管理为主要内容的闭环控制系统，制造资源规划使企业的信息变得更加规范与准确，其数据由制造资源规划数据库统一集中管理，供各部门共享。企业可以利用系统数据来分析和筛选业务方案，使企业管理和决策更加科学。制造资源规划是一个比较完整的生产经营管理规划体系，是实现制造业企业整体效益最优的有效管理模式。

3. 企业资源规划

随着制造管理技术的进一步发展，20世纪90年代初，在制造资源规划的基础上又诞生了企业资源规划（Enterprise Resource Planning，ERP）即建立在信息技术基础上，以系统化的管理思想，为企业决策层及员工提供决策运行手段的管理平台。

与制造资源规划的应用主要面向企业内部不同，企业资源规划的基本思想是将企业的运营流程看成是一个紧密连接的供应链，其中包括供应商、制造工厂、分销网络和用户等。通过企业资源规划可将用户需求和企业内部的制造活动以及供应商和分销商等资源整合在一起，体现了完全按用户需求制造的思想。

二、企业资源规划的管理思想

企业资源规划是一种面向企业供应链的管理，可对供应链上的所有环节进行有效管理。这些环节包括订单、采购、库存、计划、生产制造、质量控制、运输、分销、服务与维护、财务管理、人事管理、实验室管理、项目管理、配方管理等。企业资源规划支持 Internet/Intranet 环境工作模式，支持电子商务工作模式，因此得到了迅猛的发展。

从管理功能的深度来看，企业资源规划增加了质量控制、产品储运、产品分销、售后服务、市场开发、人力资源管理、项目管理、投融资管理等功能，并将这些功能集成在企业供应链中。原制造资源规划系统成为企业资源规划的一个子系统，该子系统和其他功能子系统一起，将企业所有的制造场所、营销系统、财务系统等紧密结合起来，从而实现全球范围内的多工厂、多地点的跨国经营运作。

从管理功能的广度来看，企业资源规划已经超越了制造领域，其应用开始遍及其他行业，特别是金融、电信、零售以及高新产业等，在不同的行业中还形成了各自的特殊解决方案，成为企业资源规划发展新的增长点。

企业资源规划的核心管理思想是现代企业管理思想的具体体现，主要可以从以下几个方面进行阐述。

1. 体现事先计划与事中控制的思想

企业资源规划系统中的计划体系主要包括主生产计划、物流需求计划、采购计划、销售计划、财务预算、利润计划和人力资源计划等，而且这些计划体系的计划功能与价值控制功能已完全集成到整个供应链系统中；同时，企业资源规划系统通过财务管理，保证了资金流与物流的同步记录和数据的一致性，企业根据财务资金现状，可以追溯资金的来龙去脉，进一步追溯所发生的相关业务活动，从而便于实现事中控制和实时做出决策。

2. 体现精益生产、并行工程和敏捷制造的思想

伴随制造技术的进步，现代企业管理理念也发生了深刻变革。企业资源规划是在精益生产、并行工程和敏捷制造等制造技术发展过程中出现并不断完善的。

3. 体现对整个供应链资源进行管理的思想

在经济全球化的背景下，现代企业的竞争已经不是单一企业个体之间的竞争，而是一个企业供应链与另一个企业供应链之间的竞争，即企业不但要依靠自己的资源，还必须把经营过程中的有关各方如供应商、制造工厂、分销网络、用户等纳入到一个紧密的供应链中，才能在市场上获得竞争优势。

三、企业资源规划的特点

1. 计算机信息处理功能更加强大

随着信息技术的飞速发展，网络通信技术的应用，企业资源规划系统实现了对整个供应链信息的集成管理。企业资源规划系统采用 C/S（Client/Server，用户/服务器）体系结构和分布式数据处理技术，支持 Internet/Intranet/Extranet、电子商务、电子数据交换（Electronic Data Interchange，EDI），还能实现在不同软件平台上的互操作。

2. 资源管理范围更加广泛

企业资源规划系统在制造资源规划的基础上扩展了管理范围，将用户需求和企业内部的制造活动以及供应商的制造资源整合在一起，形成了一个完整的供应链，并可以对供应链上的所有环节进行有效管理。

3. 生产方式管理更加科学

制造资源规划阶段的生产方式管理，是将企业归类为几种典型的生产方式进行管理，如重复制造、批量生产、按订单生产、按订单装配、按库存生产等，对每一种类型都有一套管理标准。企业资源规划则能很好地支持和管理混合型生产方式，满足企业的多元化经营需求，实现企业管理从“金字塔式”组织结构向“扁平式”组织结构的转变。

4. 管理功能更加全面和实时化

企业资源规划除了制造资源规划系统的制造、分销、财务管理功能外，还增加了支持整个供应链上物料流通体系中供、产、需各个环节之间的运输管理和仓储管理功能；支持生产保障体系的质量管理、实验室管理、设备维修和备品备件管理功能；支持工作流（业务处理流程）的管理功能。制造资源规划一般只能实现事中控制，而企业资源规划系统强调企业的事前控制能力，可以将设计、制造、销售、运输等集成起来并行地进行各种相关的作业，为企业提供了对质量、适应变化能力、用户满意度、绩效等关键问题的实时分析能力。

5. 更好地满足企业跨国家（或地区）经营的需要

企业资源规划系统应用完整的组织架构，可以支持企业跨国经营的多国家（或地区）、多工厂、多语种、多币制的应用需求。

思考与练习

1. 有人认为现代社会只需要大力发展先进的制造技术，管理模式的更新无足轻重，你是如何理解这一说法的？

2. 想要舒舒服服地喝茶，除了开水和茶叶外，还需要干净的桌椅、清洁的茶具。如果让你来准备，如何安排能尽快地喝上茶？

3. 什么叫全面质量管理？实现全面质量管理有何意义？

4. 什么叫六西格玛管理？六西格玛管理有何特点？

5. 什么叫成组技术？为什么要实施成组技术？

6. 通过查找资料，了解成组技术有哪些方面的应用？

7. 什么叫即时生产？即时生产有何特点？

8. 实施即时生产有何要求？

9. 什么叫精益生产？精益生产有何特点？

10. 如何理解精益生产认为的“库存是企业的‘祸害’”这一说法？

11. 什么叫物流管理？物流管理有何作用？

12. 通过查找资料，了解物流管理在现代企业中的应用。

13. 什么叫企业资源规划？企业资源规划经历了哪几个阶段？

6

第六章　先进制造技术

学习目标

知识目标

1. 掌握先进制造技术的概念，了解先进制造技术的特点，了解先进制造技术的发展历程及发展趋势。

2. 了解“工业4.0”、工业互联网和《中国制造2025》的相关内容。

3. 掌握虚拟制造的概念，了解虚拟制造的特点，了解虚拟制造的发展历程及发展趋势。

4. 掌握敏捷制造的概念，了解敏捷制造的特点，了解敏捷制造的发展历程及发展趋势。

5. 掌握智能制造的相关概念，了解智能制造的发展历程及发展趋势。

6. 掌握并行工程的概念，了解并行工程的特点，了解并行工程的发展历程及发展趋势。

7. 掌握绿色制造的概念，了解绿色制造的发展历程及发展趋势。

8. 掌握数字孪生的概念，了解数字孪生的特点及应用，了解数字孪生的发展历程及发展趋势。

9. 掌握新材料技术的概念，了解新材料技术的作用及分类，了解新材料技术的应用。

10. 掌握生物制造技术的概念，了解生物制造工程的体系结构，了解生物制造技术的发展历程及发展趋势。

11. 掌握现代生物技术的概念，了解现代生物工程的内容，了解现代生物技术的应用。

能力目标

1. 能借助信息查询手段查找有关先进制造技术的资料。

2. 具备知识拓展能力及适应发展的能力。

素养目标

1. 具有社会责任感，爱党报国、敬业奉献、服务人民。

2. 具有批判质疑的理性思维和勇于探究的科学精神。

3. 拥有信息素养，培养创新思维能力。

4. 具备将先进制造技术应用于具体制造领域的能力。

第一节 概 述

先进制造技术是一个国家经济发展的重要手段之一，许多发达国家都十分重视先进制造技术，利用其进行产品革新、扩大生产和提高国际竞争力。发展先进制造技术是当前世界各国发展国民经济的主攻方向和战略决策，同时又是一个国家独立自主、繁荣富强、经济持续稳定发展、科技保持先进的长远大计。

一、先进制造技术概述

1. 先进制造技术的概念

为了迎接知识经济时代的到来，应对经济全球化的挑战，20 世纪后期，人们开始在制造业中广泛应用以信息技术为代表的高新技术。美国、日本及欧洲国家对先进制造技术进行了大量的研究，提出了许多制造技术新概念、新思想和新模式，先后诞生了计算机集成制造系统、精益生产、虚拟制造、敏捷制造、并行工程、绿色制造等先进的制造技术。通常将这些制造技术和制造模式称为先进制造技术（Advanced Manufacturing Technology，AMT），即集机械工程技术、电子技术、自动化技术、信息技术等多种技术为一体所产生的技术、设备和系统的总称。

先进制造技术是一门综合性、交叉性的前沿技术，其学科跨度大，内容广泛，涉及制造、经营管理、产品设计、市场营销等许多领域。先进制造技术是在传统制造技术的基础上，利用计算机技术、网络技术、控制技术、传感技术与机电一体化技术等的最新成果，经过不断发展完善而形成的新兴技术。

2. 广义的先进制造技术

从广义上讲，先进制造技术包括以下几个方面的内容。

1）计算机辅助产品开发与设计，包括计算机辅助设计、计算机辅助工程、计算机辅助工艺过程设计、并行工程等。

2）计算机辅助制造与各种计算机集成制造系统，如计算机辅助制造、计算机辅助测试（Computer Aided Test，CAT）、计算机集成制造系统、数控技术、柔性制造系统、成组技术、即时生产、精益生产、敏捷制造、虚拟制造、绿色制造等。

3）利用计算机进行的生产任务和各种制造资源合理组织与调配的各种管理技术，如管理信息系统、物料需求规划、制造资源规划、企业资源规划、工业工程（Industrial Engineering，IE）、办公自动化、条形码技术（Bar Code Technology，BCT）、产品数据管理、产品全生命周期管理、全面质量管理、电子商务、客户关系管理、物流管理等。

3. 狭义的先进制造技术

从狭义上讲，先进制造技术指各种计算机辅助制造设备和计算机集成制造系统。如果说机械化代替了人的四肢和体力劳动，那么以计算机辅助制造技术和信息技术为中心的先进制造技术，则在某种程度上代替了人的大脑来进行有效的思维与判断，引发了制造业一场新的技术变革。

二、先进制造技术的特点

1. 先进制造技术不是一成不变的，而是一种动态技术

先进制造技术不断吸收各种高新技术成果，将其应用到产品的设计、制造、生产管理及

市场营销等产品生产全过程，以实现优质、高效、低耗、柔性、洁净的生产目标。

2. 先进制造技术是面向未来的技术系统

先进制造技术吸收最新的技术成果，注重计算机技术、信息技术和现代制造管理技术在产品设计制造和生产组织管理等方面的应用。先进制造技术的应用目的很明确，即提高制造业的综合效益（包括经济效益、社会效益和环境生态效益），以赢得激烈的国际市场竞争。从这个角度，可以把先进制造技术看成是面向未来的技术系统。

3. 先进制造技术并不摒弃传统制造技术

先进制造技术并不摒弃和排斥传统制造技术，而是应用科技新手段去研究传统制造技术，并运用科技新成果去改造和充实传统制造技术。例如，研究传统工艺的成形原理，建立数学模型，利用优化设计技术进行传统工艺方法的优化等。

4. 先进制造技术并不限于制造过程本身

先进制造技术的应用涉及产品的市场调研、产品设计、工艺设计、加工制造、售前售后服务等产品全生命周期的所有内容，并将它们结合成一个有机的整体。因此，先进制造技术的应用并不限于制造过程本身。

5. 先进制造技术具有集成性

传统制造技术的学科、专业单一，界限分明，而先进制造技术不是某一项具体的技术，它利用系统工程技术将各种相关技术集成为一个有机整体，多学科进行渗透、交叉、融合，各专业学科的界限逐渐淡化甚至消失，发展成为集机械、电子、信息、材料和管理技术为一体的新型交叉学科。例如，加工中引入声、光、电、磁等特种切削工艺，并与机械加工组成复合加工工艺（超声磨削、激光辅助切削等）；生产技术与管理模式相结合产生了新的生产方式：敏捷制造、并行工程、精益生产等。集成技术显示出高效率、多样化、柔性化、自动化、资源共享等特点。

6. 先进制造技术注重人的主体作用和可持续发展

先进制造技术特别注重人的主体作用，注重人、技术、管理三者的有机结合。先进制造技术还特别强调环境保护，既要求产品是绿色产品，又要求产品的生产过程是环保的。通过绿色制造技术的应用，先进制造技术可实现制造业的可持续发展。

三、先进制造技术的发展历程

1. 国外发展状况

先进制造技术是美国为了应对来自世界各国，特别是亚洲国家制造业的挑战，同时也为了增强本国制造业的竞争力，夺回本国制造业的优势，促进国家经济的发展，于20世纪80年代末期提出来的。

20世纪70年代，美国的一批学者不断鼓吹美国已进入“后工业化社会”，强调制造业是“夕阳工业”，认为美国应将经济重心由制造业转向纯高科技产业及服务业等第三产业。当时，许多学者只重视理论成果，不重视实际应用，形成所谓“美国发明，日本发财”，市场被日本占领的局面。再加上美国政府长期对产业技术不予支持的态度，使美国制造业出现衰退，产品的市场竞争力下降，贸易逆差剧增，许多以前美国占绝对优势的产品，都在竞争中败给了日本产品。日本产品占领了美国市场，美国产品在日本的高质量、高科技产品及其他亚洲和拉美国家廉价产品的夹击下，生存空间不断萎缩。这种情况引起了美国学术界、企业界和政治界人士的普遍重视，纷纷要求美国政府出面组织、协调和支持产业技术的发展，以重振美国经济。

20 世纪 80 年代，美国政府开始认识到问题的严重性，白宫的一份报告称“美国经济衰退已威胁到国家安全”。为了扭转局面，美国政府和企业界花费了数百万美元，组织了大量专家、学者进行调查研究。调查研究的结果使大家认识到：经济的竞争归根到底是制造技术和制造能力的竞争。观念转变后，美国政府立即采取了一系列的措施。1988 年，美国政府投资并开展了大规模的“21 世纪制造企业战略”研究，并于其后不久提出了“先进制造技术”发展目标，制定并实施了“先进制造技术计划”和“制造技术中心计划”。1991 年，白宫科学技术政策办公室发表了“美国国家关键技术”报告，重新确立了制造业的地位。1993 年，时任美国总统克林顿在硅谷发表了题为“促进美国经济增长的技术——增强经济实力的新方向”的演说，对制造业给予了实质性的强有力的支持。

美国在实施“先进制造技术计划”和“制造技术中心计划”两项计划后，取得了显著效果。20 世纪 90 年代，美国国民经济持续增长，社会失业率降低到历史最低水平，这在很大程度上得益于先进制造技术的发展。1994 年，美国汽车产量超过日本，重新占领欧美市场。

在美国发展先进制造技术的同时，日本、澳大利亚以及欧洲的一些工业发达国家也相继开展了先进制造技术的理论和应用研究，把先进制造技术的研究和发展推向了高潮。

2. 国内发展状况

中华人民共和国成立尤其是改革开放以来，我国制造业持续快速发展，制造业规模跃居世界第一位，建成了门类齐全、独立完整的产业体系，有力推动了工业化和现代化进程，显著增强了综合国力，成为支撑我国经济社会发展的重要基石和促进世界经济发展的重要力量，为维护世界和平、促进共同发展注入了正能量，彰显了构建人类命运共同体、建设美好世界的中国力量。然而，与世界先进水平相比，我国制造业仍然大而不强，在自主创新能力、资源利用率、产业结构水平、信息化程度、质量效益等方面仍有差距，转型升级和跨越发展的任务紧迫而艰巨。

在“七五”“八五”“九五”期间，国家科学技术部的“国家科技攻关计划”“国家高新技术研究发展计划”“国家基础研究重大项目计划”“国家技术创新计划”等都将先进制造技术作为重要内容投入了实施，其中的“计算机集成制造系统”和“智能机器人”主题经过多年的研究和开发，取得了众多令人瞩目的成果，不少关键技术取得了重大的进展和突破。

自 1986 年国家自然科学基金委员会成立以来，国家自然科学基金委员会对先进制造技术基础和应用基础研究给予了很大的支持，资助相关领域的项目，以加强发展先进制造技术的后劲；组织有关专家深入讨论“先进制造技术基础”优先领域的研究战略，以指导我国先进制造技术的发展，取得了一批可喜的成果。

1995 年 5 月中共中央《关于加速科技进步的决定》中指出，为提高工业增长的质量和效益，要重点开发推广电子信息技术、先进制造技术、节能降耗技术、清洁生产和环保等共性技术。

在现代生产模式的研究与应用方面，我国制造领域广大专家学者和企业界在消化吸收、融会贯通国际上先进制造技术理论的基础上，努力做到从我国制造业的实际情况出发，发展创新形成符合我国国情的制造理论和技术，如独立单元综合制造和管理系统、分散网络化制造的示范系统、高效快速重组生产系统等。

四、先进制造技术的发展趋势

1. 数是发展的核心

“数”是指制造领域的数字化。对数字化制造设备而言，其控制参数均为数字化信号。对数字化制造企业而言，各种信息（如图形、数据、知识、技能等）均以数字形式通过网络在企业内传递，企业在多种数字化技术的支持下，实现生产过程的快速重组和对市场的快速反应。对全球制造业而言，在数字制造环境下，用户借助网络发布信息，各类企业通过网络应用电子商务等手段，组成动态联盟，实现优势互补，迅速协同设计并制造出相应的产品。

2. 精是发展的关键

“精”是指加工精度及其发展。在现代超精密机械中，对精度要求极高，如人造卫星的仪表轴承，其圆度公差、圆柱度公差、表面粗糙度等均达到了纳米级；基因操作机械的移动距离为纳米级，移动精度为0.1nm；细微加工、纳米技术的精度可达纳米级以下，借助于扫描隧道显微镜与原子力显微镜的加工，精度可达0.1nm。

3. 极是发展的焦点

“极”是指极端条件，是指生产特需产品的制造技术，必须达到“极”的要求。例如，能在高温、高压、高湿、强冲击、强磁场、强腐蚀等条件下工作，或有高硬度、大弹性等特点，或极大、极小、极厚、极薄、奇形怪状的产品等，都属于特需产品。

4. 自是发展的条件

“自”是指自动化。自动化是减轻、强化、延伸、取代人的体力劳动和脑力劳动的技术或手段。信息化、计算机化与网络化，不但可以极大地解放人的身体，而且可以有效地提高人的脑力劳动水平。自动化已成为先进制造技术发展的前提条件。

5. 集是发展的方法

“集”是指集成化。目前集成化主要包括三个方面：其一，现代技术的集成，比如机电一体化高技术装备；其二，加工技术的集成，比如激光加工、高能束加工、电火花加工等特种加工技术；其三，企业的集成，即管理的集成，既包括生产信息、功能、过程的集成，也包括企业内部的集成和企业外部的集成。

6. 网是发展的道路

“网”是指网络化。制造技术的网络化是先进制造技术发展的必由之路，促成了新的制造模式的产生，即虚拟制造组织。它是由地理上异地分布的、组织上平等独立的多个企业，在谈判协商的基础上，建立密切合作关系，形成动态的虚拟企业或动态的企业联盟。各企业致力于自己的核心业务，实现优势互补，资源优化、动态组合与共享。

7. 智是发展的前景

“智”是指智能化。制造系统正在由原先的能量驱动型转变为信息驱动型，这就要求制造系统不但要具备柔性，而且还要表现出某种智能，以应对大量复杂信息的处理、瞬息万变的市场需求和激烈竞争的复杂环境，因此智能制造越来越受到重视。

8. 绿是发展的必然

“绿”是指绿色制造。人类必须从各方面促使自身的发展与自然界和谐一致，制造技术也不例外。发展与采用一项新技术时，必须树立科学发展观，注重可持续发展，使制造业不断成为绿色制造。

五、“工业 4.0”和《中国制造 2025》

当前，全球正处于以信息技术、智能制造为代表的新一轮技术创新浪潮之中，引发了新一轮工业革命的开端。欧美等发达国家和地区加快发展先进制造技术的步伐，积极抢占未来先进制造业制高点，以德国“工业 4.0”和美国“工业互联网”最为典型，引发了全球制造业的产品开发、生产模式和制造价值实现方式的转变。

1. “工业 4.0”

（1）产生背景

德国是全球制造业最具竞争力的国家之一，为巩固其全球领先地位，在 2011 年的德国汉诺威工业博览会上正式提出了“工业 4.0”战略。它描绘了制造业的未来愿景，提出继以蒸汽机的应用、大规模生产和信息技术为标志的三次工业革命后，人类将迎来以信息物理融合系统（Cyber-Physical Systems，CPS）为基础，以生产高度数字化、网络化、机器自组织为标志的第四次工业革命。

在 2013 年德国汉诺威工业博览会上，由德国机械设备制造业联合会（VDMA）、德国电气电子行业协会（ZVEI）以及德国信息技术、电信和新媒体协会（BITKOM）三个专业协会共同建立的“工业 4.0”平台正式成立。2014 年 4 月，“工业 4.0”平台发布白皮书（实施计划）。

（2）“工业 4.0”的内容

“工业 4.0”战略是基于工业互联网的智能制造战略，其核心是建立虚拟网络 - 实体物理融合系统智能工厂，实现智能制造的目的。其主要内容可概括为一个核心、两重战略、三大集成和八项举措。

1）一个核心。“智能 + 网络化”是“工业 4.0”的核心，通过信息物理融合系统建立智能工厂，实现智能制造的目的。

2）两重战略。基于信息物理融合系统，利用“领先的供应商战略”“领先的市场战略”两重战略释放市场潜力，吸引各类企业参与并实现快速的信息共享，最终达成有效的分工合作，以增强制造业的竞争力。

3）三大集成。在“工业 4.0”实施过程中，整个系统需要实现纵向集成、端对端集成及横向集成，具体表现在以下方面。

① 关注产品的生产过程，力求在智能工厂内通过联网建成生产的纵向集成，为智能工厂中的网络化制造、个性化定制、数字化生产提供支撑。

② 端对端集成关注产品整个生命周期的不同阶段，包括研发、生产、服务等产品全生命周期的所有工程活动，将全价值链上的、为用户需求而协作的不同公司等进行集成，实现各个不同阶段之间的信息共享。

③ 横向集成关注全社会价值网络的实现，将各种处于不同制造阶段和进行不同商业计划的信息技术系统集成在一起，以供应链为主线，将企业间的物流、能源流、信息流结合在

一起，以实现社会化协同生产，从而达成制造业的横向集成。

4）八项举措。

① 实现技术标准化和开放标准的参考体系，使不同系统、不同企业之间的网络连接和系统集成成为可能，是“工业4.0”实现的基础保障。

② 建立模型来管理复杂的系统。适当的计划和解释性模型可以为管理日趋复杂的产品和制造系统提供基础。

③ 提供一套综合的工业宽带基础设施。互联是“工业4.0”的基础特征，可靠的通信网络是“工业4.0”的关键要求。

④ 建立安全保障机制。信息安全、网络安全、环境安全都是企业在实施“工业4.0”时最优先考虑的事情，也是“工业4.0”实现的一大难题，所以安全保障是“工业4.0”的一个关键因素。

⑤ 创新工作的组织和设计方式。“工业4.0”使企业工作内容、流程和环境都会发生变化，对管理工作也会提出新的要求，企业必须去调整并适应新的工作组织。

⑥ 注重培训和持续的职业发展。通过建立终身学习体制和持续职业发展计划，帮助员工应对来自工作和技能的新要求。

⑦ 健全规章制度。创新带来的诸如企业数据、责任、个人数据以及贸易限制等新问题，需要包括准则、示范合同、协议、审计等适当手段加以监管。

⑧ 提升资源效率。需要考虑和权衡在原材料和能源上的大量消耗给环境和安全供应带来的诸多风险，同时也要考虑资源利用率的问题，这也是“工业4.0”要实现的目标。

“八项举措”是一个比较宏观的指导意见，需要国家、产业、企业每一个层面去具体落实和实践，设计出可操作的行动计划，只有这样才具备可行性。

“工业4.0”将通过自动控制、网络及计算机将人、机器设备和信息连接在一起。就生产制造的流程而言，就是将这一切整合到一个数字化的企业平台，通过数据采集、分析、优化，得到最佳的工作和生产方式，从而实现更具效率的生产方式。未来工业的发展将进入一个智能通道，机器人将摆脱人工操作，从原材料到生产再到运输的各个环节都可以由各种智能设备控制，云技术则能把所有的要素都连接起来，生成大数据，自动修正生产中的问题。

德国制造业在全球制造装备领域拥有领头羊的地位，这在很大程度上源于德国专注于创新工业科技产品的科研和开发，以及对复杂工业过程的管理。通过“工业4.0”战略的实施，德国将成为新一代工业生产技术的供应国和主导市场，在继续保持其国内制造业发展的前提下再次提升其全球竞争力。

2. 工业互联网

（1）产生背景

近年来，虽然美国依旧在航空航天、芯片制造等先进制造领域占据全球领先地位，但其制造业内部空心化的局面及其在全球丢失的市场份额已经很难通过简单的政策调整或商业方式加以扭转。与德国渴望利用新的变革重塑领导地位类似，美国也认为更有效的方法是一场具有变革性的制造业模式转变，这样才能使其从本质上突破现有的国际行业格局，实现在新的制造业中的复兴。与此同时，美国同样面临人口结构问题和国际消费者对产品定制化、多样化的要求。内外因素促使美国利用其在信息产业的优势对制造业加以改造和提升。

2011年，时任通用电气公司（GE）总裁伊梅尔特（Jeffrey R. Immelt）提出了工业互联网的概念。2012 年，美国国家科学技术委员会（NSTC）发布了《先进制造业国家战略计划》报告，通过政策鼓励制造企业回归美国本土。报告包括两条主线，一是调整和提升传统制造业结构及竞争力；二是发展高新技术产业，提出发展包括先进生产技术平台、先进制造工艺及设计、数据基础设施等先进数字制造技术，鼓励创新，并通过信息技术来重塑工业格局，激活传统产业。

（2）“工业互联网”的内容

美国制造业复兴战略的核心内容是依托其在 ICT［Information（信息），Communication（通信），Technology（技术），是信息技术与通信技术相融合而形成的一个新的概念和新的技术领域］、新材料等通用技术领域长期积累的技术优势，加快促进人工智能、3D 打印、工业机器人等先进制造技术的突破和应用，推动全球工业生产体系向有利于美国技术和资源优势的个性化制造、自动化制造、智能化制造方向转变。

与德国“工业 4.0”强调的“硬”制造不同，软件和互联网发达的美国更侧重于在“软”服务方面推动新一轮工业革命，希望通过网络和数据的力量提升整个工业的价值创造能力。而在此过程中，除了美国政府的政策扶持外，行业联盟的率先组建成为其发展的重要推手。

“工业互联网”的概念由通用电气公司（GE）提出后，美国五家行业龙头企业联手组建了工业互联网联盟（IIC），将这一概念大力推广。除了通用电气公司（GE）这样的制造业巨头，加入该联盟的还有国际商业机器公司（IBM）、思科（CISCO）、英特尔公司（Intel）和美国电话电报公司（AT&T）等 IT 企业。

工业互联网联盟采用开放成员制，致力于发展一个“通用蓝图”，使各个厂商设备之间可以实现数据共享。其目的在于通过制定通用标准，打破技术壁垒，利用互联网激活传统工业过程，更好地促进物理世界和数字世界的融合。

3.《中国制造 2025》

（1）《中国制造 2025》简介

《中国制造 2025》是中国版的“工业 4.0”规划，经国务院总理李克强签批，由国务院于 2015 年 5 月 8 日公布，是我国实施制造强国战略第一个十年的行动纲领。

制造业是国民经济的主体，是立国之本、兴国之器、强国之基。自 18 世纪中叶开启工业文明以来，世界强国的兴衰史和中华民族的奋斗史一再证明，没有强大的制造业，就没有国家和民族的强盛。打造具有国际竞争力的制造业，是我国提升综合国力、保障国家安全、建设世界强国的必由之路。

当前，新一轮科技革命和产业变革与我国加快转变经济发展方式形成历史性交汇，国际产业分工格局正在重塑。我国必须紧紧抓住这一重大历史机遇，实施制造强国战略，加强统筹规划和前瞻部署，力争通过三个十年的努力，到中华人民共和国成立一百年时，把我国建设成为引领世界制造业发展的制造强国，为实现中华民族伟大复兴的中国梦打下坚实基础。

（2）“三步走”战略目标

第一步：力争用十年时间，迈入制造强国行列。到 2025 年，制造业整体素质大幅提升，创新能力显著增强，全员劳动生产率明显提高，两化（工业化和信息化）融合迈上新台阶，重点行业单位工业增加值能耗、物耗及污染物排放达到世界先进水平，形成一批具有较强国际竞争力的跨国公司和产业集群，在全球产业分工和价值链中的地位明显提升。

第二步：到2035年，我国制造业整体达到世界制造强国阵营中等水平。创新能力大幅提升，重点领域发展取得重大突破，整体竞争力明显增强，优势行业形成全球创新引领能力，全面实现工业化。

第三步：中华人民共和国成立一百年时，制造业大国地位更加巩固，综合实力进入世界制造强国前列，制造业主要领域具有创新引领能力和明显竞争优势，建成全球领先的技术体系和产业体系。

（3）战略任务和重点

围绕实现制造强国的战略目标，《中国制造2025》明确了九项战略任务和重点：一是提高国家制造业创新能力；二是推进信息化与工业化深度融合；三是强化工业基础能力；四是加强质量品牌建设；五是全面推行绿色制造；六是大力推动重点领域突破发展，聚焦新一代信息技术产业、高档数控机床和机器人、航空航天装备、海洋工程装备及高技术船舶、先进轨道交通装备、节能与新能源汽车、电力装备、农机装备、新材料、生物医药及高性能医疗器械十大重点领域；七是深入推进制造业结构调整；八是积极发展服务型制造和生产性服务业；九是提高制造业国际化发展水平。

第二节 虚拟制造

对虚拟制造技术的研究在工业发达国家开展得较早，并率先将虚拟制造成功地应用到了飞机、汽车、军事等领域。虚拟制造可以在计算机上全面模拟产品从设计到制造和装配的全过程。

一、虚拟制造概述

1. 虚拟制造的概念

虚拟制造（Virtual Manufacturing，VM）是以虚拟样机技术和仿真技术为基础，对产品的设计、生产过程统一建模，在计算机上实现产品设计、加工、装配、使用、维护和回收等整个生命周期的模拟和仿真的先进制造技术（图6-1）。基于虚拟制造概念的制造集成系统如图6-2所示。

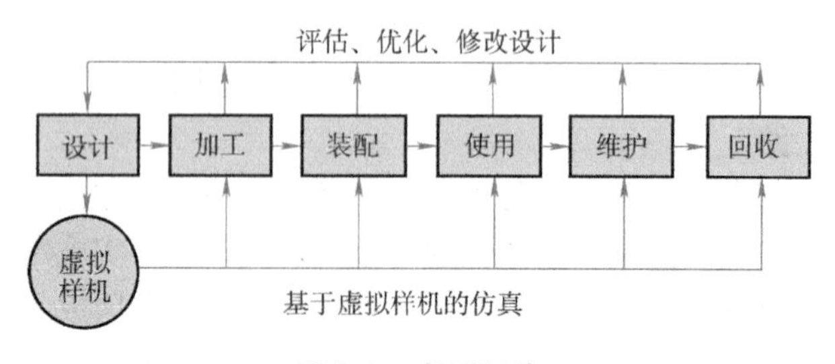

图6-1 虚拟制造

所谓“虚拟”，不是虚幻或虚无，是相对于产品的实际制造而言的，强调的是产品制造过程的数字化。虚拟制造与实际制造的相互关系表现为：一方面，实际制造可生产出真实产品，通过对实际制造进行抽象、分析和综合，可以得到实际产品的全数字化模型，所以虚拟制造不是无源之水，无本之木，而是实际制造过程在计算机环境下的映射；另一方面，虚拟

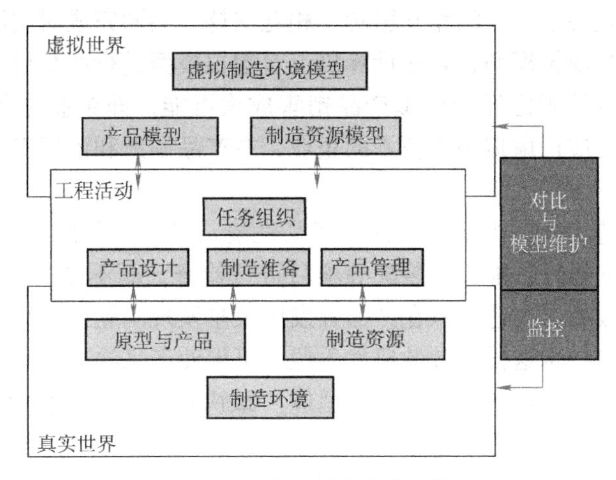

图 6-2 虚拟制造集成系统

制造的最终目标是反作用于实际制造过程，用来指导生产实践。因此，虚拟制造是实际制造的抽象，实际制造是虚拟制造的实例。

虚拟制造技术是一项极具发展前景的技术，是多学科、多技术综合的产物，可以提高产品质量，缩短生产周期，提升企业效益，从而增强企业竞争力。利用虚拟制造，工程技术人员可以在产品的设计阶段就模拟出产品外形、性能和制造过程，以此来确定产品设计及生产的合理性，评估、优化产品的设计质量和制造过程，优化生产管理和资源规划，以实现产品开发周期的最短化和成本的最小化、产品设计质量的最优化和生产率最高化，增强实际制造时各层级的决策和控制能力，从而形成企业的市场竞争优势。

当然，任何现实环境中的产品都是靠现实制造技术做出来的，不能过分夸大虚拟制造的作用。虚拟制造只是一种辅助手段，用以避免在现实制造过程中走弯路，减少资源的浪费，减轻环境的负担，提高制造的效率和效益。

2. 虚拟制造的作用

应用虚拟制造技术可以给企业带来下列效益。

1）为企业提供设计和管理策略对生产成本、生产周期以及生产能力的影响等关键信息，以便企业正确处理产品性能与制造成本、生产进度和风险之间的关系，做出正确的设计和管理决策。

2）提高产品开发效率，可以按照产品的特点优化生产系统设计。

3）通过对生产过程的模拟，企业可优化资源的利用，缩短生产周期，实现柔性制造和敏捷制造，降低生产成本。

4）可以根据用户的要求修改产品设计，及时做出产品报价，确保产品交货期。

目前，虚拟制造技术应用效果比较明显的领域有产品外形设计、产品布局设计、产品运动学和动力学仿真、热加工工艺模拟、加工过程仿真、产品装配仿真、虚拟样机与产品工作性能评测、产品广告与推广、企业生产过程仿真与优化、虚拟企业的可合作性仿真与优化等。

二、虚拟制造的特点

1. 高度集成，提高企业灵活性

虚拟制造是制造过程诸多子过程譬如虚拟设计、虚拟加工、虚拟装配等的高度集成，是多个子过程的综合，且各子过程间相互影响、相互支持，共同完成对实际制造过程的分析与仿真。它的制造环境是虚拟模型，是在计算机上对虚拟模型进行产品设计、制造和测试。虚拟样机技术和柔性制造技术已经使虚拟产品销售成为可能，即企业先通过虚拟样机找到用户，再组织生产，因此应用虚拟制造技术的企业，在产品制造和市场竞争方面更具灵活性。

2. 降低开发成本，提高生产率

虚拟制造无须制造实物样机就可以预测产品性能，设计人员或用户甚至可“进入”虚拟的制造环境对产品的设计、加工、装配等项目进行检查，而不必对原型机进行反复修改。因此，应用虚拟制造技术，企业可以在产品开发中及早发现问题，节约制造成本。

企业应用虚拟制造技术这样高效的研发手段，可促使产品的更新换代加快，使产品开发风险降低，从而大大提高企业的生产率，以适应“最快者生存”的企业市场竞争法则。

3. 支持敏捷制造

产品生产的数字化，不但可大大节省仓储费用，而且能根据用户需求或市场变化快速修改设计，快速投入生产。企业能够通过 Internet 进行产品信息的快速交流，并可以将具有开发某种新产品所需的知识和技术的组织或企业组成一个临时的企业联盟，即企业间的动态联盟，以克服单个企业资源的局限性，适应瞬息万变的市场需求和激烈竞争，使产品开发以快捷、优质、低耗来响应市场的变化。

4. 高度并行性

虚拟制造的企业管理模式基于 Internet/Intranet，可使分布在不同地点、不同部门的不同专业人员通过计算机网络和分布式虚拟现实环境在同一个产品模型上同时工作，并可以实现相互交流，信息共享，以减少大量的文档生成及其传递时间和误差，使整个制造活动具有高度的并行性。

5. 人机交互性

通过虚拟现实环境，工程技术人员可将计算机的计算和仿真过程与人的分析、综合和决策过程有机地结合起来。

6. 对技术人员提出更高要求

虚拟制造要求组织多学科的产品开发小组协同工作，因此各产品开发小组的设计员必须了解虚拟样机技术的相关专业知识，专业分析员也必将转变为产品设计者。虚拟制造中协同工作能力将成为企业技术人员最重要的素质。

三、虚拟制造的发展历程

1. 国外发展状况

20 世纪 70 年代以来，全球市场由相对稳定逐步转向瞬息万变，并由局部竞争演变成全球范围内的竞争。与此同时，以信息技术为代表的高新技术取得了迅猛发展，并在制造领域得到了广泛而深入的应用。

虚拟制造是 1993 年由美国首先提出并得到迅速发展的一种新思想。虚拟制造涉及多个学科领域，它集现代制造工艺、并行工程、人工智能、虚拟样机技术以及多媒体技术等高新技术为一体，是一项由多学科知识形成的综合技术。

目前工业发达国家对虚拟制造研究的方向和程度有所不同。美国国家标准与技术研究院（NIST）完成了基础技术的研究，建立了虚拟制造体系，进行虚拟制造环境构造技术的研究，并在实际中开始应用。美国国防部高级研究计划署（ARPA）致力于将虚拟环境与物理建模、分布离散性模拟等技术结合，为武器虚拟设计提供先进的手段。波音777飞机的设计使用虚拟样机技术，实现了整机设计、整机装配、部件测试等虚拟开发活动，使产品开发周期从8年缩短至5年，还省掉了制作大型物理模型的麻烦，保证了最终制造出的机翼和机身的接合一次性成功。波音－西科斯基公司（Boeing Sikorsky）使用虚拟样机与仿真技术设计制造RAH-66直升机，总计节约经费6.73亿美元，获得了巨大收益。福特汽车公司（FORD）、克莱斯勒汽车公司（Chrysler）与IBM公司合作开发虚拟制造环境用于新车型的研制，将开发周期从3年缩短到了2年。在机床制造方面，美国吉丁斯和刘易斯机床制造公司（Giddings & Lewis）开展了精密机床在线仿真控制研究。

欧洲的一些发达国家主要是对虚拟制造的设计、制造、检测等环节进行可行性研究，并在实际中得到应用。空中客车工业公司（Airbus）采用虚拟制造及仿真技术，将空中客车试制周期从4年缩短到2.5年，不仅提前投放市场，而且显著降低了研制费用及生产成本，大大增强了全球竞争能力。法国雷诺汽车公司（Renault）开发了虚拟工厂，用于汽车的开发生产。

日本东京大学（UT）、大阪大学（OU）主要是对虚拟制造的建模与表达技术进行研究。日产汽车公司（Nissan）开发了整车虚拟仿真分析、数字样机及物理样机的生产。

2. 国内发展状况

我国虚拟制造的研究起步较晚，但由于虚拟制造广阔的应用前景，很快就引起了科技工作者的关注。国家自然科学基金设立了专门的研究课题，多家科研机构、高等院校和企业开展了虚拟制造技术方面的研究。我国虚拟制造的研究方向不同于发达国家，是由我国的基本国情决定的，主要是对产品的三维虚拟设计、加工装配仿真，以检验其可制造性。

清华大学的CIMS工程研究中心是我国最早的虚拟制造研究机构，开发的虚拟制造技术在国内已有了初步的应用。成都飞机工业集团公司研制的超七飞机，全面采用数字化设计，建立了全机结构数字化样机，并实现了并行设计制造和研制流程的数字化管理，研制周期缩短了1/3～1/2。北京机械研究院实现了基于虚拟现实技术的立体车库的参数化设计，可以直观地对车库的布局进行设计、分析和运动模拟。合肥工业大学研制的双刀架数控车床加工过程模拟软件已经在实际生产中得到应用，缩短了生产周期。

随着我国对虚拟制造技术研究的深入，其广泛应用已为期不远，终将成为企业发展的必由之路和必然选择。

四、虚拟制造的发展趋势

虚拟制造技术在产品设计、制造、装配等方面的应用已经越来越广泛，已从局部应用向集成应用发展，逐步应用于产品的整个开发设计过程。

1. 动态环境建模技术

虚拟现实技术是虚拟制造的关键技术，而虚拟环境的建立是虚拟现实技术的核心内容，动态环境建模技术的目的是获取实际环境的三维数据，并根据需要建立相应的虚拟环境模型。

2. 智能化语音虚拟现实建模

人工智能在各个领域应用广泛，在虚拟世界更是大有用武之地。智能化语音虚拟现实建模是将模型的属性、方法和一般特点的描述通过语音识别技术转化成建模所需的数据，然后利用计算机的图形处理技术和人工智能技术进行设计、导航以及评价，将模型用对象表示出来，并且将各种基本模型静态或动态地连接起来，最终形成系统模型。

3. 实时三维图形生成和显示技术

三维图形的生成技术已比较成熟，而关键是怎样"实时生成"，在不降低图形的质量和复杂程度的基础上，如何提高刷新频率将是今后重要的研究内容。因此，有必要开发新的三维图形生成和显示技术，发展立体显示和传感器技术。

4. 研制新型交互设备

可以设想，随着智能技术的发展，人们将摆脱程序化的管理方式，使自己的心力和智力在更大的空间里得到提升，使创造乐趣和才能全面发展的要求得到满足。虚拟现实技术将越来越人性化，人们所面对的计算机和网络，将不再是一堆单调和呆板的硬件，而是会说话、能根据人的语言、表情和手势做出相应反应的智能化器件，能够实现人自由地与虚拟世界对象进行交互，犹如身临其境。借助虚拟现实技术，可把电子器件直接与人的生物神经网络连接起来，并最终将其纳入人的本体，体现出自然性，达到"天人合一"的完美境界。

第三节　敏捷制造

现代企业在市场竞争中，面临多方的压力，如采购成本不断提高、产品更新速度加快、市场需求不断变化、全球化所带来的冲击日益加强等。企业要解决这一系列问题，就必须在生产组织上进行深刻的变革，抛弃传统的小而全、大而全的模式，把力量集中在自己最有竞争力的核心业务上。科学技术特别是计算机技术、网络技术的发展，使这种变革的需要成为可能。

一、敏捷制造的概念

敏捷制造的概念和特点

敏捷制造（Agile Manufacturing，AM）是指在无法预测和持续变化的市场环境中，通过综合运用在计算机技术基础上迅猛发展的产品制造、信息集成和通信技术，充分利用各企业的各种资源，形成对某种产品开发与制造的全球企业动态联盟，以最迅速、最节约的方式开发产品，及时推向市场以保持并不断提高企业的快速响应和竞争能力的先进制造技术。

敏捷制造改变了传统的企业设计与制造方式，其设计、制造过程向用户透明，用户可参与设计至销售业务等各个方面的活动。敏捷制造系统的体系结构如图 6-3 所示。

敏捷制造的指导思想是：充分利用信息时代的通信工具和通信环境，为快速开发某一产品，在一些制造企业之间建立一个动态联盟；各联盟企业之间加强合作，实现知识、信息和技术资源共享，充分发挥各自的优势和创造能力，在最短的时间内以最小的投资完成产品的设计制造过程，并快速把产品推向市场；各企业间严格履行企业合约，利益同享，风险共担；当任务或产品寿命终结时，联盟企业自行解散或缔结新的联盟。

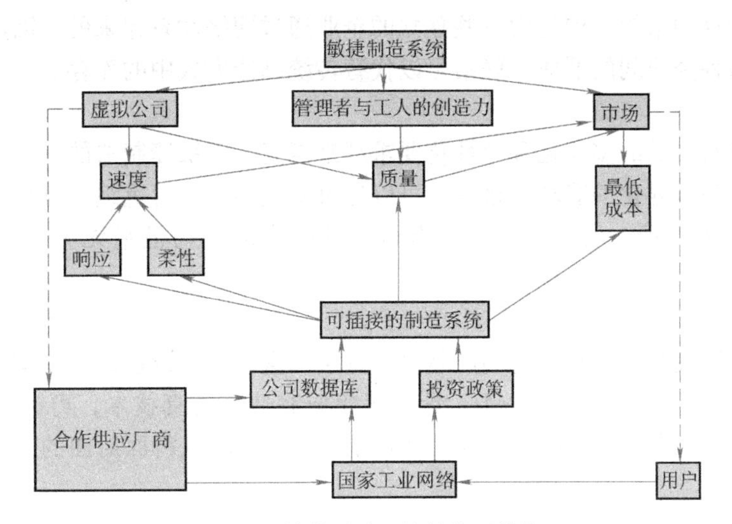

图 6-3　敏捷制造系统的体系结构

二、敏捷制造的特点

1. 对市场需求反应敏捷

在敏捷制造中，企业内部、企业之间实施信息网络化管理，这种低成本的信息传递，可以使企业在全世界范围内建立联系，传递信息，并通过并行方法开展产品设计及其相关过程，从而使面向市场的生产组织方式由观念变为现实。

敏捷制造企业就是由敏捷的员工用敏捷的工具，通过敏捷的生产过程制造敏捷的产品的企业。敏捷制造企业主要在市场/用户、企业能力和合作伙伴这三方面体现自身的敏捷性（图 6-4）。

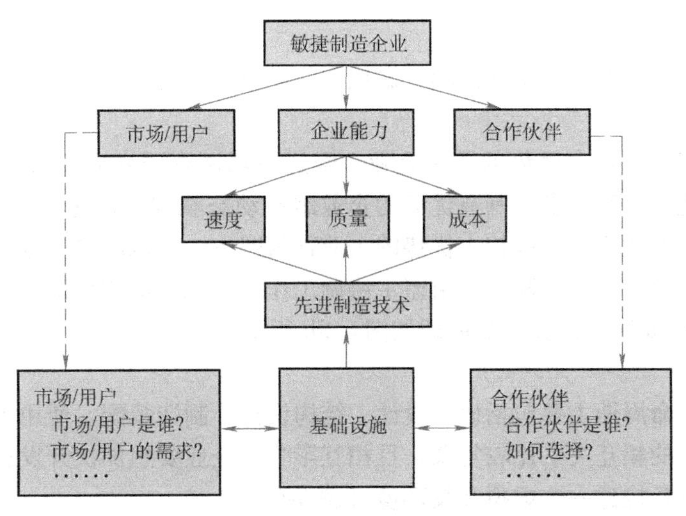

图 6-4　敏捷制造企业

2. 高度柔性化、无库存的生产组织方式

敏捷制造是以企业动态联盟为基础的生产组织方式，虚拟企业是实现敏捷制造的一种理想形式。这种动态组织结构具有高度的柔性，能快速响应市场，可以实现多品种小批量生

产。同时，由于这种组织结构是由一些独立的企业通过网络联系起来的，因此这是一种低成本的联络，且这种企业间的低成本联络可以代替传统制造方式中的库存。

3. 生产成本与生产批量无关

如今，市场对产品的多样化和个性化要求越来越高，而敏捷制造的一个突出表现就是可以灵活地满足产品多样化的需求。这一点可以通过高度柔性、可重组、可扩充的设备和动态多变的组织方式来保证。所以，敏捷制造可以使生产成本与批量无关，做到完全按订单生产。

4. 产品服务可以全程面向用户

敏捷制造采用模块化、柔性化的产品设计方法和重组工艺设备，可以使产品的性能根据用户的具体要求进行改变，借助 CAD、计算机集成制造和仿真技术，可让用户很方便地参与设计、制造过程。在整个产品生产期、使用期，用户都将获得面对面的服务和全面的解决方案。

5. 充分的资源共享

广泛的企业内外网络联系，可以使资源（知识资源、信息资源和物质资源等）突破企业内部的等级、部门等知识共享障碍和企业间的地域限制，发挥其最大的经济潜力，改变企业间你死我活的输赢关系，而代之以互利合作的共赢关系，体现全新的现代经营理念。

6. 可充分发挥人的作用

有关研究表明，影响敏捷制造企业竞争力的最重要因素是工作人员的技能和创造能力，而不是设备，所以敏捷制造提倡以人为中心的管理理念，强调用分散决策代替集中控制，用对话沟通机制代替递阶控制机制。敏捷制造的基础组织是“多学科群体”，是以任务为中心的一种动态、松散组合，提倡“基于统观全局的管理”，可以充分做到权力下放，以此来调动和发挥人的主动性和积极性。

三、虚拟企业和虚拟开发

敏捷制造体系主要有两个实际内涵：虚拟企业和虚拟开发。

1. 虚拟企业（Virtual Enterprise，VE）

虚拟企业是指具有较大优势的某一企业，经过市场调查研究后完成某一产品的概念设计，然后组织其他具有某些设计制造优势的企业组成动态联盟，快速完成产品的设计加工，抢占市场。企业动态联盟中具有较大优势的企业称为盟主，其他联盟企业称为盟友。各联盟企业间通过现代通信技术相互联系，由盟主协调工作，实现本地或异地设计制造过程。虚拟企业的功能如图 6-5a 所示，其生命周期如图 6-5b 所示。

2. 虚拟开发（Virtual Development，VD）

一个产品的生命周期主要包括概念设计、结构设计、制造装配、使用等过程。产品生命周期中各阶段之间的相互关系比较复杂，且相互影响。企业要想加快开发速度，就必须借助现代化的计算机设备构建一个虚拟开发环境（图 6-6）。

（1）虚拟设计

虚拟设计应充分利用现有的 CAD 软件、基于特征设计的设计平台，以 DFX（Design for X，面向工程的设计/面向各种要求的设计）的设计思想作为指导来开展设计工作。DFX 包括 DFQ（Design for Quality，面向质量的设计）、DFM（Design for Manufacturing，面向制造的

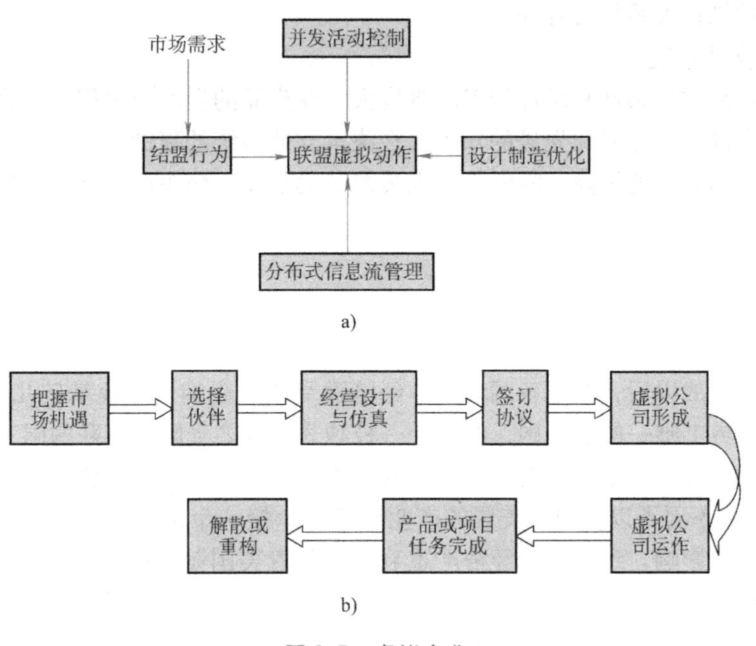

图 6-5 虚拟企业

a）虚拟企业的功能 b）虚拟企业的生命周期

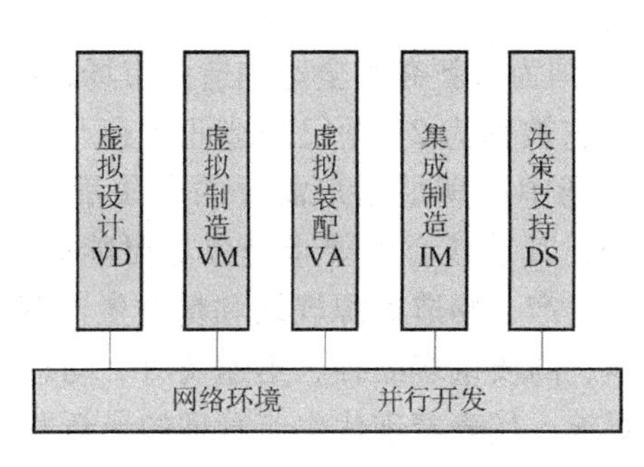

图 6-6 虚拟开发环境

设计）、DFIM（Design for Injection Molding，面向注射成型的设计）、DFA（Design for Assembly，面向装配的设计）、DFS（Design for Serviceability，面向维修的设计）等内容。这些正在发展中的方法构成了所谓的设计兼容性分析（Design Compatibility Analysis，DCA）。在虚拟设计过程中，企业应充分利用虚拟制造、虚拟装配技术、决策支持系统等初步的设计方案进行虚拟加工、装配，以便及早发现设计上的问题。

（2）虚拟制造

企业应充分利用计算机辅助工艺过程设计、计算机仿真（Computer Simulation，CS）、虚拟原型制造（Virtual Prototype Manufacturing，VPM）等虚拟制造技术，对产品进行虚拟制造。利用虚拟制造技术，企业可以实现从制造的角度考察设计，并为设计的优化提供依据，也为优化制造过程提供分析和辅助工具，从而达到缩短开发周期、实现敏捷制造的目的。

（3）虚拟装配

产品的零部件设计得再好，加工再精良，如果难以完成装配，则企业将难以实现产品开发的目的。因此，在进行虚拟开发时，企业应通过虚拟装配（Virtual Assembly，VA）来考查各零部件间的结构关系是否合理。

（4）决策支持系统

由于机械产品的复杂性和设计加工的难度大，在产品的生产全过程中，企业应充分利用人类制造领域中成功的经验和先进的知识，在决策支持系统的帮助下完成产品的设计开发过程。这对减小产品开发的风险、降低技术人员的劳动强度、缩短产品开发周期都具有重要的意义。

四、敏捷制造的发展历程

1. 敏捷制造的产生背景

第二次世界大战以后，西欧各国和日本经济遭受战争影响，工业基础几乎被彻底摧毁，只有美国作为世界上唯一的工业国，经济上一枝独秀。加之美国和苏联两国竞争的需要，美国将发展战略的重心转向了尖端技术，大力发展军事工业，热衷于军备竞赛，而将制造业列为“夕阳产业”，不再予以重视。美国的产业部门一个接一个地“放弃产业制造”，由此产生了一系列的消极影响，致使美国经济严重衰退。随着美国制造业在世界市场的急剧衰退，许多商品所占市场份额急剧下降，美国人已清楚地认识到：不能保持世界水平的制造能力，必将危及国家在国内外市场上的竞争能力。制造业是一个国家经济的支柱，美国在世界事务中的威望不仅取决于强大的国防态势，还取决于强大的制造能力。为了保持领先地位，美国实施各种策略，重振其制造竞争力。

敏捷制造技术是1991年美国为重新夺回全球制造业市场，在著名的《21世纪制造业发展战略》报告中明确提出的。它被称为21世纪制造业生存与发展的必然选择的重大战略，目的是使企业在瞬息万变的市场中把满足用户需要的高质量（以多样化和个性化为特征）的产品以极快的速度投放市场，其最核心的要求是以尽可能短的时间提供给用户最好的产品。敏捷制造技术综合了即时生产、制造资源规划和精益生产等先进生产管理技术的优点，能系统全面地满足高效低成本、高质量多品种、迅速及时、动态柔性等难以由一个统一生产系统来实现的生产管理目标要求，代表着现代生产管理的最新发展。

2. 国外发展状况

敏捷制造是由里海大学（LU）亚柯卡研究所与通用汽车公司（GM）等企业进行联合研究，于1991年正式提出来的一种新型生产模式。随着敏捷制造研究的日趋深入，美国一些大公司应用敏捷制造哲理取得了显著成绩。得克萨斯设备防御系统和电子集团（DSEG）在对其捕鲸叉导弹工厂的管理中参照敏捷制造的一些哲理，采用了灵活多变的动态组织结构。它改变了传统的按装配、测试、质量控制等功能布置工厂的方式，按照多任务、自导向工作组的原则组成工作单元，使每个工作单元拥有其所需要的资源，缩短产品流的距离，从而将装配的线性传递距离减少了70%，并简化了运储设备的复杂性。IBM公司也将快速响应市场，满足市场、用户需求作为企业的根本出发点，用户只需通过电话或电子邮件订货就可获得满意的商品。IBM公司在一条有40多个工人的生产线上可同时生产27种产品，而且每种产品因用户的特殊要求而异。用户的订货数据输入计算机数据库，第二天产品就可出现在用户面前。

德国、法国和英国均参加了一项主题为“未来的工厂”的尤里卡项目，为实施敏捷制造进行基础性研究工作。

1995年，日本开展了一项“智能制造系统”的国际性研究计划，其中有两个项目与敏捷制造有关。

3. 国内的发展状况

1993年，国家科学技术委员会将敏捷制造的概念引入了国内。之后，专家组对这个问题开展了长期的跟踪研究，对敏捷制造、动态联盟及虚拟制造的许多概念、方法进行了大量、卓有成效的研究。国家自然科学基金委员会会同专家组在《中国机械工程》杂志上联合开辟了一个先进制造和敏捷制造技术论坛，邀请一些国内外从事相关研究的知名学者发表系列文章和专题讨论。

中国航空工业第一集团公司采用异地设计和异地制造的方式研制生产新支线飞机，西安、上海、成都和沈阳4个飞机厂联合制造，体现了敏捷制造中动态联盟的思想。

五、敏捷制造的发展趋势

1. 多模态人机协同

多模态人机协同是面向知识和信息网络，建立一套支持敏捷制造数字化、并行化、智能化、集成化的多模态人机交互信息处理与应用体系，根据用户的个性化需求和市场的竞争趋势，有效地组织敏捷制造动态联盟，充分利用各种资源进行多模态人机协同的敏捷制造，尽快响应市场需求。

2. 可塑性和可视化

这是指基于知识和信息网络，加强对定制产品的外观形态、方案布局和多模态环境下人机交互等环节的支持，以提高敏捷制造系统的可塑性及定制产品在美观性、宜人性等方面运作过程的可视化。

3. 以动态联盟形式进行产品开发

利用多模态人机交互技术改变企业以试制、试验和改进为主的传统制造开发过程，使之转变为市场需求下以设计、分析和评估为主并基于知识和信息网络迅速组成动态联盟的可视化敏捷制造，从而缩短产品开发时间，提高市场竞争能力。

第四节　智能制造

目前，先进的制造设备离开了信息的输入就无法运转，柔性制造系统一旦被切断信息来源就会立刻停止工作。专家认为，制造系统正在由原先的能量驱动型转变为信息驱动型，这就要求制造系统不但要具备柔性，而且还要具有智能，否则是难以处理如此大量而复杂的信息的。另外，制造企业所面对的瞬息万变的市场需求和激烈竞争的复杂环境，也要求制造系统更加灵活、敏捷和智能化。因此，智能制造越来越受到人们的重视。

一、智能制造概述

1. 智能制造

智能制造（Intelligent Manufacturing，IM）是一种由智能机器和人类专家共同组成的人机一体化智能系统，在制造过程中能进行诸如分析、判断、推理、构思和决策等智能活动，通过人与智能机器的合作共事，去扩大、延伸和部分地取代人类专家在制造过程中的脑力劳动。智能制造可以在确定性受到限制的，或没有经验知识的、不能预测的环境下，根据不完全的、不精确的信息来完成拟人的制造任务。智能制造更新了制造自动化的概念，使之扩展到了柔性化、智能化和高度集成化。

2. 智能制造技术

智能制造技术（Intelligent Manufacturing Technology，IMT）是利用计算机模拟制造专家的分析、判断、推理、构思和决策等智能活动，并将这些智能活动与智能机器有机地融合起来，贯穿应用于整个制造企业的各个子系统（如经营决策、采购、产品设计、生产计划、制造装配、质量保证和市场销售等）中，以实现制造企业经营运作的高度柔性化和高度集成化，从而取代或延伸制造专家的部分脑力劳动，并对制造专家的智能信息进行收集、存储、处理、完善、共享、继承与发展的技术。智能制造技术的应用，可以极大地提高生产率。

3. 智能制造系统

智能制造系统（Intelligent Manufacturing System，IMS）是一种由智能机器和人类专家共同组成的人机一体化系统，它基于智能制造技术，综合应用了人工智能、信息技术、自动化技术、并行工程、生命科学、现代管理技术和系统工程的理论与方法，在国际标准化和互换性的基础上，使整个企业制造系统中的各个子系统分别智能化，并能够使制造系统实现网络集成和高度自动化。由于这种制造模式突出了知识在制造活动中的价值地位，而知识经济又是继工业经济后的主要经济形式，所以智能制造就相应地成了影响未来经济发展进程的制造业的重要生产模式。

智能制造系统是智能技术集成应用后的制造环境，同时也是智能制造模式得以展现的载体。

（1）智能制造系统的组成

从制造系统的功能角度，智能制造系统可细分为设计、计划、生产和系统活动四个子系统。

1）设计子系统。在设计子系统中，智能制造突出了产品的概念设计过程中消费需求的影响。功能设计关注产品的可制造性、可装配性和可维护及保障性。对产品的模拟测试也广泛应用了智能技术。

2）计划子系统。在计划子系统中，数据库构造将从简单信息型发展到知识密集型。在制造资源计划管理中，模糊推理等多种类的专家系统将被集成应用。

3）生产子系统。智能制造的生产子系统为自治或半自治系统。在生产子系统中，生产状态的获取和故障诊断、装配的检验等工作，将广泛应用智能技术。

4）系统活动子系统。在系统活动子系统中，神经网络技术在系统控制中已开始应用，同时分布技术、多元代理技术、全能技术也将得到应用。系统活动子系统采用开放式系统结构，可以使系统活动并行进行，并可解决系统集成的问题。

由此可见，智能制造系统是建立在自组织、分布自治和社会生态学机理上的，目的是通过设备柔性和计算机人工智能控制，自动地完成设计、加工、控制管理过程，以增强高度变化的环境中制造的有效性。

（2）智能制造系统的特征

和传统的制造系统相比，智能制造系统具有以下特征。

1）自律能力。自律能力是指搜集与理解环境信息和自身信息，进而进行分析判断和规划自身行为的能力。具有自律能力的设备称为智能机器，智能机器在一定程度上表现为独立性、自主性和个性，甚至相互间还能实现协调运作与竞争。强有力的知识库和基于知识的模型是自律能力的基础。

2）人机一体化。智能制造系统不单纯是人工智能系统，而是人机一体化智能系统，是一种混合智能。基于人工智能的智能机器只能进行机械式的推理、预测、判断，只具有逻辑思维（专家系统），最多具有形象思维（神经网络），完全没有灵感（顿悟）思维，只有人类专家才真正同时具备以上三种思维能力。因此，想以人工智能全面取代制造过程中人类专家的智能，独立承担起分析、判断、决策等任务是不现实的。人机一体化一方面突出了人在制造系统中的核心地位，同时在智能机器的配合下，可以更好地发挥出人的潜能，使人机之间表现出一种平等共事、相互“理解”、相互协作的关系，使二者在不同的层次上各显其能，相辅相成。

在智能制造系统中，高素质、高智能的人将发挥更好的作用，机器智能和人的智能将真正地集成在一起，互相配合，相得益彰。

3）自组织与超柔性。自组织是指一个系统在其内在机制的驱动下，在组织结构和运行模式上不断自我完善，从而提高对于环境适应能力的过程。智能制造系统中的各组成单元能够依据工作任务的需要，自行组成一种最佳结构。因此，智能制造系统的柔性不仅表现在运行方式上，而且表现在结构形式上，故将这种柔性称为超柔性。具备超柔性的智能制造系统如同一群人类专家组成的群体，具有生物特征。

4）学习能力与自我维护能力。智能制造系统能够在实践中不断地充实知识库，具有自学习功能。同时，在运行过程中智能制造系统可以自行进行故障诊断，并具备对故障进行自行排除，对自身进行自行维护的能力。这种特征使智能制造系统能够自我优化并适应各种复杂的环境。

5）在未来，具有更高级的人类思维能力。智能制造系统是集自动化、柔性化、集成化和智能化于一身，并具有不断向纵深发展的具备高新技术含量和高新技术水平的先进制造系统，也是一种由智能机器和人类专家共同组成的人机一体化系统。其突出之处是在制造诸环节中，以一种高度柔性与集成的方式，借助计算机模拟的人类专家的智能活动，进行分析、判断、推理、构思和决策，取代或延伸制造环境中人的部分脑力劳动，同时收集、存储、处理、完善、共享、继承和发展人类专家的制造智能。智能化制造尽管道路还很漫长，但是未来必将成为制造业的主要生产模式之一。

（3）智能制造系统的目标

1）在制造系统中用机器智能代替人的脑力劳动，使脑力劳动自动化。

2）在制造系统中用机器智能代替熟练工人的操作技能，使制造过程不再依赖于人的手艺。

3）自动生产的维持不再依赖于人的监视和决策控制，使制造系统的生产可以自主地进行。

智能制造已成为时代趋势，但这是一个门槛很高的系统工程，即便是波音公司（Boeing）掌握了世界上最复杂的工业软件系统，做到了“由软件控制数据的自动流动，解决复杂产品的不确定性”，也只敢说是数字化，不敢说是智能化。智能制造系统需要投入巨大的科研力量去突破一个个技术难点。

二、智能制造的发展历程

1. 智能制造的产生背景

智能制造源于人工智能的研究。智能一般被认为是知识和智力的总和，前者是智能的基础，后者是获取和运用知识求解的能力。人工智能（Artificial Intelligence，AI）就是用人工方法在计算机上实现的智能。1956 年，在美国逻辑学家布尔（G. Bole）创立的基本布尔代数和用符号语言描述的思维活动的基本推理法则，以及麦克库洛（W. Meculloth）和匹茨（W. Pitts）的神经网络模型的基础上，产生了人工智能的概念。

20 世纪 70 年代，人工智能在机器学习、定理证明、模式识别、问题求解、专家系统和智能语言等方面，取得了长足的进展。20 世纪 80 年代以来，人工智能的研究从一般思维规律的探讨，发展到以知识为中心的研究方向，各式各样不同功能、不同类型的专家系统纷纷应运而生，出现了“知识工程”的新理念，并开始用于制造系统中。

过去人们对制造技术的注意力集中在制造过程的自动化上，从而导致在制造过程中自动化水平不断提高，而产品设计及生产管理效率提高缓慢。生产过程中人们的体力劳动虽然得到了极大的解放，但脑力劳动的自动化程度（即决策自动化程度）却很低，各种问题求解的最终决策在很大程度上仍依赖于人的智慧。随着产品性能的完善化，产品结构的复杂化、精细化以及功能的多样化，产品所包含的设计信息和工艺信息猛增，从而使生产线和生产设备内部的信息流量大量增加，制造过程和管理工作的信息量也相应剧增，促使制造技术发展的热点与前沿转向了提高制造系统对于爆炸性增长的制造信息的处理能力、效率及规模上。

从 20 世纪 70 年代开始，发达国家为了追求廉价的劳动力，逐渐将制造业转移到了发展中国家，但发展中国家专业人才的严重短缺，制约了制造业的发展。因此，制造产业希望减少对人类智慧的依赖，以解决人才供求的矛盾。智能制造技术和智能制造系统正是为适应上述情况而得以发展的。

2. 国外发展状况

1992 年美国执行新技术政策，大力支持关键重大技术，包括信息技术和新的制造工艺等，智能制造技术位列其中，美国政府希望借助此举改造传统工业并启动新产业。

加拿大制订的 1994—1998 年发展战略计划认为，未来知识密集型产业是驱动全球经济和加拿大经济发展的基础，发展和应用智能系统至关重要，并将具体研究项目选择为智能计算机、人机界面、机械传感器、机器人控制、新装置及动态环境下的系统集成等方面。

日本于 1989 年提出智能制造系统，1994 年启动了先进制造国际合作研究项目，包括公司集成和全球制造、制造知识体系、分布智能系统控制、快速产品实现的分布智能系统技术等。

欧盟的欧洲信息技术研究发展战略计划大力资助有市场潜力的信息技术。1994 年启动的新研究发展项目，选择了 39 项核心技术，其中的信息技术、分子生物学和先进制造技术均突出了智能制造的位置。

3. 国内发展状况

我国 20 世纪 80 年代末将“智能模拟”列入国家科技发展规划的主要课题，目前已在专家系统、模式识别、机器人、汉语机器理解等方面取得了一批成果。

20 世纪 80 年代，科技部提出了“工业智能工程”，作为技术创新计划中创新能力建设的重要组成部分，智能制造是该工程中的重要内容。原华中理工大学、清华大学、南京航空航天大学、西安交通大学等高校在智能制造领域的研究均取得了一些成果。

三、智能制造的发展趋势

1. 融合发展的下一代工业网络

发展高可靠、低时延、无线连接的工业网络，在通信机制和数据结构层面，实现真正意义上的互联互通，为用户提供端到端的网络解决方案，以满足工业需求。未来5G应用场景的80%会在工业互联网。5G是将传感器、执行器等工业设备以无线方式连接到TSN（Time-Sensitive Networking，时间敏感网络）的最佳解决方案之一。

2. 制造装备的智能化

将核心工艺装备与人工智能融合，实现工艺装备的智能化，将成为制造业转型发展的突破口。柔性自动化生产线和工业机器人的使用可以积极应对劳动力短缺和用工成本上涨。同时，利用智能化的装备提高产品品质和作业安全，是市场竞争的取胜之道。

3. 采用边缘计算实现智能制造

物联网（Internet of Things，IoT）组件收集了大量的数据，而物联网应用程序中的瓶颈之一就是确保系统能够实时监控必要的信息。因此，物联网的运营将依赖于边缘计算设备，这些设备可以在数据被发送到更集中的服务器之前对数据进行收集、分析和处理。采用边缘计算实现智能制造具有最小化延迟、减少带宽、降低成本、减少威胁、避免重复、提高可靠性、保持合规性等优势，可缓解工业环境中的数据处理压力。

4. “自下而上”生长的工业互联网平台

平台作为工业互联网体系的核心，在市场上受到广泛关注。通过“自下而上”模式成长起来的工业互联网平台企业，经过长时间在制造业的探索，对工业机理和底层设备具有足够深入的认知，在此基础上开发的工业互联网平台基础扎实，更能深入应用到制造业，能有效连接各类企业资源。

5. 工业大数据将成核心

工业核心数据、关键技术专利等数字资产对企业的价值正在加速提升。降低数据安全风险、提高系统安全性和数据安全性已成为企业数字化转型升级中日益重要的参考指标。

6. “工业电商＋工业服务”模式

美国白宫信息物理系统专家组的一位成员曾直言：“未来的工业竞争将从实体世界转至‘不可见’的世界，以往的创新集中在实体世界，而现今这一情况已出现变化，创新正从实体的‘蛋黄’转向更具创新空间的数据和服务‘蛋白’。卖机床不是卖那吨钢铁，卖的是生产力。”数据和服务带来的商业模式转化，将会创造各种商业可能性。融合售后服务、金融、人才培训、认证等多维度功能的综合服务商，能有效提升交易品的附加值。

第五节　并 行 工 程

一、并行工程概述

1. 并行工程的概念

并行工程（Concurrent Engineering，CE）是集成地、并行地进行产品设计及其相关的各种过程（包括制造过程和支持过程）的系统方法（图6-7）。这种方法要求产品设计人员从设计一开始就必须全面考虑产品全生命周期从产品概念的形成到产品报废处理的所有因素，包括质量、成本、进度计划和用户的要求等，一体化、并行地进行产品及其相关过程的设计，尤其注重在概念设计阶段的并行协调，以达到提高产品质量、降低成本和缩短开发周期的目的。产品生命周期中不同阶段的成本如图6-8所示。

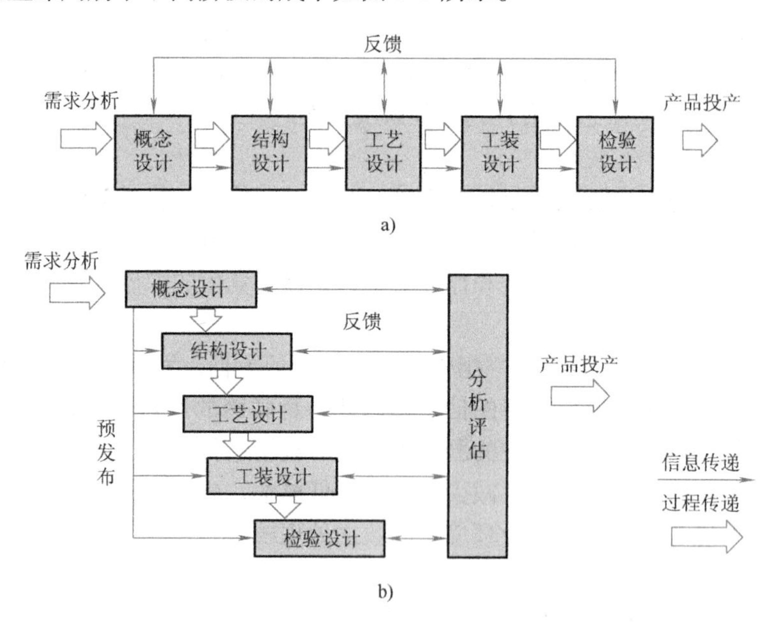

图6-7 串行工程与并行工程的基本概念

a）串行工程 b）并行工程

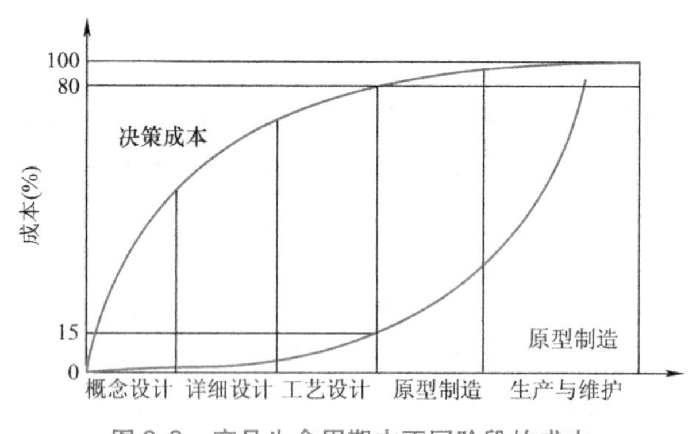

图6-8 产品生命周期中不同阶段的成本

2. 并行工程的关键思想

并行工程是将原来在时间上有先后顺序的知识处理和作业实施过程转变为同时考虑和尽可能同时处理的一种作业方式，与传统的串行工程有较大的区别，如图6-9所示。

从并行工程的定义可以看出，其关键思想体现在两个方面：其一，并行工程是一种工作模式，而不是具体的工作方法；其二，并行工程着重于从产品设计一开始就对产品的关键因素（例如产品的可制造性、可装配性、可测试性等）进行全面考虑，以保证产品设计一次性成功。

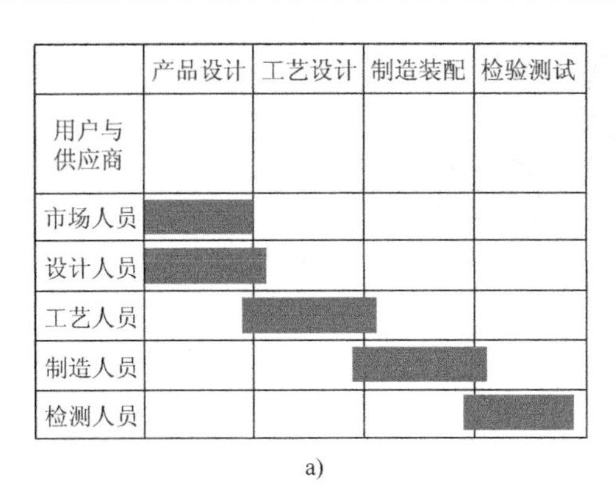

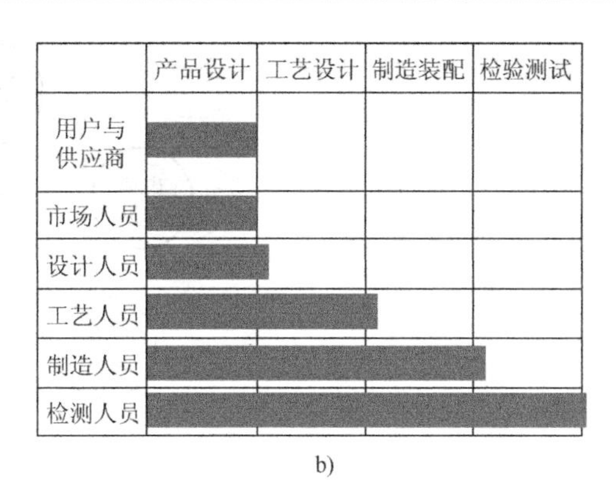

图 6-9　串行工程与并行工程的区别

a）串行工程工作模式　b）并行工程工作模式

并行工程在先进制造技术中具有承上启下的作用，主要体现在两个方面：其一，并行工程力图使开发者从一开始就考虑产品的全生命周期，在 CAD、CAM、CAPP 等技术支持下，将原来分别进行的工作在时间和空间上交叉、重叠，充分利用了原有技术，并吸收了计算机技术、信息技术的优秀成果，使其成为先进制造技术的基础。其二，企业必须建立高度集成的主模型，通过它来实现不同部门人员的协同工作，在产品设计的同时考虑其相关过程，包括加工工艺、装配、检测、质量保证、销售、维护等过程。在并行设计中，产品开发过程的各阶段工作交叉进行，这可以使工程技术人员及早发现设计与其相关过程不相匹配的地方，及时评估和决策，以实现并行工程的目标。为了保证产品的设计一次性成功，减少反复，设计过程在许多部分应用了仿真技术。可以说并行工程的发展为虚拟制造技术的诞生创造了条件，虚拟制造技术是以并行工程为基础的，并行工程的进一步发展方向即为虚拟制造。

3. 并行工程的目标

并行工程的目标是：提高质量、降低成本、缩短产品开发周期和上市时间。并行工程主要通过以下方法实现上述目标：设计质量改进——使早期生产中的工程变更次数减少 50% 以上；产品设计及其相关过程并行——使产品开发周期缩短 40% ~60%；产品设计及其制造过程一体化——使制造成本降低 30% ~40%。

从本质上而言，并行工程是一种以空间换取时间，处理系统复杂性的系统化方法。它以信息论、控制论和系统论为理论基础，在数据共享、人 - 机交互等工具及集成上述工具的智能技术的支持下，按多学科、多层次协同一致的组织方式工作，以非线性的管理机制及整体性思想，赢得集成附加的协同效益。

二、并行工程的特点

1. 强调团队工作

为了实施并行工程，首先要实现人员的集成，必须打破传统的、按部门划分的组织模式。团队工作是并行工程系统运转的首要条件，企业需要组织一个与产品开发全过程有关的、包括各部门工程技术人员的多功能小组，小组成员（图 6-10）在设计阶段协同工作，设计产品的同时设计与之有关的全部过程。

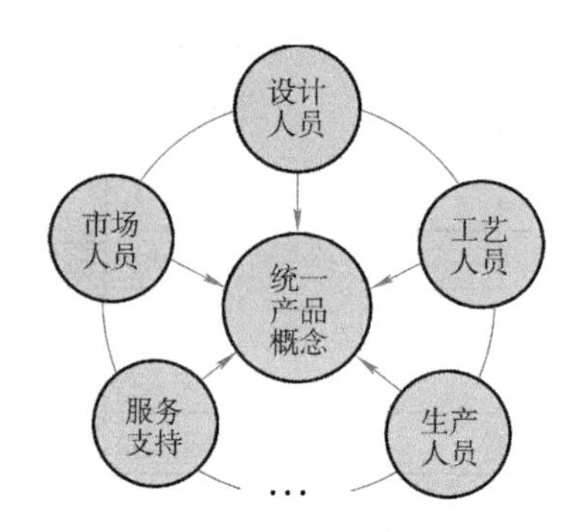

图 6-10　集成产品开发团队的人员组成

2. 强调设计过程的并行性

并行设计是并行工程的主要组成部分，是对产品设计及其相关过程进行并行处理，即将设计相关过程并行化、一体化、系统化的工作模式。

并行设计将产品开发周期分解成多个阶段，每个阶段都有自己的时间段，各时间段之间有一部分相互重叠（图 6-11），重叠部分代表过程同时进行。

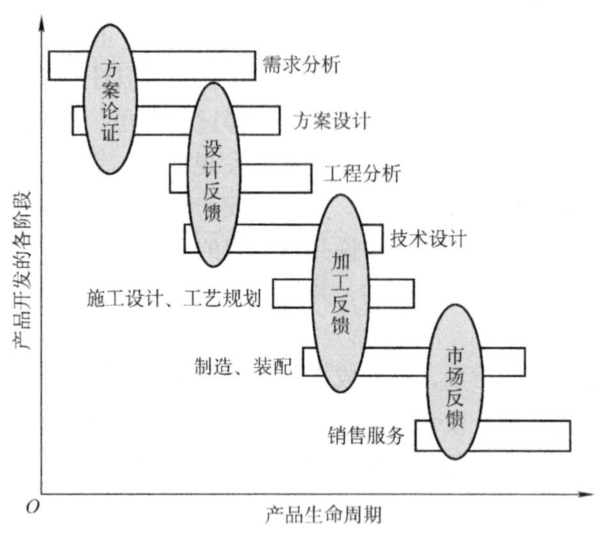

图 6-11　并行设计过程

3. 强调设计过程的系统性

在并行工程中，设计、制造、管理等过程不再是一个个独立的单元，而是一个统一的系统。设计过程不仅产生图样和其他设计资料，还要进行质量控制、成本核算、生产进度计划等工作。

4. 强调设计过程的快速反馈

并行工程强调对设计结果及时进行审查，并尽快反馈给设计人员，这样可以大大缩短设计时间，还可将错误消灭在“萌芽”状态。

5. 强调仿真技术的应用

并行工程通过仿真技术的应用，减少重复性工作，以实现产品一次性成功的目标。

三、并行工程的发展历程

1. 并行工程的产生背景

串行工程是基于被誉为“古典经济学之父”“现代经济学之父”的18世纪英国经济学家、哲学家、作家，经济学的主要创立者亚当·斯密（Adam Smith）的劳动分工理论而提出的。该理论认为在生产中分工越细，工作效率越高。因此，串行方法把整个产品开发全过程细分为很多步骤，每个部门和个人都只做其中的一部分工作，而且相对独立，工作做完以后把结果交给下一部门。西方把这种方式称为“抛过墙法”（图6-12），相关人员的工作是以职能和分工任务为中心的，不一定存在完整的、统一的产品概念。

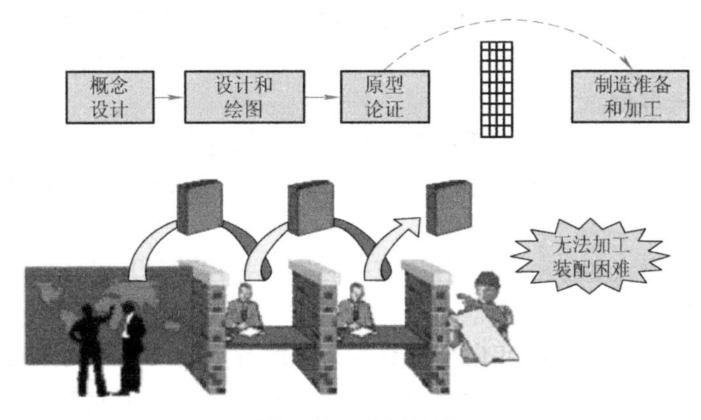

图6-12 抛过墙法

这种开发模式的缺陷在于：设计早期不能全面考虑产品全生命周期中的各种因素，设计过程中不能及早考虑制造过程及质量保证等问题，造成设计与制造脱节，一旦制造过程出现的问题与设计有关时就要修改设计，后续阶段与设计有关的环节都要随之进行变更；在组织结构上采取功能部门制，信息共享存在障碍，使产品开发过程成为“设计—加工—测试—修改设计”的大循环。虽然产品设计通过这种重复循环过程趋于完善，最终可满足用户要求，但这种方法不仅会造成设计改动量大、产品开发周期长，还会使产品成本增加。

随着社会的发展，用户对产品质量、成本和种类的要求越来越高，产品的生命周期越来越短。因此，当市场需要新产品时，能以最短的时间开发出高质量产品的企业将在市场竞争中处于优势。迅速开发出满足用户需求的新产品并尽快上市，成为企业赢得市场竞争的关键，其中核心的问题就是时间。在激烈的市场竞争中，不再是“大吃小”，而是“快吃慢”，充分表达了时间这个因素具有特别重要的意义。另外，全球化市场竞争格局的形成，要求制造企业必须变革经营策略，提高产品开发能力，增强市场竞争力，克服传统产品开发模式的弊端。20世纪80年代中期，并行工程的思想在这样的背景下应运而生。

并行工程是一种企业组织、管理和运行过程中的设计与制造模式，是生产发展到一定阶段的产物，它要求企业具有较高的管理、设计和生产制造水平。它把传统的制造技术与计算机技术、系统工程技术和自动化技术相结合，采用多学科团队和并行过程的集成化方法，将产品串行的开发流程并行起来，集成企业内的一切资源，在产品开发的早期阶段就全面考虑产品全生命周期中的各种因素。

2. 国外发展状况

1986—1992 年是并行工程的研究与初步尝试阶段。美国国防部（DOD）支持的 DARPA/DICE 计划，欧洲的 ESPRIT Ⅱ & Ⅲ 计划，日本的 IMS 计划等都进行了并行工程的研究。

1988 年，美国国防部防御分析研究所（IDA）以武器生产为背景，对传统的生产模式进行了分析，在著名的 R-338 报告中首次提出了并行工程的概念。

洛克希德导弹和空间公司（LMSC）于 1992 年 10 月接受了美国国防部（DOD）用于“战区高空领域防御”的新型号导弹开发任务。该公司的导弹开发一般需要 5 年时间，而采用并行工程的方法，最终将产品开发周期缩短到了 2 年。

西门子公司（SIEMENS）的重型雷达设备采用并行工程，开发了一种新的设计过程控制工具来跟踪循环中的时间延迟，消除无效的等待时间，以改进产品质量及缩短开发周期，并将产品设计小组和产品测试小组合并为数字小组，在后续工作中负责开发测试，将测试结果作为设计过程的一部分。

瑞士 ABB 公司在开发火车运输系统时，建立了支持并行工程的计算机系统，组织了设计和制造团队，并应用仿真技术。通过工作模式的变革，他们将交货期由过去的 3～4 年，缩短到了 3～18 个月。

美国弗吉尼亚大学（UV）并行工程研究中心应用并行工程开发新型飞机，使机翼的开发周期由以往的 18 个月减至 7 个月。

波音公司（Boeing）在 1994 年向全世界宣布，波音 777 飞机采用并行工程的方法，大量使用 CAD/CAM 技术，实现了无纸化生产，试飞一次成功，并且比按传统方法生产节约近 50% 的时间。

西门子公司（SIEMENS）下属的公共通信网络集团在开发复杂电子系统的核心子系统过程中，采用了并行工程的方法，取得了显著的效果，在仿真阶段共提出 320 份报告，发现并纠正了许多错误。

3. 国内发展状况

20 世纪 80 年代前，并行工程在我国就已经有了很多成功范例，如在开采石油、研制原子弹，航天工程中的应用等，并被看作是社会主义优越性的表现之一，只不过当时没有使用并行工程这种叫法。

国外并行工程兴起后，我国也开始了现代意义上的并行工程研究。对于并行工程的研究，我国把它作为计算机集成制造系统发展的一个新阶段，1992 年前是并行工程的预研阶段。

1993 年，清华大学、北京航空航天大学、上海交通大学、原华南理工大学和中国航天机电集团第二研究院 204 所等单位，组成并行工程可行性论证小组，提出在 CIMS 实验工程的基础上开展并行工程的攻关研究。

1998 年以后，并行工程取得一些攻关成果并进一步深入，应用于航天等领域。西安飞机工业（集团）有限责任公司在已有软件系统的基础上，开发了支持飞机内装饰并行工程的系统工具。在 Y7-700A 飞机内装饰工程中，将研制周期从 1.5 年缩短到 1 年，减少设计更改 60% 以上，降低产品研制成本 20% 以上。

四、并行工程的发展趋势

经过多年的研究与工程实施，并行工程技术思想、方法、工具取得了飞速的进展，从理论研究走向工程实用化，为企业获得市场竞争优势提供了有效的手段。随着需求的进一步深入，可以预计，在今后的一段时间内，并行工程的发展主要集中在以下几个方面。

1. 方法体系结构更加完备

并行工程已经从传统的产品与过程设计的并行，发展到产品、过程、设备的开发与组织管理的并行集成优化，集成范围更加广泛。在此基础上，并行工程的方法体系也将更加完备。

2. 相关技术支持全球化动态企业联盟

团队技术发展十分迅猛，各种类型的团队和组织管理模式在发展中逐步统一和规范化。随着计算机网络技术的发展，项目管理软件功能的增加，集成框架、CAX/DFX、PDM/ERP、Internet/Intranet，以及协同工作环境与工具的飞速发展和应用领域的不断扩大，以集成产品团队为核心的组织管理模式日益成熟。IPT（Integrated Product Team，集成产品协同组）从企业内部走出，进一步发展为与用户和供应商共同工作，并在特定情况下与竞争对手合作。可以说，集成产品协同组（或其他团队形式）正在逐步发展为跨企业、地域，乃至遍布全球的规模。团队技术、计算机支持合作工作技术将有力支持全球化动态企业联盟。

3. 经营过程重组应用范围和规模不断扩大

随着共享数据库、专家系统、决策支持工具、通信、过程建模仿真、Internet 等信息技术的广泛使用及并行工程技术的发展，企业的组织结构由“金字塔式”变为“扁平式”，人员素质提高，业务流程重组技术将逐渐成熟，应用范围和领域也不断扩大，经营过程重组也随之从单一企业的重组逐步走向世界范围内跨国经营过程的重组。

4. 产品数字化定义技术、工具和支撑平台日趋完善

研究人员的工作重点着力于进一步完善 CAX/DFX 理论，开发商正致力于实现数字化产品定义工具的实用化与通用化。产品全局十字模型将更加完备，基于标准和特征技术实现集成化也将成为人们关注的中心。产品数据管理系统和支持并行工程的框架技术的功能将不断加强，跨平台的产品数据管理系统和框架已问世，基于 Web 技术的系统将成为其发展新方向。

5. 实施模式与评价方法的系统化、规范化

随着并行工程技术的推广，实施模式与评价方法的研究也将逐渐深入，企业对实施模式与评价体系的系统化、规范化的要求日益强烈。有关并行工程实施的通用方法、评价体系方面的研究都取得了很大的进展，系统化、规范化工作将进一步完善。

第六节 绿色制造

一、绿色制造概述

1. 绿色制造的概念

绿色制造（Green Manufacturing，GM）又称环境意识制造（Environmentally Conscious Manufacturing，ECM）或面向环境的制造（Manufacturing for Environment，MFE），是一个综合考虑环境影响和资源利用率的现代制造模式，是一个面向环境的复杂制造系统工程。绿色制造把制造过程中涉及的每一个环节、每一个因素都与对环境的影响和资源的利用紧密结合

起来，其目标是使产品在从设计、制造、包装、运输、使用、维修到报废、回收处理的产品全生命周期中，对环境（自然生态环境、社会系统和人类健康等）的负面影响最小、资源利用率最高、能源消耗最低，实现经济效益和社会效益的协调优化。

绿色制造涉及制造领域、环境领域、资源领域等，绿色制造就是这三大领域内容的交叉和集成。相比于传统制造，绿色制造的本质特征在于除保证一般制造系统的功能外，还要保证生产制造过程对环境的负面影响和对资源的消耗最小。绿色制造是可持续发展模式在现代制造业中的具体应用，其评价指标体系如图 6-13 所示。

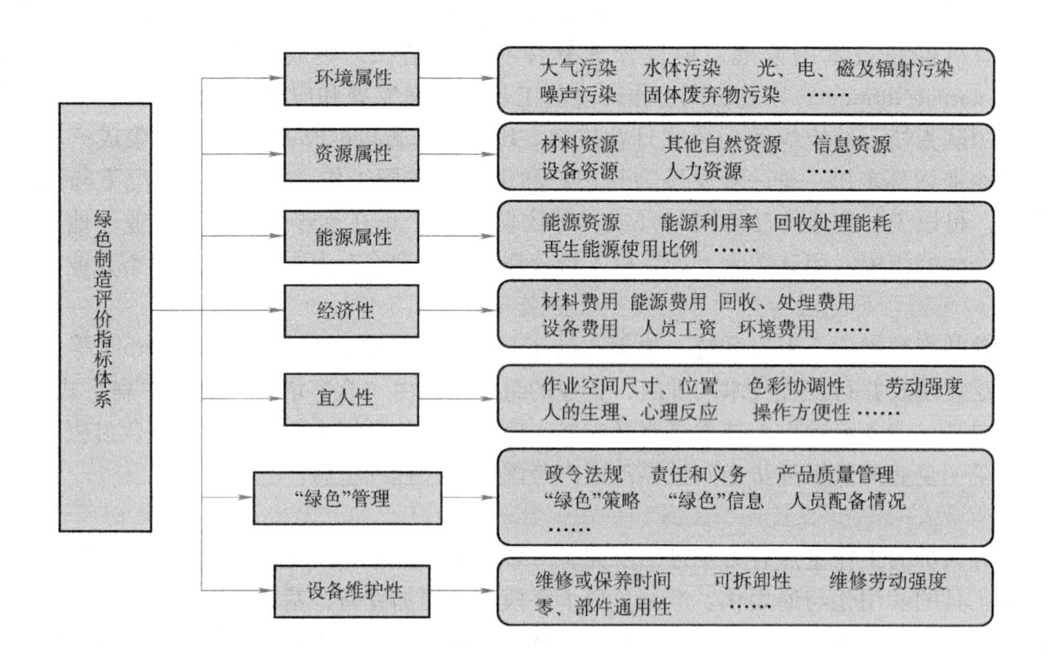

图 6-13 绿色制造的评价指标体系

2. 绿色制造的核心

传统的产品设计与制造往往忽略了对自然环境的影响，在原料取得、制造、销售过程中随处可见废弃物，使越来越多的废弃物轻易地进入环境。即使是开始重视环保，也是更多地把保护环境的重点放在了污染物的“末端”控制和处理上，而忽略了对污染物的全过程控制和预防。越来越多的事实表明，制造过程的各个环节都有产生环境问题的可能性，如果在制造的准备阶段就开始对制造的全过程以及生产完成后的产品进行全面的分析和评价，对可能产生的环境问题事先进行预测，制造业对环境的危害可能就会大大减轻。这一点可以说是绿色制造的核心所在，实施绿色制造就是要对制造的每个环节进行重新审视和规划，其主要实施环节如图 6-14 所示。

二、绿色制造的意义

绿色制造不仅是一种社会效益显著的行为，也是取得显著经济效益的有效手段。

实施绿色制造，最大限度地提高资源利用率，减少资源消耗，可直接降低成本。同时，实施绿色制造减少或消除环境污染，可减少或避免因环境问题引起的罚款。绿色制造环境将

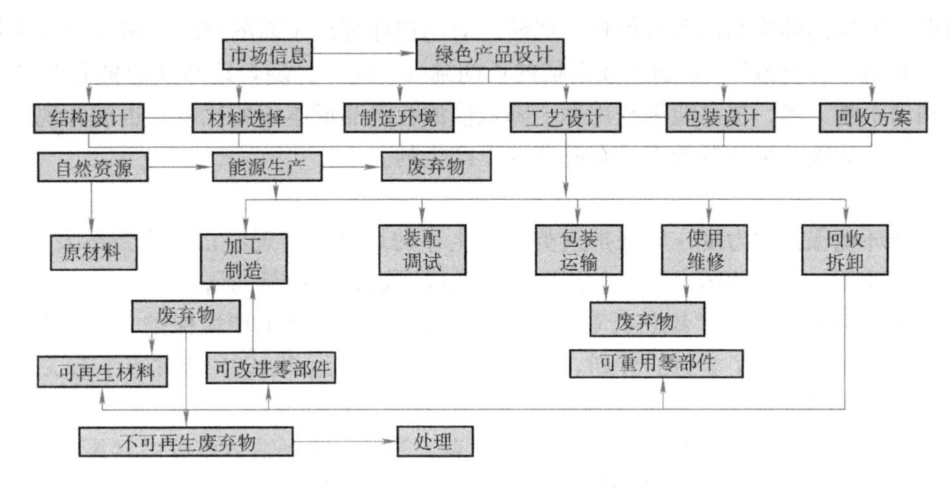

图 6-14　绿色制造的主要实施环节

全面改善或美化企业员工的工作环境，既可改善员工的健康状况和提高工作安全性，减少不必要的开支，又可使员工心情舒畅，有助于提高员工的主观能动性和工作效率，以创造出更大的利润。另外，绿色制造将使企业具有更好的社会形象，为企业增添了无形资产。因此，对待绿色制造，不应该被动地遵守政府或社会道德方面的相关规定，而应该把绿色制造看作是一种战略经营决策，即实施绿色制造对企业是一种机遇，而不是一种不得已而为之的行为。

三、绿色制造的发展历程

1. 绿色制造的产生背景

近代制造业在两百多年的发展过程中，为人们的衣、食、住、行提供了许多性能不同的产品，有力地推动了社会的进步和发展。然而与此同时，产品在制造、使用和回收处理过程中所产生的废弃物，以及淘汰产品和报废产品产生的废弃物，也给地球环境造成了较大的影响，导致全球变暖、臭氧层破坏、酸雨、空气污染、水源污染和土地沙化等。由于制造企业量大面广，导致制造业在整体上对环境的影响很大。据统计，造成全球环境污染的 70% 以上的排放物均来自于制造业，制造业每年约产生 55 亿 t 无害废弃物和 7 亿 t 有害废弃物。可以说，制造业一方面是创造人类财富的支柱性产业，另一方面又是造成环境污染的主要源头。制造系统对环境的影响如图 6-15 所示，其中虚线表示的是在个别情况下，制造过程和产品使用、处理过程对环境直接产生的污染（如噪声），而不是废弃物污染。

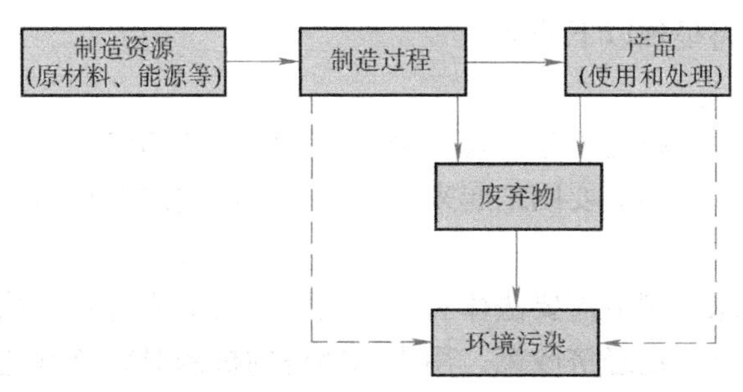

图 6-15　制造系统对环境的影响

目前，世界的环境和能源形势日益严峻，对制造业提出了新的要求。减少废弃物排放乃至降至“接近于零排放”，是制造业面临的长期挑战。此外，随着地球能源的日趋紧缺以及能源价格的不断上涨，提高能源利用率，降低能源在产品成本中的比重，也成为现代制造业提高竞争力的关键。绿色制造正是在此背景下产生的。

2. 国外发展状况

为加强环境保护的力度，以保护人类赖以生存的地球，实现经济的可持续发展，美国、加拿大及西欧的一些发达国家对绿色制造及相关问题进行了大量的研究。

1991 年，日本推出了“绿色行业计划”，加拿大政府实施了环境保护“绿色计划”，美国、英国、德国也推出了类似的计划。特别是国际标准化组织 1996 年发布了有关环境管理体系的 ISO14000 系列标准，大大地推动了人们对绿色制造的研究。

1996 年，美国制造工程师学会（SME）发表了关于绿色制造的蓝皮书《绿色制造》，提出“绿色制造”的概念，并对其内涵和作用等问题进行了较为系统的介绍。

产品的绿色标志制度在多个国家相继建立。凡产品标有“绿色标志”图形的，表明该产品从生产到使用以及回收的整个过程都符合环境保护的要求，对生态环境无害或危害极少，并利于资源的再生和回收，这为企业打开销路、参与国际市场竞争提供了条件。德国、法国、瑞士、日本、芬兰和澳大利亚等 20 多个国家对产品实施了环境标志，从而促进了这些国家的“绿色产品”在国际市场竞争中赢得了更多的份额。

3. 国内发展状况

“九五”计划期间，我国一些高等院校和科研院所对绿色制造技术进行了广泛的研究探索。清华大学在美国 ChinaBridge 基金和国家自然科学基金会的支持下，与美国得克萨斯理工大学（TTU）建立了关于绿色设计技术研究的国际合作关系，对全生命周期建模等绿色设计理论和方法进行了系统研究，取得了一定进展。

上海交通大学针对汽车开展可回收性绿色设计技术的研究，与福特汽车公司（FORD）合作，研究我国轿车的回收工程问题。

合肥工业大学开展了机械产品可回收设计理论和关键技术及回收指标评价体系的研究。

重庆大学承担了关于绿色制造技术的研究项目，主要研究可持续发展 CIMS（S-CIMS）的体系结构、清洁化生产系统和体系结构及实施策略、清洁化生产管理信息系统等。

四、绿色制造的发展趋势

绿色制造被誉为 21 世纪的制造模式，关于绿色制造的研究非常活跃，从目前的研究成果看，绿色制造的发展将呈现以下趋势。

1. 全球化

绿色制造的研究和应用将越来越体现出全球化的特征和趋势，这是因为制造业对环境的影响往往是超越国界的，人类需要团结起来，以保护我们共同拥有的唯一的地球。

2. 社会化

社会化是指一方面绿色制造需要法律和行政规定对其形成有效的社会支撑，提供有力的支持；另一方面，政府可制定经济政策，用市场经济的机制对绿色制造实施导向。比如政府可利用相关经济手段对不可再生资源（如煤炭、石油等）和虽然可以再生但开采后会对环境产生负面影响的资源（如森林等）严加控制，使企业不得不尽可能减少直接使用这类资源，转而寻求或开发新的替代资源。

无论是绿色制造涉及的立法和行政规定以及需要制定的经济政策，还是绿色制造所需要建立的企业、产品、用户三者之间新型的集成关系，均是十分复杂的问题，其中又包含着大量的相关技术问题，均有待深入研究，以形成绿色制造所需要的社会支撑系统。这些也是今后绿色制造研究内容的重要组成部分。

3. 集成化

绿色制造涉及产品全生命周期，涉及企业生产经营活动的各个方面，因而是一个复杂的系统工程。制造业要真正有效地实施绿色制造，必须从系统和集成的角度来考虑和研究相关问题。

4. 并行化

绿色并行工程也称绿色并行设计，是现代绿色产品设计和开发的新模式。它是一种系统方法，以集成的、并行的方式设计产品全生命周期，力求使产品开发人员在设计一开始，就考虑到产品整个生命周期中从概念形成到报废处理的所有因素。绿色并行工程涉及一系列关键技术，包括绿色并行工程的协同组织模式、协同支撑平台、绿色设计的数据库和知识库、设计过程的评价技术和方法、绿色并行设计的决策支持系统等。

5. 智能化

基于知识系统、模糊系统和神经网络等的人工智能技术，将在绿色制造过程中起到重要作用。在制造过程中，人工智能技术可应用专家系统识别、量化和评价产品设计、材料消耗和废弃物产生之间的关系，并应用所得结果来衡量产品的设计和制造对环境的影响。

6. 产业化

绿色制造的实施将导致一批新兴产业的形成，比如废弃物回收处理装备制造业、废弃物回收处理的服务产业、绿色产品制造业、实施绿色制造的软件产业等。

第七节　数字孪生

随着新一代 ICT 的快速发展，很难想象数字化转型将把制造业带向何处，但是数字孪生技术可以帮助制造企业了解现在生产线上正在发生什么，并预测未来将发生什么，这对于最大化设备综合效率（Overall Equipment Effectiveness，OEE）、优化生产率和提高业务盈利能力至关重要。

一、数字孪生概述

1. 数字孪生的概念

我国工业和信息化部中国电子技术标准化研究院编写的 2020 版《数字孪生应用白皮书》中对数字孪生做了如下定义：数字孪生（Digital Twin，DT）是以数字化方式创建物理实体的虚拟模型，借助历史数据、实时数据以及算法模型等，模拟、验证、预测、控制物理实体全生命周期过程的技术手段。虚拟事物与实体事物之间的数字孪生关系如图 6-16 所示。

数字孪生的概念和作用

数字孪生是从数字感知和模拟开始的，但不仅仅是一种模拟，数字模拟

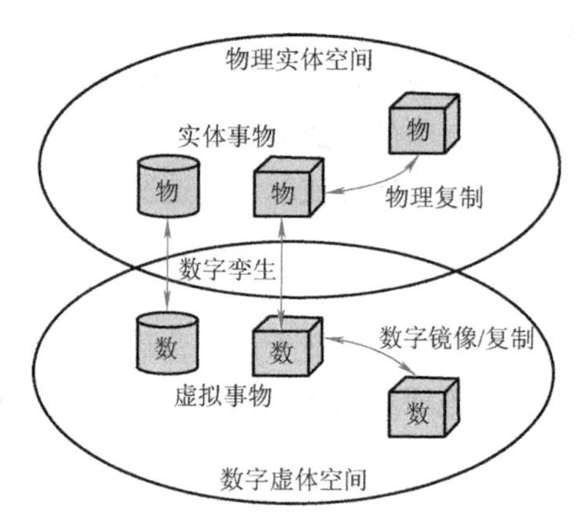

图6-16　数字孪生示意图

和数字孪生之间的区别是实时更新。通过模拟，技术人员可以对物理实体的模拟版本进行测试和评估。但模拟是静态的，除非在模拟中输入新的参数，否则其无法跟上物理实体实际运行的步伐。数字孪生体可以从物理实体、流程或系统接收数据实时更新，因此技术人员进行的测试、评估和分析工作是基于真实世界的条件。随着数字孪生体的状态从真实世界接收新的数据而动态地改变，将逐渐变得成熟，产生更加准确和有价值的输出。

平时大家所说的“比特（bit）与原子（atom）”“赛博（Cyber）与物理（Physical）”“虚拟与现实”“数字样机与物理样机”“数字孪生体与物理孪生体”“数字端（D，digital terminal）与物理端（P，physical terminal）”“数字世界与物理世界”“数字空间与物理空间”等不同的虚实对应词汇，实际上都是在以不同的专业术语，或近似或准确地描述两种“体”之间的虚实映射关系。

数字孪生基于实时传感数据连接物理世界和数字化虚拟世界，实现在虚拟空间实时监控与同步物理世界的活动。数字孪生有两个重要特征：首先强调物理模型和相应的虚拟模型之间的连接；其次，通过使用传感器生成实时数据来建立这种连接。

2. 数字孪生的作用

数字孪生的作用如图6-17所示。数字孪生技术是目前数字化转型中最重要的技术之一，通过全新的方式让制造企业洞察工厂的生产线和制造过程的所有方面，从而做出更好的决策。此外，还可以通过动态连接重新校准设备、生产线、流程和系统，实现决策过程的自动化。数字孪生技术提供了虚实结合的全新视角，能够查看、探索、评估物资资产、流程和系统。有了这种能力，就有可能准确地了解现在正在发生什么，以及将来会发生什么。这是一种适用于广泛环境的技术，包括在整个产品制造生命周期和产品使用过程中对产品进行监控，可应对人们预料之外、想不清楚的突发事件。

建立数字孪生的初衷，是为了描述产品设计者对产品的理想定义，用于指导产品的制造、功能分析、性能预测等。产品在制造过程中由于加工、装配误差等因素，使真实情况与数字孪生长时间不能保持完全一致，其有效性受到了明显限制。随着物联技术的发展，利用物理模型、传感器更新、运行历史等数据，集成多科学、多物理量、多尺度的仿真过程越来越精确。以飞机的健康维护与保障为例，首先在数字空间建立真实飞机的模型，并通过传感器实现与飞机真实状态完全同步，这样每次飞行后，可根据结构现有情况和过往载荷，及时分析评估是否需要维修，以及能否承受下次的任务载荷等。

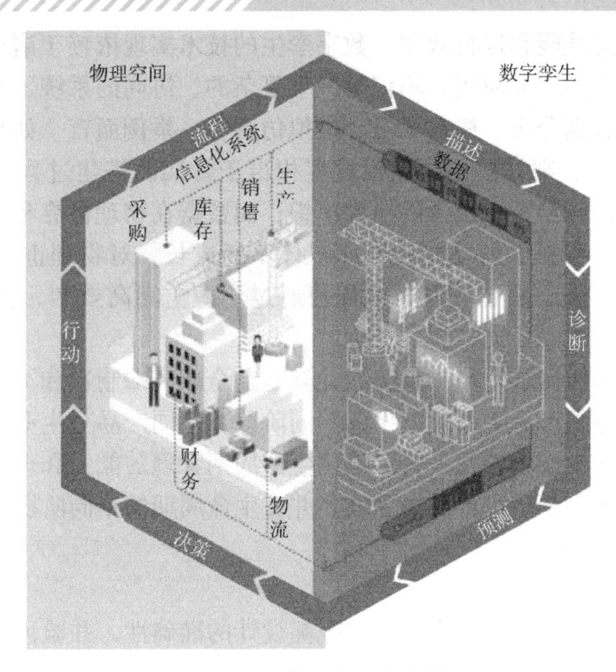

图 6-17　数字孪生的作用

随着工业传感器及物联网技术的快速发展，未来数字世界和现实世界将会是一体两面。在工厂及生产线没有建造之前，先完成其数字化模型，以在虚拟的赛博空间中对工厂及生产线进行仿真和模拟，并将真实参数传给实际的工程建设，有效减少误差和风险。待工厂及生产线建成之后，日常的运行和维护通过数字孪生进行信息交互，以迅速找出问题所在，提高工作效率。

二、数字孪生的特点及应用

1. 数字孪生的特点

(1) 机器可读

制造领域的技术数据繁多而杂乱，有图样、物料清单（Bill Of Material，BOM）、工序、数控程序、设备参数，而数字孪生首要解决的是单一数据源，做到数控机床、机器人能直接读到有用信息。

(2) 具有比较和分析能力

数字孪生可以直接对设计的“理论值”和加工的“实测值”进行比较和分析。

(3) 可用于生产模拟

数字孪生可以对自动或手工作业进行模拟，包括装配、机器人焊接、锻铸和车铣刨磨等。

(4) 数字孪生是价值网络协作的基础

数字孪生可以包括厂际、供应链上下游之间，乃至全球范围的协作企业，是价值网络协作的基础。

2. 数字孪生的应用

构建数字孪生模型不是目的，而是手段，人们寄希望于通过对数字孪生模型的分析来改善其对应的现实对象的性能和运行效率。数字孪生的技术实现依赖于诸多新技术的发展和高度集成以及跨学科知识的综合应用，不仅是一个复杂的、协同的系统工程，涉及的关键技术方法还包括建模、大数据分析、机器学习、模拟仿真等。举例而言，如果把数字孪生的构建比作“数字人”的创造，则其核心的建模过程相当于骨架的搭建过程；采集数据、开展数据治理和大数据分析，相当于生成人的肌肉组织；而数据在物理世界和赛博空间之间的双向流动如同人体的血液，所提供的动能使数字机体不断成长，对物理世界对象的映射更趋精准；模拟仿真使“数字人”具备智慧，从而使通过赛博空间高效率、低成本优化物理实体成为可能。

目前数字孪生的应用需求呈增长趋势，尤其是在全球高端制造和军工制造企业中。

数字孪生技术贯穿了产品生命周期中的不同阶段，它同产品全生命周期管理的理念不谋而合。可以说，数字孪生技术的发展将产品全生命周期管理的能力和理念从设计阶段真正扩展到了全生命周期。数字孪生以产品为主线，并在生命周期的不同阶段引入不同的要素，形成了不同阶段的表现形态。

（1）设计阶段

在产品的设计阶段，利用数字孪生可以提高设计的准确性，并验证产品在真实环境中的性能。这个阶段的数字孪生，主要包括如下功能。

1）数字模型设计。使用 CAD 工具开发出满足技术规格的产品虚拟原型，精确地记录产品的各种物理参数，以可视化的方式展示出来，并通过一系列的验证手段来检验设计的精准程度。

2）模拟和仿真。通过一系列可重复、可变参数、可加速的仿真实验，来验证产品在不同外部环境下的性能和表现，在设计阶段就验证产品的适应性。

（2）制造阶段

在产品的制造阶段，利用数字孪生可以加快产品导入的时间，提高产品的质量、降低产品的生产成本、提高产品的交付速度。制造阶段的数字孪生是一个高度协同的过程，通过数字化手段构建起来的虚拟生产线，将产品本身的数字孪生同生产设备、生产过程等其他形态的数字孪生高度集成起来，实现如下的功能。

1）生产过程仿真。在产品生产之前，可以通过虚拟生产的方式来模拟在不同产品、不同参数、不同外部条件下的生产过程，实现对产能、效率以及可能出现的生产瓶颈等问题的提前预判，加速新产品导入的过程。

2）数字化产线。将生产阶段的各种要素，如原材料、设备、工艺配方和工序要求，通过数字化的手段集成在一个紧密协作的生产过程中，并根据既定的规则，自动地完成在不同条件组合下的操作，实现自动化的生产过程，同时记录生产过程中的各类数据，为后续的分析和优化提供依据。

（3）服务阶段

随着物联网技术的成熟和传感器成本的下降，很多工业产品，从大型装备到消费级产品，都使用了大量的传感器来采集产品运行阶段的环境和工作状态，并通过数据分析和优化来避免产品的故障，改善用户对产品的使用体验。这个阶段的数字孪生，可以实现如下的功能。

1）优化用户的生产指标。对于很多需要依赖工业装备来实现生产的工业用户，工业装备参数设置的合理性以及在不同生产条件下的适应性，往往决定了用户产品的质量和交付周期。而工业装备厂商可以通过采集的海量数据，构建起针对不同应用场景、不同生产过程的经验模型，帮助用户优化参数配置，以改善用户的产品质量和生产率。

2）产品使用反馈。通过采集智能工业产品的实时运行数据，工业产品制造商可以洞悉用户对产品的真实需求，不仅能够帮助用户加速对新产品的导入周期、避免产品错误使用导致的故障、提高产品参数配置的准确性，更能够精确地把握用户的需求，避免研发决策失误。

三、数字孪生的发展历程

1. 数字孪生的产生背景

美国密歇根大学（UM）的迈克尔·格里夫斯（Michael Grieves）教授于2002年10月在美国机械工程师协会（ASME）管理论坛上提出了数字孪生的概念，并在2014年撰文对这一术语进行了较为详细的阐述。

2010年，美国国家航空航天局（NASA）在《建模、仿真、信息技术和处理》和《材料、结构、机械系统和制造》两份技术路线图中开始直接使用“数字孪生”这一名称，现在已经拓展到智能制造、预测设备故障以及改进产品等多个领域。

数字孪生是从虚拟制造、数字样机等技术发展而来的，与计算机辅助软件尤其是仿真软件的发展关系十分密切。在工业界，人们用软件来模仿和增强人的行为方式。例如，绘图软件最早模仿的就是人在纸面上作画的行为。发展到人机交互技术比较成熟的阶段后，人们开始用CAD软件模仿产品的结构与外观，用CAE软件模仿产品在各种物理场情况下的力学性能，用CAM软件模仿零部件在加工过程中的刀轨情况，用CAPP软件模仿工艺过程，用CAT软件模仿产品的测量/测试过程等。软件仿真的结果，最初是在数字虚拟空间产生一些并没有与物理实体空间中的实体事物建立任何信息关联、只是“画得比较像”的二维图形，继而是经过精心渲染的、“长得非常像”某些实体事物的三维图形。

近些年，当人们提出了希望数字虚拟空间中的虚拟事物与物理实体空间中的实体事物之间具有可联接通道、可相互传输数据和指令的交互关系之后，数字孪生的概念就成形了。伴随着软件定义机器概念的落地，数字孪生作为智能制造中的一个基本要素，逐渐走进了人们的视野。

2. 国外发展状况

通用电气公司（GE）在其工业互联网平台Predix上利用数字孪生技术对飞机发动机进行实时监控、故障检测和预测性维护。在产品报废回收再利用的生命周期中，可以根据产品的使用履历、维修物料清单和更换备品备件的记录，结合数字孪生模型的仿真结果，判断零件的健康状态。

数字孪生是以特定目的为导向，对物理世界现实对象的数字化表达。这一对象不仅包括产品、设备、建筑物等“实物”，也包括企业组织、城市等“实体”，数字孪生技术正在更广泛的领域得以应用。数字孪生城市已成为支撑智慧城市建设的技术体系，是虚实交融的城市未来的发展形态。新加坡政府主导推动的“虚拟新加坡”项目，通过数字孪生实现动态三维城市模型和协作数据平台，用于城市规划、维护和灾害预警项目。

在英国推动的“数字英国”战略项目中，信息管理框架成为英国国家级数字孪生体的核心技术载体。

2021 年 10 月发布的 2021 年重要战略技术趋势报告中提及的行为互联网（Internet of Behaviors，IB）、组装式智能企业（Intelligent Composable Business，ICB）及超级自动化（Hyper Automation，HA）等新科技趋势，其技术的发展均需数字孪生技术体系的支持。可见数字孪生已经渗透到未来技术应用的方方面面。

3. 国内发展状况

我国是制造业大国，产业的数字升级正在推进，数字孪生的应用有广阔的空间，加之政策支持，数字孪生在我国迎来了快速发展的机遇期。

习近平总书记在致 2019 中国国际数字经济博览会的贺信中指出：中国高度重视发展数字经济，在创新、协调、绿色、开放、共享的新发展理念指引下，中国正积极推进数字产业化、产业数字化，引导数字经济和实体经济深度融合，推动经济高质量发展。

2020 年 4 月，国家发展改革委、中央网信办印发《关于推进“上云用数赋智”行动培育新经济发展实施方案》，方案中将数字孪生与大数据、人工智能、5G 等并列，并专辟章节谈“开展数字孪生创新计划”，要求“引导各方参与提出数字孪生的解决方案”。同月，工业和信息化部在发布的《智能船舶标准体系建设指南》（征求意见稿）中，也明确将建设“数字孪生（体）”纳入关键技术应用。

2020 年 8 月，国务院国资委办公厅印发《关于加快推进国有企业数字化转型工作的通知》，要求国有企业在数字化转型工作中，加快推进数字孪生、北斗通信等技术的应用。

四、数字孪生的发展趋势

1. 向各个层级价值链全面优化的方向发展

数字孪生应用场景广泛，正朝着实现三大领域价值链全面优化的方向发展：一是面向产品的数字孪生应用聚焦产品全生命周期优化；二是面向车间的数字孪生应用聚焦生产全过程管控；三是面向企业的数字孪生应用聚焦业务综合评估与管理。

2. 由虚拟验证向虚实交互的闭环优化发展

数字孪生应用发展历程依次经历了四个阶段：一是虚拟验证，能够在虚拟空间对产品/产线/物流等进行仿真模拟，以提升真实场景的运行效益；二是单向连接，在虚拟验证的基础上叠加了物联网，可实现基于真实数据驱动的实时仿真模拟，大大提升了仿真精度；三是智能决策，在单向连接的基础上叠加了人工智能，将仿真模型和数据模型融合，优化分析决策水平；四是虚实交互，在智能决策的基础上叠加了反馈控制功能，实现了基于数据自执行的全闭环优化。

3. 从实物的“组件组装”式建模向复杂实体的多维深度融合建模发展

建模是数字孪生落地应用的引擎。以前，数字孪生建模一般是通过将不同领域的独立模型“组装”成更大的模型来实现。产品、设备等实物通过“组装”建模可以达到较好的效果，但复杂实体的建模往往是跨领域、跨类型、跨尺度，涉及多个维度，通过单一维度的“组件组装”，建模效果欠佳。多维深度融合建模技术逐渐成熟，支撑更复杂的实体组织或智慧城市的孪生模型构建。多维度建模技术的引入，通过融合不同粒度的属性、行为、特征等“多空间尺度”，以及刻画物理对象随时间推进的演化过程、实时动态运行过程、外部环境与干扰影响等“多时间尺度”模型，使数字孪生模型能够同时反映建模对象在微观和宏观层面上的特征。

4. 显著提升大数据分析能力

当前，企业内部各部门数据统计口径不一、数据的自采率和实时性不高等问题普遍存在，制约了企业数字孪生刻画的准确度。随着深度学习、强化学习等新兴机器学习技术的引入，实现多维异构数据的深度特征提取，大大提高了数据分析效率，使构建面向企业的复杂数字孪生体成为可能。这种分析能力是构建面向实体的复杂数字孪生体的基础支撑。

5. 从有限元分析对物理场的仿真，发展到网络模型对复杂实体组织的仿真

有限元分析主要关注某个专业领域，比如实物的应力或疲劳等，但物理现象往往都不是单独存在的，例如只要运动就会产生热，而热反过来又影响一些材料属性。这种物理系统的耦合就是多物理场，其分析复杂程度要比单独分析一个物理场大得多。而由于实体组织更加复杂，除了传统的物理特性外，还涉及复杂的业务因素，如工业制造企业需要面向人、机、料、法、环（即人员、机器、物料、方法、环境，通常用4M1E来概括）等多个要素，且须考虑多要素间的复杂关系，需要依靠分布式仿真、交互式仿真、智能Agent［Agent指具有智能的任何实体，包括人类、智能硬件（如工业机器人）和智能软件。在信息技术中，人们可以把Agent看作为能通过传感器感知环境信息，能自主进行信息处理，做出行动决策，再借助执行器作用于环境的一种智能事务。例如，对于人类Agent，其传感器可为眼睛、耳朵或其他感知器官，其执行器可为手、脚、嘴或其他执行器官；对于机器人Agent，其传感器可为摄像机、语音感受器、红外检测器等，而各种电动机则为其执行器；对于软件Agent，则通过编码位的字符串完成感知和作用］等网络模型不断进行迭代发展。模拟仿真技术从早期的有限元分析对物理场的仿真，发展到网络模型对复杂实体组织的仿真。

数字时代，以5G通信、物联网、云计算、大数据、人工智能为代表的新一代信息技术蓬勃发展，深入影响着制造的方方面面。在可以预见的将来，随着新一代信息技术与实体经济深度融合进程的加快，企业数字化转型需求的提升，政策的持续支持，数字孪生将为工业制造、未来生活带来无限的可能。

第八节　新材料技术

新材料作为国民经济先导性产业和高端制造及国防工业等的关键保障，是各国战略竞争的焦点。新材料产业是世界各国重点发展的高新技术产业之一，各国通过制定相应的规划，在研发、市场、产业环境等不同层面出台政策，全面加强扶持力度，对新材料产业的宏观引导不断增强，推动了新材料产业的发展。目前，全球新材料龙头企业主要集中在美国、欧洲和日本。除中国、印度、巴西等少数国家之外，大多数发展中国家的新材料产业较为落后。

一、新材料技术的概念

新材料技术是按照人的意志，通过物理研究、材料设计、材料加工、试验评价等一系列研究过程，创造出能满足各种需要的新型材料的技术。

二、新材料技术的作用及新材料的分类

1. 新材料技术的作用

新材料在国防建设上作用重大。例如，航空发动机材料的工作温度每提高100℃，推力

可增大24%。隐身材料能吸收电磁波或降低武器装备的红外辐射，使敌方的探测系统难以发现等。

新材料在信息技术上的影响巨大。例如，超纯硅、砷化镓研制成功，导致大规模和超大规模集成电路的诞生，使计算机运算速度从每秒几十万次提高到现在的每秒数十亿亿次以上。

新材料技术的发展不仅促进了信息技术和生物技术的革命，而且对制造业、物资供应以及个人生活方式也产生了重大的影响。材料技术的进步使得“芯片上的实验室”成为可能，大大促进了现代生物技术的发展。新材料技术的发展赋予材料科学新的内涵和广阔的发展空间。目前，新材料技术正朝着研制生产更小、更智能、多功能、环保型以及可定制的产品、元件等方向发展。

2. 新材料的分类

（1）按材料成分分类

新材料按成分分类有金属材料、无机非金属材料（如陶瓷、砷化镓半导体等）、有机高分子材料和先进复合材料等。

（2）按材料性能分类

新材料按性能分类有结构材料和功能材料。结构材料主要是利用材料的力学和物理化学性能来满足高强度、高刚度、高硬度、耐高温、耐磨、耐腐蚀、抗辐照等性能要求。功能材料主要是利用材料具有的电、磁、声、光、热等效应来实现某种功能，如纳米材料、半导体材料等。

三、新材料的应用

1. 纳米材料

（1）纳米材料的概念

纳米材料是指纳米尺度内的超微颗粒及其聚集体，以及由纳米微晶体所构成的材料。纳米级超微颗粒又称为纳米粒子，一般是指尺寸为1～100nm的粒子，处在原子族和宏观物体交界的过渡区域，既非典型的微观系统也非典型的宏观系统，是一种典型的介观系统。科学家通过研究发现，当人们将宏观物体细分成纳米粒子后，它就奇异地具有传统材料所不具备的新的光学、热学、电学、磁学、力学以及化学性质。

纳米材料必须具备两个条件，一是纳米尺度，二是新的物理化学性能。纳米是物质的超微尺寸单位，不是物质的名称。因此纳米技术并不是一个独立的产业，而是寓于许多高新技术材料产业之中。纳米材料的制备方法有物理和化学两种，其制备、工艺、制造、检测带来一系列微观世界的创新，给人类社会的物质世界带来了一次重大革命。

（2）纳米材料的特性

1）具有很高的活性。纳米超微颗粒的表面积与体积之比（比表面积）很大，决定了其表面具有很高的活性。在空气中，纳米金属颗粒会迅速氧化而燃烧。利用其表面活性，金属超微颗粒有望成为新一代的高效催化剂。

2）特殊的光学性质。所有的金属在超微颗粒状态时都呈现为黑色，且尺寸越小，颜色越黑。金属超微颗粒对光的反射率很低，通常可低于1%，大约几微米厚的薄膜就能起到完全消光的作用。利用这个特性可以制造高效率的光热、光电转换材料，以很高的效率将太阳能转变为热能、电能。纳米材料还有可能应用于红外敏感元件、红外隐身材料等。

3）特殊的热学性质。大尺寸固态物质的熔点往往是固定的，超细微化的固态物质的熔点却显著降低，当颗粒小于10nm量级时尤为突出。例如，金的常规熔点为1064℃，10nm的金粉熔点为940℃，5nm的金粉熔点为830℃，减小到2nm时金粉的熔点仅为327℃左右。

4）特殊的磁学性质。磁性超微颗粒实质是个生物磁罗盘。大块纯铁的磁矫顽力约为80A/m，当颗粒尺寸减小到$2\times10^{-2}\mu m$以下时，矫顽力增加10^3倍。当颗粒尺寸减小到小于$6\times10^{-3}\mu m$时，矫顽力反而降低到零，呈现出超顺磁性。利用磁性超微颗粒高矫顽力的特性制成的高储存密度的磁记录磁粉，大量应用于磁带、磁盘、磁卡以及磁性钥匙等。利用超顺磁性，可将磁性超微颗粒制成用途广泛的磁性液体。

5）特殊的力学性质。陶瓷材料通常呈现脆性，而由纳米超微颗粒压制成的纳米陶瓷材料具有良好的韧性；呈纳米晶粒的金属要比传统的粗晶粒金属硬3～5倍。金属－陶瓷复合纳米材料则可在更大的范围内改变材料的力学性能。

6）量子尺寸效应。当热能、电场能或者磁场能比平均的能级间距还小时，就会呈现出一系列与宏观物体截然不同的反常特性，称之为量子尺寸效应。例如，导电的金属在超微颗粒时可以变成绝缘体。在低温下，对超微颗粒必须考虑量子效应，原有的宏观规律已不再成立。

7）宏观量子隧道效应。近年来，人们发现一些宏观物理量，如微颗粒的磁化强度、量子相干器件中的磁通量等显示出隧道效应，称之为宏观量子隧道效应。量子尺寸效应、宏观量子隧道效应将是未来微电子、光电子器件的基础，确立了现存微电子器件进一步微型化的极限。当微电子器件进一步微型化时必须考虑宏观量子隧道效应。例如，在制造半导体集成电路时，当电路的尺寸接近电子波长时，电子就会通过隧道效应溢出器件，使器件无法正常工作，故经典电路的极限尺寸大概在0.25μm。目前研制的量子共振隧道晶体管就是利用宏观量子隧道效应制成的新一代器件。

（3）纳米材料的应用

由于纳米技术从根本上改变了材料和器件的制造方法，使纳米材料在磁、光、电敏感性方面呈现出常规材料不具备的许多特性，在许多领域有着广阔的应用前景。

1）碳纳米管。碳纳米管是由石墨中一层或若干层碳原子卷曲而成的笼状“纤维”，内部是空的，外部直径为几纳米到几十纳米（图6-18）。碳纳米管的质量是同体积钢的1/6，而强度是钢的100倍，导电性能优于铜。诺贝尔化学奖得主斯莫利（R. E. Smalley）教授认为，碳纳米管将是未来最佳纤维的首选材料，可被广泛用于超微导线、超微开关以及纳米级电子线路等。碳纳米管也是极好的储氢材料，在未来的以氢为动力的汽车上将得到应用，在传感器、锂离子电池、场发射显示、增强复合材料等领域也有着广泛的应用前景。

2）超细薄膜。超细薄膜的厚度通常只有1～5nm，甚至可做成1个分子或原子的厚度。超细薄膜可以是有机物也可以是无机物，具有广泛的用途。例如，沉淀在半导体上的纳米单层，可用来制造太阳能电池，对开发新型清洁能源有重要意义。将几层薄膜沉淀在不同材料上，可形成具有特殊磁特性的多层薄膜，是制造高密度磁盘的基本材料。石墨烯是一种由碳

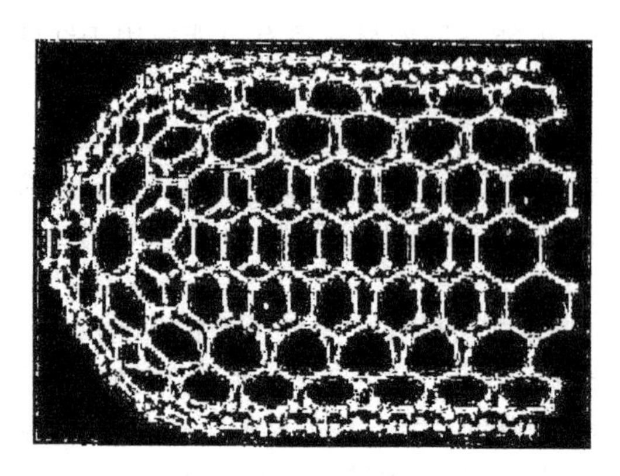

图 6-18 碳纳米管

原子紧密堆积成单层二维蜂窝状晶格结构的新材料，具有优异的光学、电学、力学特性，在材料学、微纳加工、能源、生物医学和药物传递等方面具有重要的应用前景，被认为是一种未来革命性的材料。

3）陶瓷领域。随着纳米技术的广泛应用，纳米陶瓷随之产生，有可能以此来改变陶瓷材料的脆性，使陶瓷材料大幅度弯曲而不断裂，表现出金属般的柔韧性和可加工性，这是普通陶瓷无法比拟的。

4）纳米金属。将铁用纳米工艺粉碎成 6nm 左右的纳米粒子，再经过压制成形，其强度为铁的 12 倍，硬度为铁的 100 ~ 1000 倍，并且可以任意弯曲，弹性极好。

5）纳米面料。荷叶表面的结构与表面粗糙度为微米至纳米尺寸的大小。当远大于该结构尺寸的雨水落在荷叶表面上时，只能与叶面上的凸状物形成点接触。液滴在自身的表面张力作用下形成球状，不容易沾在叶面上。利用这一特性制成的纳米面料可制作不用洗涤剂也能清洁的衣物。

2. 超塑金属

某些坚固的金属进行特定的高温处理或添加某些元素，就可以变得像软糖一样，只用很小的力，就能拉长至几十倍、几百倍甚至几千倍，可随意加工成各种形状。人们形象地把这类金属称为“超塑金属”，如纯镍、铁镍铬合金、钛合金等。图 6-19 所示为超塑合金槽筒。

图 6-19 超塑合金槽筒

3. 形状记忆合金

形状记忆合金是材料家族中的一个后起之秀，由于其奇特性能，已经应用在航天器上体积较大的天线、新型发动机等特殊场合。将金属镍和钛以 9:11 的比例混合在一起，在某一较高温度下做成一根笔直的金属丝，冷却后随意地盘卷起来，只要加热到一定温度，就会立即恢复到原来的笔直形状。图 6-20 所示为镍钛形状记忆合金。

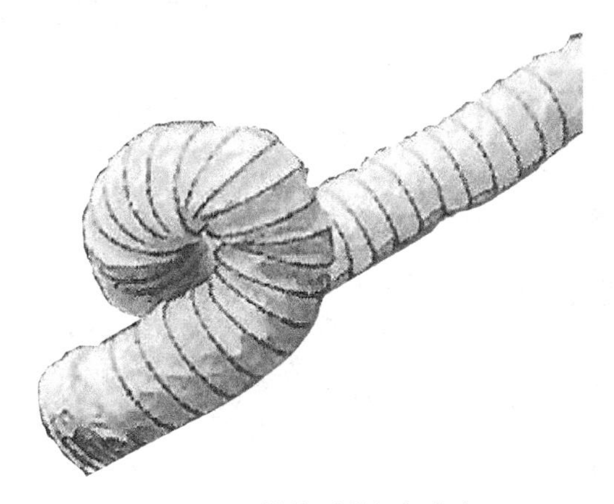

图 6-20　镍钛形状记忆合金

4. 新型陶瓷

（1）高强高温结构陶瓷

这类陶瓷强度高，力学性能好，是制造高温发热元件、绝热发动机和燃气涡轮机叶片、喷嘴等高温工作零件的重要材料，还可用于制造高温坩埚、高速切削刀具和磨具等。例如，在内燃机中用陶瓷代替金属可使燃料消耗减少 30%，热效率提高 50%。

（2）电工电子特种功能陶瓷

这类陶瓷具有特殊的声、光、电、磁、热和机械力的转换、放大等物理、化学效应，是功能材料中引人注目的新型材料。

（3）耐高温陶瓷

这种材料可粘贴在航天飞机的铝合金蒙皮上，将其外表严严实实地封盖起来，就像给航天飞机穿上了一身“防热盔甲”（图 6-21）。

5. 瞬时耐高温材料

瞬时耐高温材料是由浸有树脂的合成纤维布或玻璃布等高分子复合材料在一定的温度和压力下固化而成的，外表燃烧形成牢固多孔的碳化层，成为一种良好的隔热层，同时表面燃烧时放出大量气体，一方面将热量带走，另一方面在表面形成气膜保护层，可起到隔热作用。图 6-22 所示为卫星回收仓“避火衣”。

6. 超导材料

超导材料在电动机、变压器和磁悬浮列车（图 6-23）等领域有着巨大的市场，如用超导材料制造电动机可使极限输出量增大 20 倍，重量减轻 90%。超导材料的研制，关键在于提高材料的临界温度，若此问题得到解决，则会使许多领域发生重大变化。

科学家在超导材料上有不少新收获，相继发现了临界温度更高的新型超导材料，使人类朝着开发室温超导材料迈出了一大步。日本已经发现二硼化镁可在 -234℃ 成为超导体，这

图 6-21　航天飞机的“防热盔甲”

图 6-22　卫星回收仓“避火衣”

是迄今为止发现的临界温度最高的金属化合物超导体。由于二硼化镁超导体易合成、易加工，很容易制成薄膜或线材，因而应用前景看好。

7. 能源材料

能源材料分为节能材料和贮能材料。锂离子电池性能较为优越，主要用于通信、新能源

图 6-23　磁悬浮列车

汽车领域，需求量逐年增加。利用活性炭多孔电极和电解质组成的超级电容器可快速充电并能反复充放电数十万次，是一种具有广泛应用前景的新型贮能装置。

8. 环境材料

环境材料是 20 世纪 90 年代兴起的交叉学科材料，如纯天然材料、仿生材料（人工骨、人工脏器）、绿色包装材料（包装袋与容器）、生态材料（无毒装修材料）、环境降解材料（分子筛、离子筛材料）、环境替代材料（无磷洗衣粉助剂）等。这些材料产业都在兴起，并日益受到重视。

四、新材料技术的发展历程

1. 国外发展状况

美国在新材料技术研究领域一直处于国际领先地位，美国历届国家领导人都对新材料领域高度重视，认为新材料是关系国家经济繁荣和国家安全的最重要的国家战略领域。在政策层面上，美国政府不遗余力地推动新材料领域科技创新，陆续发布了一系列新材料产业政策、新材料产业规划与研发计划。美国新材料领域的全球领先地位、技术领先优势与国家对新材料产业的支持是分不开的。

从美国新材料产业政策发展来看，新材料发展的政策引导较密集，涵盖的领域有国防安全、清洁能源、特种材料等，包含了纳米材料、复合材料、生物材料、能源材料及半导体材料等诸多领域的材料。美国的新材料产业带有浓重的军工特色，其新材料研究多服务于国家安全，以军工、航空航天及能源为主导方向，这使美国在航空航天及电子计算机技术等方面一直处于高度领先状态。

德国的工业一直处于快速平稳的发展态势，不仅在传统领域有着深厚的基础，在新材料等高新技术领域也有着国际领先的实力。新材料产业是德国的支柱产业之一，具有集约化、集群化的特征，在全球首屈一指。从其产业发展不难看出，德国的材料产业发展也是政策先行，从国家层面对产业进行整体规划。

日本一直致力于新材料领域的技术研发和应用，在电子信息材料、碳纤维复合材料、半导体材料及特种钢等新材料领域一直是国际上的佼佼者。日本不仅注重新材料的研发，而且注重对传统材料性能的改进提高，注重资源回收再利用和环境保护。从日本产业发展可以看出，国家政策层面对于新材料的研究也是高度重视，涵盖了电子信息、生物工程、功能化学、高温超导、纳米科技、碳纤维等技术。日本的环境、新能源材料和电子半导体三个领域在国际市场占有很大份额，在工程塑料、碳纤维、精细陶瓷、有机 EL 材料、非晶合金、汽车钢铁材料、铝合金材料等方面的优势也很明显。

2. 国内发展状况

我国自“九五”开始就将新材料作为发展重点，从“十二五”以来，国内的新材料技术发展取得了很大的进步，自主创新能力越来越强，创新成果越来越多，国内新材料的龙头企业和领军人才的整体实力也有了大幅度的提升。以企业为主体、市场为导向、产学研用相结合的新材料创新体系逐渐完善，国家的新材料实验室、企业技术中心以及科研院所实力也得到大幅度的提升，促进了许多重大技术研发及成果转化。我国新材料产业逐渐形成集群式发展模式，形成以环渤海、长三角、珠三角为重点，东北、中部、西部特色突出的产业集群。环渤海、长三角和珠三角地区作为目前我国三大综合性新材料产业聚集区，企业分布密集，产业集中度高，拥有高校及科研院所、资金、市场等优势。

目前，我国新材料产业发展态势良好，规模不断壮大。《新材料产业发展指南》《“十三五”国家战略性新兴产业发展规划》《产业技术创新能力发展规划（2016—2020 年）》和原材料工业各行业“十三五”发展规划等一系列国家层面战略，为新材料产业的发展创造了良好的政策环境，注入了强劲动力。

五、新材料技术的发展趋势

1. 向多功能、智能化方向发展，开发与应用联系更加紧密

新材料技术的突破将在很大程度上使材料产品实现智能化、多功能化、环保、复合化，以及低成本化、长寿命及按用户需求定制。新材料的开发周期正在缩短，创新性已成为新材料发展的灵魂。同时新材料的开发与应用联系更加紧密，针对特定的应用目的开发新材料可以加快研制速度，提高材料的使用性能，便于新材料迅速走向实际应用，并且可以减少材料的性能浪费，从而节约资源。

目前各国正在研究智能材料主动拆卸（Active Disassembly of Smart Materials，ADSM）技术，以期将其运用到生产中。该技术依靠形状记忆合金和形状记忆聚合物的特殊性能，使材料在加热到特定的诱发温度时，形状就会发生剧烈变化。ADSM 装置与传统装置的区别在于那些把它们结合在一起的部分，比如螺钉或夹子，新式扣件将在加热到预定温度时自行脱落。

2. 与生态环境及资源协调发展备受重视

面对人口、资源和环境的巨大压力，各国都在不断加大生态环境材料及其相关领域的研究与开发力度，并从政策、资金等方面给予更大支持。材料的生态环境化是材料及其产业在资源和环境问题的制约下，满足经济可承受性，实现可持续发展的必然选择。生态环境材料具备三个特征，即性能优异并节省资源、减少污染和再生利用，目的是实现资源、材料的有机统一和优化配置，达到资源的高度综合利用，以获得最大的资源效

益和环境效益。

3. 产品标准全球化趋势明显

在经济全球化日益加强的背景下，各国材料及其产品标准不一致将会导致低效并增加成本，不利于市场应用的国际化。对材料供应商和用户来说，不同的国家以相同方式测试材料特性是非常重要的，对于新材料，这种要求尤其强烈。

美国材料与试验协会（ASTM）努力采取行动促成美国与我国工业标准的最终一致化。现在，我国标准化管理部门已使用约500个ASTM标准作为国家标准。

第九节　生物制造技术

一、生物制造技术概述

1. 生物制造技术的概念

生物制造是由内部生长而成器件，而非同一般制造技术那样由外加作用增减材料而成器件。生物制造技术（Biological Manufacturing Technology，BMT）是将制造技术与生物技术相结合，利用生物过程来制造所需产品的方法。

生物制造技术应用各种生物制造方法，从加工能力、产品功能、加工效率、加工成本等不同角度解决常规微纳米制造的瓶颈，突破传统物理、化学方式制造的理念和原理，实现节能、环保等高科技产品的仿生研制、高附加值、多功能复合等最终目标。

生物制造技术是一个崭新的充满活力的领域，将使制造科学发生一场新的革命，是未来制造领域的主流技术之一，其作用难以估量。

2. 生物制造工程的体系结构

生物制造工程的体系结构如图6-24所示，生物制造技术主要包括仿生制造和生物成形制造两个领域六个方面。

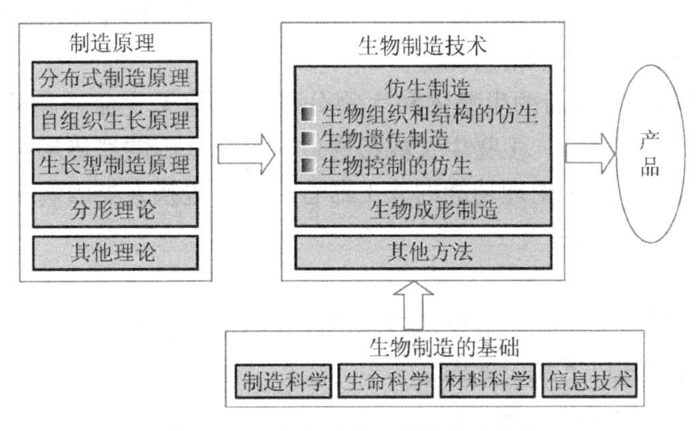

图6-24　生物制造工程的体系结构

（1）仿生制造

仿生制造（Bionic Manufacturing，BM）是传统制造技术与材料科学、生命科学、信息科学等学科领域相结合，模仿生物的组织结构和运行模式，采用生物形式实现制造或以制造生物活体为目标的制造方法，包括如下三个方向。

1）生物组织和结构的仿生。即生物活性组织的工程化制造，例如骨骼、肌体、器官的自修复、自组织、自适应、自生长和自进化研究。

目前医学上采用金属等人工材料制成的器官不能很好地适应和参与人体的代谢活动，使康复工程有很大的局限性。而人类异体器官移植时，器官的来源很有限，所以急需快速成长的人造器官。生物活性组织的工程化制造将组织工程材料与快速成形制造相结合，用生物相容性和生物可降解性材料，制造生长单元的框架，在生长单元内部注入生长因子，使各生长单元并行生长，以解决与人体的相容性、与个体的适配性以及快速生成的需求，实现人体骨骼等的人工制造。

2）生物遗传制造。随着DNA（Deoxyribo Nucleic Acid，脱氧核糖核酸）的内部结构和遗传机制的解密，如何将基因技术成果应用于制造领域，实现生物材料和非生物材料的有机结合，并根据生成物的各种特征，以采用人工控制生长单元体内的遗传信息为手段，直接生长出任何人类所需要的产品，如人或动物的骨髓、器官、肢体，以及生物材料结构的机器零部件等，将是生物遗传制造未来研究的方向。

3）生物控制的仿生。即应用生物控制原理计算、分析和控制制造过程，如人工神经网络、遗传算法、仿生测量研究及面向生物工程的微操作系统原理、设计与制造基础等。

（2）生物成形制造

生物成形制造（Bioforming Manufacturing，BM）是指采用生物方法制造复杂精密零件，包括如下三个方向。

1）生物去除成形。生物去除成形又称为生物刻蚀成形，是通过某类生物材料的菌种来去除工程材料，实现生物去除成形。例如，氧化亚铁硫杆菌T-9菌株的主要生物特性是将亚铁离子氧化成高铁离子以及将其他低价无机硫化物氧化成硫酸和硫酸盐。加工时，可使用掩膜控制需要去除的区域，利用细菌刻蚀达到成形的目的。

2）生物约束成形。机械加工中有时要加工很小的形状，用常规加工方法很难实现。目前已发现的微生物中大部分细菌的直径只有1μm左右，且有各种各样的标准几何外形，通过对具有不同标准几何外形和取向差不大的亚晶粒的菌体进行再排序或微操作，实现生物约束成形，可以构造微管道、微电极、微导线。将菌体按一定规律排序与固定，可以构造蜂窝结构、微小孔的过滤膜以及光学衍射孔等。

3）生物生长成形。有生命的生物体和生物分子与其他无生命的物质相比，具有繁殖、代谢生长、遗传及重组等特点。生物生长成形通过对生物基因的遗传形状特征和遗传生理特征的控制，来构造所需外形和生理功能的人工器官，用于置换人类因病变坏死的器官或构造生物型微机电系统。

3. 生物制造技术的发展前景

随着生命科学的进步，生物制造技术的理论和技术形式将不断完善和丰富。生物制造技术的发展前景主要集中在以下几个方面。

（1）机器人、微机电系统、微型武器

在这个领域，将更多地应用生物动力、人工肌肉、生物感知（生物触觉、视觉、味觉、听觉等）、生物智能（人工神经网络、生物计算机等），使未来的机器人越来越像人或动物。

（2）纳米技术

在纳米技术方面，实现纳米尺度上的裁剪或连接DNA，改造生命特征，实现各种蛋白质分子和酶分子的组装，构造纳米人工生物膜，实现跨膜物质选择运输和电子传递。

(3) 医疗

在这个领域，三维生物组织培养技术不断突破，人体各种器官将能得到复制，会大大延长人类的生命。

(4) 生物加工

生物加工主要通过生物方法制造纳米颗粒、纳米功能涂层、纳米微管、功能材料、微器件、微动力、微传感器、微系统等。

目前生物制造技术的研究方向是如何把制造科学、生命科学、计算机技术、信息技术、材料科学各领域的最新成果进行结合，使其彼此联系起来用于制造业。

二、生物制造技术的发展历程

1. 生物制造技术的发展背景

随着纳米制造技术、材料科学等新技术的不断发展，生物学科与制造学科这两个原来被认为毫不相干的学科，相互渗透、相互交叉，形成了一个新的学科——生物制造系统（Biological Manufacturing System，BMS）。

生物制造技术受到了许多国家的高度重视。21 世纪制造业挑战展望委员会主席博林格（J. Bollinger）博士于 1998 年提出了“生物制造”的概念，目前生物制造技术已成为武器装备发展变革的重要推动力量，将可能催生新的装备制造模式和产业形态。

2. 国外发展状况

美国在 2010 年启动了主题为“制造和生物制造：先进材料与关键工艺”的高风险、高回报型竞争项目，并再次在《2020 年制造技术的挑战》中将生物制造列为 11 个主要方向之一。

2012 年美国乔治亚理工学院（GIT）通过生物约束成形对菌体进行再排序或微操作，成功制备了中空微纳多级结构标准微粒（图 6-25），利用其隐身、增强等新效应、新效能，显著提升了 F-22 的整机性能。

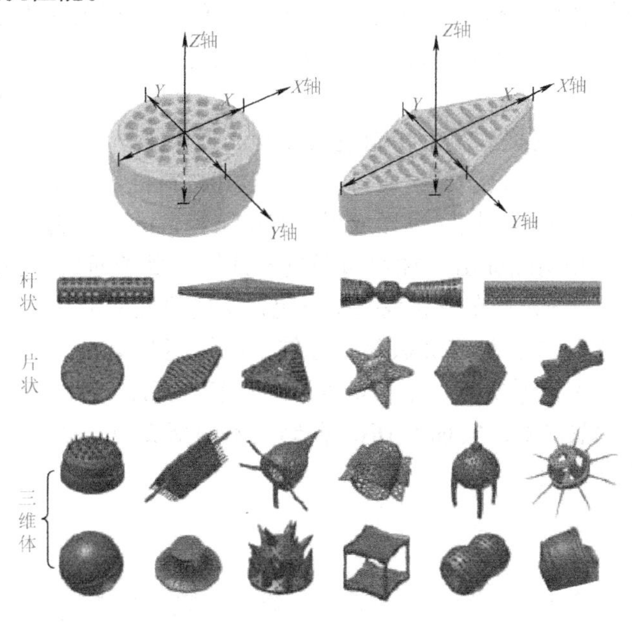

图 6-25 硅藻壳体的形状分类

2013 年美国陆军开发出首个意念控制义肢，完全不需要大脑指令处理控制设备，并且只有 1.8% 的错误率。该义肢目前还处于探索研究阶段，未来将用于帮助致残士兵恢复行动自由。

生物活性组织和结构的仿生已有较成熟的工程应用，正在逐步扩大应用范围和深度。2015 年，美国海军宣布利用超疏水仿生材料为水面舰艇披上由防水材料制成的保护外衣，以有效保护舰船不被盐雾锈蚀侵害，同时可节约维护时间与费用。

生物遗传制造能够实现生物材料与非生物材料的有机结合，并可采用遗传工程方法生产生物活性的“零部件”，近年来进展较大，应用前景广阔，但仍有适应性、鲁棒性等问题亟待解决。2016 年 7 月，美国凯斯西储大学（CWRU）打造出一款由海参肌肉组织与 3D 打印零部件结合形成的生物合成机器人，只需对海参肌肉进行电击就能产生运动，只是运动速度较慢，行走速度仅有 4.3mm/min。

利用特种生物方式筛选矿种已有较广泛应用，生物刻蚀等新型微成形方式日益发展。2016 年，欧洲研究机构采用新的变异氧化亚铁硫杆菌菌株，使微极电路表面铜的生物加工速率提高了 50% 以上。

日本三重大学（MU）和冈山大学（OU）率先开展了生物技术用于工程材料加工的研究，并初步证实了微生物加工金属材料的可行性。

近年来，国际上不少学者研究昆虫的运动机理，试图从中受到启发，为微小机械设计理论与设计方法的建立寻找突破口。

目前已将快速成形制造技术与人工骨研究相结合，为颅骨、颚骨等骨骼的人工修复和康复医学提供了很好的技术手段。

为解决大数据时代数据存储的难题，各国科学家已经开始研究 DNA 存储。美国是进行相关规划布局最多的国家，涵盖了从数据“写入”到“读取”的多个技术过程。微软公司是最早研究 DNA 存储技术的公司之一，2016 年宣布购买 1000 万条 DNA 用于研究数据储存。欧盟虽未明确出台政策文件进行 DNA 存储技术布局，但也对相关研发进行了资助。日本、澳大利亚等国在合成生物学领域的重视程度也进一步提升。

3. 国内发展状况

早在 2000 年我国学者就提到了生物制造的概念。近年来，我国在生物制造工程领域取得了长足进展，一批来自制造科学、生命科学、医学和材料科学领域的研究人员进入生物制造领域，取得了一些研究成果，同时也形成了具有中国特色的生物制造工程学科体系。

我国“十四五”规划明确提出“加快布局量子计算、量子通信、神经芯片、DNA 存储等前沿技术”。2019 年，华为宣布成立战略研究院，主要研发前沿技术，比如光计算、DNA 存储及原子制造，借助 DNA 存储来突破超大存储空间模型和编码技术，打破容量墙。2021 年，东南大学刘宏团队成功将校训“止于至善”4 个字“翻译”为 DNA 序列，将其存储在电极上，随后又成功读取出来，实现了 DNA 存储技术的新突破，并将相关成果发表在国际学术期刊《科学·进展》上。

三、生物制造技术的发展趋势

1. 生物制造技术研究由宏观—微观向宏观—微观—纳观发展

随着生物、化学、物理学、机械等多学科在生物制造领域的应用，生物制造技术研究将跨越宏观、微观乃至纳观尺度的多层次结构和功能，由表及里逐渐深入。

2. 生物制造系统功能由单一化向复合化发展

通过改进现有设备工具，或设计制造新型高效设备工具，生物制造系统将实现结构更轻便、质量更小、精密程度更高。此外，复合生物制造系统将具有更好的环境适应能力，生物运动过程中开闭链的相互转换和复合、非连续变约束复合生物制造系统设计创新将成为研究热点。

3. 生物制造材料向结构、驱动、材料一体化方向发展

基于智能生物材料与仿生生物结构，开展材料、结构、驱动一体化的高性能生物制造系统研究，建立验证平台，实现一体化设计关键技术验证，解决典型复杂生物制造系统的瓶颈问题，是未来的发展方向。

4. 生物制造技术的控制方式由传统控制向神经元精细控制发展

在未来的发展中，生物制造技术将摒弃传统的控制方式，在仿生控制方式基础上，通过神经元进行精细控制，并在多感知信息融合、远程监控、协调控制等方面获得突破，实现更加精确、适应性更高、响应更快的过程控制及良好的环境感知能力。

5. 生物制造技术由低效机械能量转换向高效生物能量转换发展

随着机械系统能源问题的日益突出，高效能的生物制造系统必然成为发展趋势之一。未来，生物制造技术将围绕能量转换的功能、效率、质量、损耗，研究生物制造过程的能量传递和转换机理及其与生物制造系统之间的关系，提高生物制造系统的能量利用率，降低能耗。

四、现代生物技术概述

1. 生物技术的概念

早在1万年前，单细胞有机物——酵母菌就已经被用来发酵酿酒，这是目前所知的生物技术最早的应用。而现代意义上的生物技术（biotechnology，BT）指以现代生命科学为基础，结合其他基础科学的科学原理，采用先进的科学技术手段，按照预先的设计改造生物体或加工生物原料，为人类生产出所需产品或达到某种目的的技术。1965年我国科学家首次人工合成了牛胰岛素结晶，为人类揭开生命奥秘、解决医学难题迈出了重要一步，就是现代生物技术的一个典型案例。

2. 现代生物工程

现代生物工程一般包括基因工程、细胞工程、酶工程、发酵工程和蛋白质工程。其中，基因工程是现代生物工程的核心。

（1）基因工程

基因工程（Gene Engineering，GE）又称转基因技术（Gene Manipulation，GM）、重组DNA，是以分子遗传学为理论基础，以分子生物学和微生物学的现代方法为手段，将不同来源的基因（DNA分子）按预先设计的蓝图，在体外构建杂种DNA分子，然后导入活细胞，以改变生物原有的遗传特性，获得新品种，生产新产品，或研究基因的结构和功能。

（2）细胞工程

细胞工程分为植物细胞工程和动物细胞工程两类。

1）植物细胞工程。植物细胞工程包括植物组织培养和植物体细胞杂交，用来繁殖和培育新品种。例如，白菜－甘蓝就是植物体细胞杂交的成果。

2）动物细胞工程。动物细胞工程包括细胞培养、细胞融合、单克隆抗体的产生、胚胎移植、核移植等。例如，克隆羊多利就是核移植的成果。

（3）酶工程

酶工程又称生化工程，是利用酶所具有的生物催化功能，借助工程手段将相应的原料转化成有用物质并应用于社会生活的一门技术，包括酶制剂的制备、酶的固定化、酶的修饰与改造等。酶工程的应用主要集中于食品工业、轻工业以及医药工业中，如加酶洗衣粉。

（4）发酵工程

发酵工程又称微生物工程，是指采用现代工程技术手段，利用微生物的某些特定功能，为人类生产有用的产品或直接把微生物应用于工业生产过程的一种新技术。例如，利用酵母制作面包、利用再生资源生产饲料蛋白、利用微生物细胞作为生物催化剂等。

（5）蛋白质工程

蛋白质工程是对蛋白质进行加工改造的技术。例如，通过改变个别氨基酸的种类来改变蛋白质的性质。

3. 现代生物技术的应用

伴随着生命科学的新突破，现代生物技术已经广泛地应用于工业、农牧业、医药、环保等众多领域，产生了巨大的经济和社会效益。

（1）工业领域

1）食品方面。生物技术被用来提高生产率，不仅可提高食品产量，还可以提高食品质量。例如，以淀粉为原料采用固定化酶（或含酶菌体）生产高果糖浆来代替蔗糖，是食糖工业的一场革命。利用生物技术生产单细胞蛋白为解决蛋白质缺乏问题提供了一条可行之路。目前，全世界单细胞蛋白的产量已经超过3000万t，质量也有了重大突破，从主要用作饲料发展到走上人们的餐桌。

2）材料方面。通过生物技术构建新型生物材料，是现代新材料发展的重要途径之一。

① 生物技术使一些废弃的生物材料变废为宝。例如，利用生物技术可以从虾、蟹等甲壳类动物的甲壳中获取甲壳素。甲壳素柔软、可加速伤口愈合、能被人体吸收，从而可免于拆线，是制造手术缝合线的极好材料。

② 生物技术为大规模生产稀缺生物材料提供了可能。例如，蜘蛛丝是一种特殊的蛋白质，其强度大、可塑性高，可用于生产防弹背心、降落伞等用品。利用生物技术可以生产蛛丝蛋白，得到与蜘蛛丝媲美的纤维。

③ 利用生物技术可开发出新的材料类型。例如，一些微生物能产出可降解的生物塑料，避免了“白色污染”。

3）能源方面。生物技术一方面能提高不可再生能源如石油的开采率，另一方面能开发出更多的可再生能源，为新能源的利用开辟道路。

（2）农业领域

现代生物技术越来越多地运用于农业中，使农业经济实现高产、高质、高效的目的。

1）农作物和花卉生产。生物技术可提高农作物和花卉的产量，改良品质和获得抗逆植物。用基因工程方法培育出的抗虫害作物，不需施用农药，既提高了种植的经济效益，又保护了环境。例如，我国的转基因抗虫棉品种1999年就已经推广了超过133000万m^2，创造了巨大的经济效益。

2）畜禽生产。利用生物技术可获得高产优质的畜禽产品，并提高畜禽的抗病能力。例如，利用转基因的方法培育抗病动物，可以大大减少牲畜瘟疫的发生，保证牲畜健康，进而保证人类健康。

3）生产疫苗。科研人员希望用食用植物表达疫苗，人们通过食用这些转基因植物就能达到接种疫苗的目的。利用转基因植物生产乙型肝炎口服疫苗是生物医药技术领域中的一项研究，该项研究经过研究人员的共同努力，已取得了重大成果。科研人员在研制出转基因马铃薯后，又将乙型肝炎病毒包膜中的蛋白抗原基因成功导入西红柿并获得稳定和高效表达，这就意味着，人们只要吃几个西红柿就能将谈之色变的乙型肝炎轻松拒于身外。

4）生产药用蛋白。科学家已经培育出多种转基因动物，其乳腺能特异性地表达外源目的基因，因此从它们产的奶中能获得所需的蛋白质药物，由于这种转基因牛或羊吃的是草，挤出的奶中含有珍贵的药用蛋白，生产成本低，可以获得巨大的经济效益。

（3）医药领域

目前，有60%以上的生物技术成果集中应用于医药产业，用以开发特色新药或对传统医药进行改良，由此引发了医药产业的重大变革，生物制药也得以迅速发展，是现代生物技术应用最广泛、成效最显著、发展最迅速、潜力最大的一个领域。

1）疾病预防。利用疫苗对人体进行主动免疫是预防传染性疾病的最有效手段之一。注射或口服疫苗可以激活体内的免疫系统，产生专门针对病原体的特异性抗体。基因工程疫苗是将病原体的某种蛋白基因重组到细菌或真核细胞内，利用细菌或真核细胞来大量生产病原体的蛋白，把这种蛋白作为疫苗，如用基因工程制造乙肝疫苗用于乙型肝炎的预防。

2）疾病诊断。生物技术的开发应用，提供了新的诊断技术，特别是单克隆抗体诊断试剂和DNA诊断技术的应用，使许多疾病特别是肿瘤、传染病在早期就能得到准确诊断。DNA诊断技术是利用重组DNA技术，直接从分子水平做出人类遗传性疾病、肿瘤、传染性疾病等多种疾病的诊断，具有专一性强、灵敏度高、操作简便等优点。

3）疾病治疗。生物技术在疾病治疗方面的应用主要包括提供药物、基因治疗和器官移植等。利用基因工程能大量生产一些来源稀少、价格昂贵的药物，减轻患者的经济负担。基因治疗是一种应用基因工程技术和分子遗传学原理对人类疾病进行治疗的新疗法。器官移植技术向异种移植方向发展，即利用现代生物技术，将人的基因转移到另一个物种上，再将此物种的器官取出来置入人体，代替人生病的器官。还可以利用克隆技术，制造出完全适合于人体的器官，来替代人体生病的器官。

（4）环保领域

1）污染监测。现代生物技术建立了一类新的快速准确监测与评价环境的有效方法，主要包括利用新的指示生物、核酸探针和生物传感器等进行污染监测。例如，人们分别用细菌、原生动物、藻类、高等植物和鱼类等作为指示生物，监测它们对环境的反应，便能对环境质量做出评价。

2）生物传感器。生物传感器是以微生物、细胞、酶、抗体等具有生物活性的物质作为污染物的识别元件，具有成本低、易制作、使用方便、测定快速等优点。

3）污染治理。现代生物治理采用纯培养的微生物菌株来降解污染物。例如，科学家利用基因工程技术，将一种昆虫的耐DDT（滴滴涕农药）基因转移到细菌体内，培养一种专门“吃”DDT的细菌，大量培养后放到土壤中，土壤中的DDT就会被“吃”得一干二净。

思考与练习

1. 什么叫先进制造技术？先进制造技术有什么特点？
2. 先进制造技术是在什么背景下提出来的？产生了什么影响？
3. 试述你对德国“工业4.0”的认识。
4. 试述你对美国“工业互联网”的认识。
5. 试述你对《中国制造2025》的认识。
6. 什么叫虚拟制造？虚拟制造有何特点？
7. 通过查找资料，了解虚拟制造的最新进展。
8. 什么叫敏捷制造？与传统的制造方式相比，敏捷制造有何优势？
9. 什么叫虚拟企业？什么叫虚拟开发？
10. 什么叫智能制造？什么叫智能制造技术？
11. 智能制造是在什么背景下提出来的？
12. 通过查找资料，了解当前国内外智能制造的发展现状。
13. 什么叫并行工程？与传统的制造方式相比，并行工程有何特点？
14. 什么叫绿色制造？为什么要提倡绿色制造？
15. 结合绿色设计和绿色制造，谈谈你对“绿水青山就是金山银山”的理解？
16. 什么叫数字孪生？数字孪生有何特点？
17. 通过查找资料，了解数字孪生的发展现状。
18. 通过查找资料，了解“上云用数赋智”行动的具体内容。
19. 什么叫新材料技术？新材料技术有何作用？
20. 纳米材料有哪些特性？
21. 什么叫生物制造技术？生物制造技术的发展前景如何？
22. 什么叫现代生物技术？现代生物工程包含了哪些技术领域？
23. 通过查找资料，了解现代生物技术的应用。

附录　名词术语英文缩写词汇索引

缩写	英文	中文	所在页码
3DP	Three-Dimensional Printing	三维打印	85
6σ	Six Sigma/6Sigma/6Σ	六西格玛	166
AA	Agricultural Automation	农业自动化	127
ABS	Acrylonitrile Butadiene Styrene	丙烯腈-丁二烯-苯乙烯共聚物	80
ADSM	Active Disassembly of Smart Materials	智能材料主动拆卸	228
AF	Additive Fabrication	添加式制造	74
AGV	Automated Guided Vehicle	自动导向小车/无轨运输车	151
AI	Artificial Intelligence	人工智能	204
AM	Agile Manufacturing	敏捷制造	196
AMT	Advanced Manufacturing Technology	先进制造技术	185
APC	Automatic Pallet Change	自动交换工作台(托盘)	153
BCT	Bar Code Technology	条形码技术	185
BM	Bioforming Manufacturing	生物成形制造	230
BM	Bionic Manufacturing	仿生制造	229
BMS	Biological Manufacturing System	生物制造系统	231
BMT	Biological Manufacturing Technology	生物制造技术	229
BOM	Bill Of Material	物料清单	217
BPR	Business Process Reengineering	业务流程重组/业务流程再造	161
BT	biotechnology	生物技术	233
CAAPD	Computer Aided Assembly Process Design	计算机辅助装配工艺设计	21
CAD	Computer Aided Design	计算机辅助设计	26
CAE	Computer Aided Engineering	计算机辅助工程	28
CAFD	Computer Aided Fixture Design	计算机辅助夹具设计	21
CAM	Computer Aided Manufacturing	计算机辅助制造	128

（续）

缩写	英文	中文	所在页码
CAPP	Computer Aided Process Planning	计算机辅助工艺过程设计	29
CAT	Computer Aided Test	计算机辅助测试	185
CAX	Computer Aided X	计算机辅助技术	26
CBN	Cubic Boron Nitride	聚晶立方氮化硼	60
CE	Concurrent Engineering	并行工程	205
CGI	Computer Graphical Interface	计算机图形界面	28
CIM	Computer Integrated Manufacturing	计算机集成制造	154
CIMS	Computer Integrated Manufacturing System	计算机集成制造系统	154
CIMS	Contemporary Integrated Manufacturing System	现代集成制造系统	157
CNC	Computer Numerical Control	计算机数字控制	133
CPC	Collaborative Product Commerce	协作产品商务	15
CPS	Cyber-Physical Systems	信息物理融合系统	189
CPU	Central Processing Unit	中央处理器	133
CRM	Customer Relationship Management	客户关系管理	161
CS	Computer Simulation	计算机仿真	199
CT	Computed Tomograhy	计算机断层扫描	78
CVD	Chemical Vapor Deposition	化学气相沉积	70
D	digital terminal	数字端	216
DBMS	Database Management System	数据库管理系统	137
DCA	Design Compatibility Analysis	设计兼容性分析	199
DCIJP	Direct Ceramic Ink Jet Printing	直接陶瓷喷墨成形	84
DDRA	Direct Drive Robotic Arms	直接驱动机器人手臂	147
DEM	Deepetching, Electroforming, Microreplication	深层刻蚀，电铸，微复制	71
DFA	Design for Assembly	面向装配的设计	199
DFIM	Design for Injection Molding	面向注射成型的设计	199
DFM	Design for Manufacturing	面向制造的设计	198
DFQ	Design for Quality	面向质量的设计	198
DFS	Design for Serviceability	面向维修的设计	199
DFX	Design for X	面向工程的设计/面向各种要求的设计	198
DNA	Deoxyribo Nucleic Acid	脱氧核糖核酸	230
DNC	Direct Numerical Control	直接数控	133
DSPC	Direct Shell Production Casting	直接制模铸造	85
DSS	Decision Support System	决策支持系统	127
DT	Digital Twin	数字孪生	215
EBM	Electron Beam Machining	电子束加工	106
ECM	Electro Chemical Machining	电化学加工	99

（续）

缩写	英文	中文	所在页码
ECM	Environmentally Conscious Manufacturing	环境意识制造	211
ED	Ecological Design	生态设计	45
ED	Environmental Design	环境设计	45
EDI	Electronic Data Interchange	电子数据交换	181
EDM	Electrical Discharge Machining	电火花加工	95
ERP	Enterprise Resource Planning	企业资源规划	180
FA	Factory Automation	工厂自动化	127
FDM	Fused Deposition Modeling	熔融沉积成形/熔积成形	83
FEM	Finite Element Method	有限元法/有限单元法/有限元素法	22
FMC	Flexible Manufacturing Cell	柔性制造单元	149
FMS	Flexible Manufacturing System	柔性制造系统	149
FMT	Freeform Manufacturing Technology	自由形式制造技术	74
GD	Green Design	绿色设计	45
GE	Gene Engineering	基因工程	233
GKS	Graphics Kernel System	图形核心系统	28
GM	Gene Manipulation	转基因技术	233
GM	Green Manufacturing	绿色制造	211
GT	Group Technology	成组技术	169
HA	Hyper Automation	超级自动化	220
HSM	High Speed Machining	高速加工	55
IB	Internet of Behaviors	行为互联网	220
IBM	Ion Beam Machining	离子束加工	110
ICB	Intelligent Composable Business	组装式智能企业	220
ICT	Information,Communications,Technology	信息，通信，技术	191
ID	Intelligent Design	智能设计	22
IDM	Innovative Design Method	创新设计方法	22
IE	Industrial Engineering	工业工程	185
IE	Inverse Engineering	逆向工程	37
IGES	Initial Graphics Exchange Standard	初始图形交换标准	28
IJP	Ink Jet Printing	喷墨打印成形/立体喷墨印刷	84
IM	Intelligent Manufacturing	智能制造	201
IMS	Intelligent Manufacturing System	智能制造系统	202
IMT	Intelligent Manufacturing Technology	智能制造技术	202
IoT	Internet of Things	物联网	205
IPT	Integrated Product Team	集成产品协同组	211
IR	Industrial Robot	工业机器人	141

（续）

缩写	英文	中文	所在页码
IT	Information Technology	信息技术	2
JIT	Just In Time	即时生产/准时生产	172
LCD	Life Cycle Design	全生命周期设计	35
LED	Light Emitting Diode	发光二极管	148
LIGA	Lithographie, Galanoformung, Abformung	光刻，电铸，注塑	71
LJM	Liquid Jet Machining	液体喷射加工	117
LM	Layered Manufacturing	分层制造	74
LM	Logistics Management	物流管理	178
LODTM	Large Optics Diamond Turning Machine	大型光学金刚石车床	64
LOM	Laminated Object Manufacturing	分层实体制造/分层物体制造/叠层实体制造	87
LP	Laser Processing	激光加工	102
LP	Lean Production	精益生产	174
MA	Medical Automation	医疗自动化	127
MAM	Material Additive Manufacturing	增材制造	13/74
MAP	Manufacturing Automation Protocol	制造自动化协议	137
MC	Machining Center	加工中心	130
MC	Mass Customization	大量定制生产	14
MEMS	Micro Electro-Mechanical System	微型机电系统	66
MFE	Manufacturing for Environment	面向环境的制造	211
MIM	Material Increase Manufacturing	生长型制造	74
MIS	Management Information System	管理信息系统	127
MMMT	Micro Machine Machining Technology	微型机械加工技术	66
MNC	Micro-computer Numerical Control	微机数控	133
MRI	Magnetic Resonance Imaging	核磁共振成像	78
MRM	Material Removel Manufacturing	减材制造	13
MRP	Material Requirement Planning	物料需求规划	180
MRP Ⅱ	Manufacturing Requirement Planning	制造资源规划	180
MST	Micro Systems Technology	微型系统技术	66
MT	Microfabrication Technolog	微细加工技术	65
MTBF	Mean Time Between Failure	平均故障间隔时间/平均无故障时间	136
NC	Numerical Control	数控/硬件连接数控	133
NGC	Next Generation Controller	新一代数控系统	134
NRD	Networked Remote Design	网络化异地设计	22
NTM	Non-Traditional Machining	特种加工	92
NURBS	Non-Uniform Rational B-Splines	非均匀有理样条/非均匀有理 B 样条曲线	134
OA	Office Automation	办公自动化	127

（续）

缩写	英文	中文	所在页码
ODM	Optimal Design Method	优化设计方法	22
OEE	Overall Equipment Effectiveness	设备综合效率	215
P	physical terminal	物理端	216
PC	Personal Computer	个人计算机	12
PCD	Poly Crystalline Diamond	聚晶金刚石	59
PDM	Product Data Management	产品数据管理	34
PKM	Parallel Kinematic Machine	并联运动学机器	60
PLC	Programmable Logic Controller	可编程控制器	12
PLM	Product Lifecycle Management	产品全生命周期管理	34
PMT	Parallel Machine Tool	并联机床	60
PPC	Production Planning and Control	生产计划与控制	137
PUMA	Programmable Universal Machine for Assembly	通用工业机器人	147
PVD	Physical Vapor Deposition	物理气相沉积	70
RE	Remanufacturing Engineering	再制造工程	119
RE	Reverse Engineering	反求工程	37
RGV	Rail Guided Vehicle	有轨运输车	150
RPM	Rapid Prototyping Manufacturing	快速原型制造	80
RPT	Rapid Prototyping Technology	快速成形技术/快速成型技术/快速原型制造技术	73/74
SCARA	Selective Compliance Assembly Robot Arm	选择顺应性装配机器手臂	147
SCM	Supply Chain Management	供应链管理	161
SGC	Solid Ground Curing	固基光敏液相法/掩膜固化法	86
SIM	Subscriber Identity Module	客户识别模块	53
SLA	Stereo Lithography Apparatus	立体光刻/立体平版印刷设备	81
SLS	Selective Laser Sintering	选择性激光烧结/激光选区烧结	82
SLT	Sacrificial Layer Technology	牺牲层技术	70
SPDT	Single Point Diamond Turning	单点金刚石车削	64
SQC	Statistical Quality Control	统计质量控制	166
STEP	Standard for the Exchange of Product model data	产品模型数据交换标准	28
STMT	Scanning Tunneling Micromachining Technology	扫描隧道显微加工技术	72
TED	Technology, Entertainment, Design	技术，娱乐，设计	89
TQC	Total Quality Control	全面质量控制	166
TQM	Total Quality Management	全面质量管理	164
TSN	Time-Sensitive Networking	时间敏感网络	205
UMT	Ultra-precision Machining Technology	超精密加工技术	62
USM	Ultra Sonic Machining	超声加工	112
USM	Ultrahigh Speed Machining	超高速加工	58

（续）

缩写	英文	中文	所在页码
VA	Virtual Assembly	虚拟装配	199
VAMT	Virtual Axis Machine Tool	虚(拟)轴机床	60
VD	Virtual Design	虚拟设计	41
VD	Virtual Development	虚拟开发	198
VE	Virtual Enterpris	虚拟企业	198
VM	Virtual Manufacturing	虚拟制造	192
VPM	Virtual Prototype Manufacturing	虚拟原型制造	199
VPT	Virtual Prototyping Technology	虚拟样机技术	43
VRT	Virtual Reality Technology	虚拟现实技术	42
WEDM	Wire Cut EDM	电火花线切割加工	96
WJC	Water Jet Cutting	水射流切割	117

参考文献

［1］ 孙燕华．先进制造技术［M］．北京：机械工业出版社，2011.

［2］ 郭琼．先进制造技术［M］．北京：机械工业出版社，2021.

［3］ 李宗义，黄建明．先进制造技术［M］．北京：高等教育出版社，2010.

［4］ 汪哲能．机械创新设计［M］．北京：清华大学出版社，2011.

［5］ 袁国伟，刘文娟，周新．先进制造技术［M］．大连：大连理工大学出版社，2013.

［6］ 隋秀凛，夏晓峰．现代制造技术［M］．北京：高等教育出版社，2014.

［7］ 徐翔民．先进制造技术［M］．成都：电子科技大学出版社，2014.

［8］ 宾鸿赞，王润孝．先进制造技术［M］．北京：高等教育出版社，2012.

［9］ 聂勇军．计算机辅助设计技术在机械设计中的应用［J］．工程建设与设计，2020（4）：277－278.

［10］ 张真真，史红燕．基于逆向工程的工业产品数字化设计与制造［J］．现代制造技术与装备，2021，57（1）：166－168.

［11］ 山颖．先进制造技术［M］．北京：机械工业出版社，2018.

［12］ 张祖耀，王碧凌，摇若楷．面向群智共创的用户多模态信息设计［J］．包装工程，2021，42（24）：29－35.

［13］ 汪哲能．并联机床的关键技术［J］．科技资讯，2008，171（30）：68，70.

［14］ 汪哲能．并联机床研究趋势及我国发展现状分析［J］．中国新技术新产品，2009，166（24）：142.

［15］ 程胜．高精度轴承套圈超精密加工技术发展分析［J］．中国设备工程，2022（1）：113－114.

［16］ 周志斌，肖沙里，周宴，等．现代超精密加工技术的概况及应用［J］．现代制造工程，2005（1）：121－123.

［17］ 许顺杰，曹自洋，王浩杰．单晶硅微细铣削表面粗糙度预测模型及实验研究［J］．组合机床与自动化加工技术，2021（12）：151－155.

［18］ 黎震．先进制造技术［M］．北京：北京理工大学出版社，2012.

［19］ 张维官．模具高效加工技术［J］．金属加工（冷加工），2010（8）：14－20.

［20］ 亓居东．机械自动化技术在机械制造业中的应用［J］．越野世界，2022，17（1）：118－119.

［21］ 何俊宏，吴甲民，陈安南，等．增材制造专用陶瓷材料及其成形技术［J］．中国材料进展，2020，39（5）：337－348.

［22］ 彭小晋，王祥乾，张天杰，等．三维打印制备功能器件的研究进展［J］．佛山陶瓷，2021，31（12）：15－18，25.

［23］ 赵先锋，汤朋飞，史红艳，等．4D 打印技术研究与应用进展［J］．华南理工大学学报（自然科学版），2021，49（3）：34－46，54.

［24］ 张雨萌，李洁，夏进军，等．4D 打印技术：工艺、材料及应用［J］．材料导报，2021（1）：212－223.

［25］ 刘晋春，白基成，郭永丰．特种加工［M］．6 版．北京：机械工业出版社，2016.

［26］ 袁芳革．特种加工方法的内容和趋势［J］．机电工程技术，2011，40（7）：142－143.

［27］ 李玉青．特种加工技术［M］．北京：机械工业出版社，2014.

［28］ 靳敏．特种加工技术［M］．北京：北京邮电大学出版社，2012.

［29］ 胥宏，张世凭，连帅梅．国内电火花线切割技术研发的探讨［J］．成都工业学院学报．2013（2）：39－42.

［30］ 房丰洲，徐宗伟．基于聚焦离子束的纳米加工技术及进展［J］．黑龙江科技学院学报，2013（3）：211－221.

[31] 付琴琴，单智伟．FIB-SEM 双束技术简介及其部分应用介绍［J］．电子显微学报，2016，183（1）：90－98.
[32] 张德远，黄志勇，张翔宇．超声加工的技术发展与行业应用［J］．电加工与模具，2021（4）：1－14.
[33] 张勤俭，杨小庆，李建勇，等．超声加工技术的现状及其发展趋势［J］．电加工与模具，2012（5）：11－15.
[34] 徐滨士．绿色再制造工程的发展现状和未来展望［J］．中国工程科学，2011，13（1）：4－10.
[35] 汪哲能．现代制造业的发展方向——绿色制造［J］．装备制造技术．2010（3）：73－74.
[36] 张钦，陈纬．废旧汽车发动机再制造过程绿色经济效益评价［J］．现代制造工程，2021（12）：132－142.
[37] 蒋达良．机械制造业自动化的现状及发展趋势分析［J］．湖北农机化，2019（13）：13.
[38] 许荣．工业机器人在数控加工技术中的应用探析［J］．现代制造技术与装备，2021，57（12）：129－131.
[39] 吕会安．基于工业机器人自动生产线总体设计与技术应用分析［J］．科学与信息化，2021（31）：118－121.
[40] 王梦甜，李吉翔．AGV 在汽车工厂焊装线中的应用探索［J］．金属加工（热加工），2022（1）：40－44.
[41] 刘海佩，刘维忠．企业全面质量管理思考［J］．合作经济与科技，2021（2）：94－95.
[42] 陈剑．冶金机械制造业中成组技术应用研究［J］．中国战略新兴产业，2021（26）：94－95.
[43] 任敏．智数合一，智慧工厂的四大典型应用场景［J］．中国信息化，2021（1）：47－49.
[44] 姚佰玉．物流管理模式研究［J］．品牌研究，2020（25）：156.
[45] 杜宝江．虚拟制造［M］．上海：上海科学技术出版社．2012.
[46] 曹毅杰．虚拟制造及其应用［J］．制造业自动化，2012（23）：75－77，85.
[47] 陶飞，马昕，胡天亮，等．数字孪生标准体系［J］．计算机集成制造系统，2019，25（10）：2405－2418.
[48] 王志超，仝毅，黄风雷，等．纳米碳在含能材料中的应用进展［J］．含能材料，2022（1），1－12.
[49] 赵冰，李志强，侯红亮，等．三维点阵结构制备技术研究进展［J］．稀有金属材料与工程，2016，45（8）：2189－2200.
[50] 杨海波．我国机械工程研究进展与展望［J］．数码设计，2021，10（5）：380.
[51] 王枚，冯彦铭，陈依．热障涂层材料研究进展［J］．机电工程技术，2021，50（12）：333－336.
[52] 王阮彬，程丽乾，陈凯．高分子材料在 3D 打印生物骨骼及支架中的应用与价值［J］．中国组织工程研究，2022，26（4）：610－616.
[53] 张德远，蔡军，李翔，等．仿生制造的生物成形方法［J］．机械工程学报，2010，46（5）：88－92.
[54] 李浩，王昊琪，刘根，等．工业数字孪生系统的概念、系统结构与运行模式［J］．计算机集成制造系统，2021，27（12）：3373－3390.
[55] 连芩，刘亚雄，贺健康．生物制造技术及发展［J］．中国工程科学．2013（1），45－50.